石油和化工行业“十四五”规划教材

普通高等教育“新工科”系列精品教材

智能化工集成系统

张　玮　主编

王俊文　副主编

化学工业出版社

·北京·

内容简介

《智能化工集成系统》是智能化工专业的一门专业核心课，具有鲜明的学科交叉和工程实践的特点。

全书围绕化工数字工厂设计与数字化交付、虚拟工厂设计与数字孪生、智能工厂建设三个核心内容展开。其内容包括：智能化工集成系统概述、化工数字工厂、化工虚拟工厂、化工智能工厂、化工智能工厂的开发及应用，共5章。本书有三个特点：特点一，针对数字工厂、虚拟工厂和智能工厂分别设计了相应的课程设计任务书附于书后；特点二，在每章的开端，根据该章主要内容和逻辑结构绘制了图形摘要，便于读者阅读理解；特点三，针对第3章各种模型的详细推导过程，读者可通过扫描相应位置的二维码自行深入学习。

本书可作为化学工程与工艺、过程装备与控制工程、材料科学与工程、环境科学与工程等专业本科及研究生教材，也可作为智能制造背景下现代化工生产专业高级技术人员和管理人员的参考资料。

图书在版编目（CIP）数据

智能化工集成系统 / 张玮主编；王俊文副主编．—北京：化学工业出版社，2024.6

石油和化工行业“十四五”规划教材

ISBN 978-7-122-45514-7

Ⅰ.①智… Ⅱ.①张…②王… Ⅲ.①智能技术-应用-化学工业-高等学校-教材 Ⅳ.①TQ-39

中国国家版本馆CIP数据核字（2024）第084128号

责任编辑：吕　尤　徐雅妮　　文字编辑：徐　秀　师明远

责任校对：李露洁　　装帧设计：关　飞

出版发行：化学工业出版社

（北京市东城区青年湖南街13号　邮政编码100011）

印　　装：天津裕同印刷有限公司

787mm×1092mm　1/16　印张14　字数336千字

2024年9月北京第1版第1次印刷

购书咨询：010-64518888　　售后服务：010-64518899

网　　址：http://www.cip.com.cn

凡购买本书，如有缺损质量问题，本社销售中心负责调换。

定　　价：69.00元

前言

化学工业是国民经济中不可或缺的重要组成部分，是国家的基础产业和支柱产业，是立国之本、兴国之器、强国之基，是衡量一个国家国际竞争力的重要标志。我国化学工业经济总量居世界第一，然而我国化工大而不强，整体水平与世界先进水平尚有差距，企业盈利能力亟待提升。

随着第四次工业革命的推进，互联网产业化、工业数字化、工业智能化正在引领全球范围的工业发展和产业变革，许多重大问题的解决已不可能依靠单一学科实现，而需要不同学科的专家携手合作，共同突破。“十四五”规划强调，中国制造业发展的主攻方向就是智能制造，推进智能制造成为企业打造差异化竞争优势的必然选择。2022年以来，ChatGPT火爆出圈引发人工智能赛道持续升温，全球新一代人工智能进入新的快速发展阶段，我国人工智能核心产业也已进入全球第一梯队。党的二十大报告指出，要“推动制造业高端化、智能化、绿色化发展”。人工智能为加快推进制造业高质量发展，推动“中国制造”向“中国创造”“中国智造”转变指明了方向。化工行业数字化转型、智能化升级已成为必然的发展趋势。但是，化工智能制造领域人才的匮乏已经成为制约我国化工企业转型升级不可忽视的问题。

化工智能化谁来做？是传统化工人员？自动化专业人员？还是信息、计算机专业人员？显然，传统的单一专业人才培养模式已经很难满足化工行业智能化发展的要求。因此，立足化工，突破学科专业壁垒，在本科阶段有限学时前提下，让化工专业学生系统掌握化学工程、控制工程、信息及计算机的专业基础课程，培养多学科交叉的系统思维，运用多学科专业技能解决化工智能化创新发展过程中遇到的复杂问题，是推动化工智能制造顺利发展的重要保证。太原理工大学2018年制定了智能化工人才培养方案，2019年招收了第一届智能化工创新班，实施了课程学时比例分配为“化工:控制:信息计算机=5：3：2”的培养方案。学生在学习完基础化学、化工原理、化工热力学、反应工程、电路、模拟与数字电子技术、自控原理、微机原理与接口技术、可编程控制器、数据结构与算法、数据库技术、JAVA语言、C#语言等专业基础课后，需要一门课程将以上所学知识综合应用去解决化工智能制造经典场景中的技术问题——《智能化工集成系统》应运而生。

本书围绕智能化工集成系统中化工数字工厂设计与数字化交付、虚拟工厂设计与数字孪生、智能工厂建设三个核心内容展开。为了深刻理解这三部分在工程中的重要作用，编者在本教材末尾附有三个课程设计任务书，分别是化工数字工厂课程设计、化工虚拟工厂课程设计和化工智能工厂课程设计。全书共分5个章节，第1章总述智能化工系统框架，明确工业互联网是智能制造的核心与实现载体；第2章是针对工程公司或化工设计院的数字化交付，阐述数字工厂的设计内容及要求，针对某一化工工艺过程，按照数字化交付的标准采用AVEVA E3D或Intergraph Smart®3D等三维工厂设计软件进行设计；第3章是针对化工研究院等科研机构的数字孪生工程，讲述虚拟工厂架构，重点是化工工艺模型、控制模型、经济模型、能耗模型及环境模型的构建，要求采用ASPEN或UNISIM等流程模拟软件，针对某一工艺进行稳态及动态流程模拟；第4章服务企业智能化发展，讲述化工等流程行业智能工厂建设的技术架构及智能运营管理APP的功能；第5章以supOS工业操作系统为例，展现基于工业互联网平台的智能工厂APP开发流程及其工业应用，可基于工业互联网平台设计开发实用型工业APP。在每章的开端，根据该章的逻辑结构，绘制了图形摘要，便于读者阅读理解。针对第3章各种模型的详细推导过程，读者可通过扫描相应位置的二维码自行深入学习。

智能化工集成系统这门课具有鲜明的学科交叉和工程实践的特点，参与编写的高校教师有化工专业的，也有控制专业的，企业人员有来自工程公司、企业研究院的，还有来自工业互联网公司的专家，工业界人士的参与保证了本书的实用性，也为本书提供了真实的工程案例。

全书由太原理工大学智能化工教学团队及相关工程和互联网专家共同编写，张玮教授与王俊文教授负责全书统稿。第1、2章由张玮教授编写，其中，第2章部分内容及相关素材由赛鼎工程有限公司信息技术部陈金高级工程师提供；第3章由吴华帅讲师编写；第4、5章由张玮教授和王俊文教授共同完成并负责全书统稿。感谢上海孛智科技有限公司李创风提供技术支持，蓝卓数字科技有限公司陈挺、俞益标、张峻瑞、李秋实、甘世旺、李晶等工程师提供suopOS工业操作系统的相关素材，感谢京博控股集团有限公司邹雄、吴家安、何丽丽、孙瑞昱等提供相关工业应用实例和素材。感谢智能化工创新班S1901、S2001班的全体同学，尤其感谢郭景轩、康清源、王明远和秦睦轩同学参与编写第2章和第5章。感谢在编写期间参与资料整理、图形绘制工作的青年教师孟园园、马彩萍，博士生许鑫及研究生郑洁茹、张鸿、杨宸、王衡、牛雨婷、高暾、孔祥旭、郭金丽、张瑞杰、牟迎新、李耀、李梓良等。

本书参考学时数为32，建议第1章6学时，第2章8学时，第3章12学时，第4章6学时，第5章可作为拓展阅读。本书可作为化学工程与工艺、过程装备与控制工程、材料科学与工程、环境科学与工程等流程工程类专业本科生和研究生的专业导论及专业课教材，也可作为相关专业工程人员的培训教材。

本书的组织编写开始于2019年，在历时四年的编写过程中，太原理工大学化学化工学院领导始终关注本书的建设，并提出了非常宝贵的指导性意见。同时，我们还得到了太原理工大学化学工程与技术学科相关负责人的鼎力支持，以及教育部高等学校化工类专业教学指导委员会、化学工业出版社和太原理工大学本科生院、研究生院的支持。在此，我们表示深深的感谢！

本书成稿后，由天津大学夏淑倩教授和华东理工大学杜文莉教授主审，她们提出了非常宝贵的修改意见，对提高本书的质量有很大的帮助，谨此表示感谢！

在本书的编写过程中，参考了国内外理论及应用技术文献，由于篇幅所限，未能全部列出，在此向所有参考文献的作者表示衷心感谢！

随着现代信息技术的不断发展，智能化工系统将越来越成熟和完善。推进化工智能化，人才是关键，智能化工交叉学科人才的培养将会越来越受到重视。希望本书能为化工“新工科”人才培养贡献绵薄之力，能够激发青年学子投身现代化工，为化工专业软件的国产化贡献力量，进一步发挥“培根铸魂，启智增慧”的作用。

由于编者认知和水平有限，本书一定还有许多不足之处，恳请读者批评指正。

编者

2024年4月

目录

第1章　智能化工集成系统概述　/ 001

第2章　化工数字工厂　/ 031

第3章　化工虚拟工厂　/ 075

第1章
智能化工集成系统概述

摘要

以互联网、大数据、人工智能为代表的新一代信息技术促进了化学工业规模化、基地化、一体化发展。国内外的经验表明，为缓解安全、资源、环境的压力，坚持创新驱动、工业化和信息化深度融合，积极推进数字化、网络化以及智能制造与化工产业的深度融合，将能源生产、运输、转化以及消费数据互联互通，实现能源优化，充分利用好大数据、物联网、云计算、5G通信、人工智能和区块链等新一代信息化技术，是我国传统化工行业提质增效、转型发展的有效途径和必由之路。

本章分析了我国化工产业现状，指出化工行业数字化转型和智能化发展的历史必然性，强调了新一代人工智能最本质的特征是具备了学习的能力，明晰了新一代智能制造的主要特征和技术机理，指出智能制造的核心与载体是工业互联网，基于工业互联网提出了化工智能工厂全生命周期的解决方案分三步走：首先，建立化工数字工厂，实现工程公司的数字化交付；然后，建立虚拟工厂，实现实体工厂和虚拟工厂的数字孪生；最后，在此基础上，实现化工企业的智能化管理。

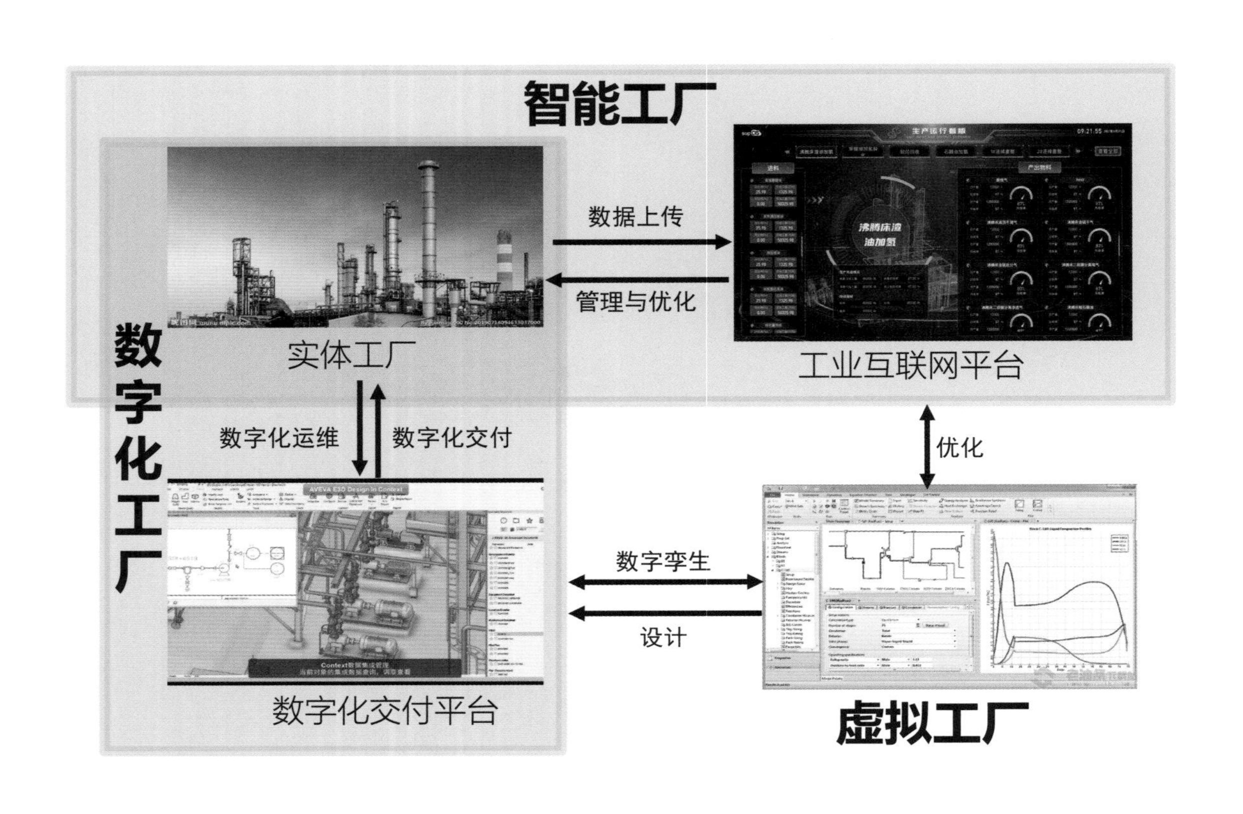

智能工厂
数据上传
管理与优化
实体工厂
工业互联网平台
数字化工厂
数字化运维
数字化交付
优化
数字孪生
设计
数字化交付平台
虚拟工厂

扫码阅读本章课件

1.1　现代化工的挑战与机遇

1.1.1　我国化工产业现状

化工产业是现代经济的基础产业之一，它为其他产业提供了原材料和能源，对于国家的经济发展具有重要的战略意义。化工产品广泛应用于工业、农业、医药、建筑、能源等领域，对于现代经济的发展起到了至关重要的作用。随着科技的不断进步和人们生活质量的不断提高，化工产业也在不断地发展壮大。目前，我国的化工产业已经形成了完整的产业链，从石油、天然气、煤炭等原材料的开采到化工产品的生产加工，再到销售和应用，形成了一套完整的产业体系，如染料、火药、医药、香精香料、涂料、农药、塑料、化肥、感光材料、化学试剂、洗涤剂、制冷剂等。我国的化工产业在世界上占有重要的地位，已经成为全球化学品生产和出口的主要国家之一。

化工行业所涉及的产品类别众多、行业范围广泛、上下游产业链长而复杂，同一种化学品往往有多种合成方式，而下游化学品的制备往往需要多种上游化学品，还会有不同化学品的应用场景具有相互替代的关系。因此，梳理上下游产业链关系有利于更好地了解化工行业。

（1）化工生产过程划分

化工产业链可简化为如图 1-1 所示的上游原材料、中间化学品、下游制品等三个环节。

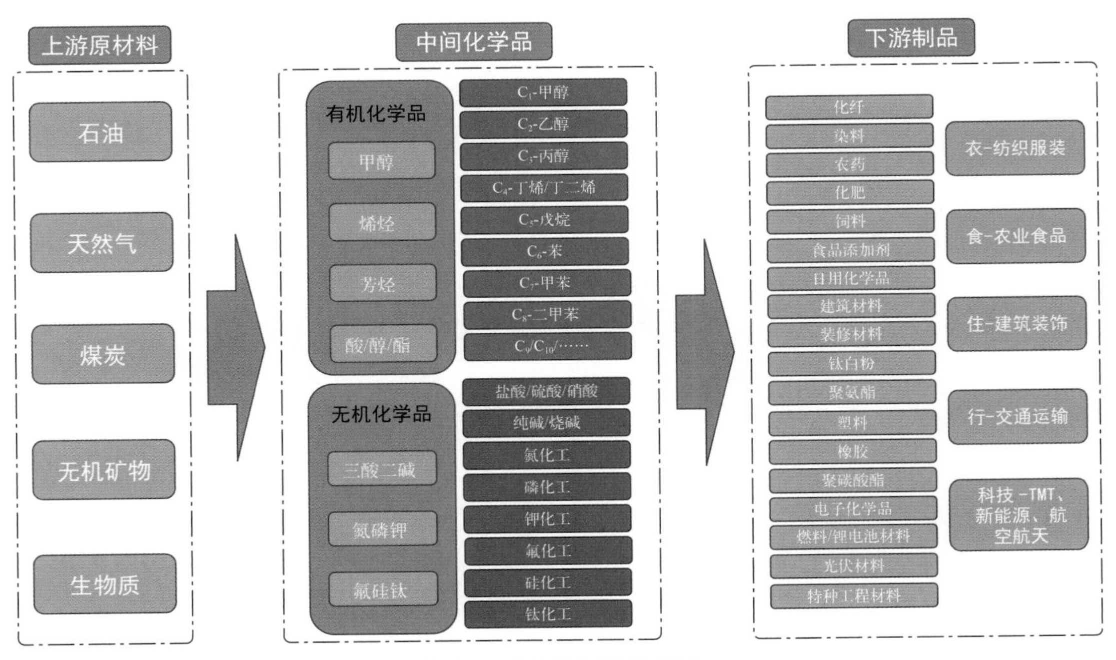

图 1-1　化工产业链简化图

① 上游原材料。绝大部分的化学品主要来源于石油、天然气、煤炭、无机矿物以及生物质等原料。其中石油、天然气和煤炭作为传统的化石燃料，可通过蒸馏、裂解、气化等方

式得到大量有机化学品，随着化工工艺的发展，很多化学品都可以通过油、气、煤为原料生产得到；无机矿物主要有石英砂、磷矿石、硫铁矿、钛铁矿、钾矿、萤石矿、原盐等，通常用来生产各种无机化学品；生物质是指由光合作用产生的所有生物有机体的总称，包括植物、农作物、林产物以及农林产物的废弃物等，其中最主要的成分是淀粉、纤维素、木质素。上游环节决定了化学品最基础的原材料来源，具备非常强的资源属性，对中下游的化学品价格常常起到推动性的作用。

② 中间化学品。中间化学品与下游制品之间没有明确的划分，不少处于中间环节的化学品同样被当作最终制品对外销售。为了方便理解，将中间化学品分为有机化学品和无机化学品。有机化学品是指分子结构中含有有机碳的化学物质，按照分子含有的碳原子数量，可以分为C_1、C_2、C_3等。有机化学品通常是原油炼化后的产物，其中较为常见的有机化学品主要有甲醇、烯烃（乙烯、丙烯、丁烯等）、芳烃（苯、甲苯、对二甲苯等）以及各种酸/醇/酯（比如醋酸、乙二醇、醋酸乙酯等）；无机化学品则是指分子结构中主要含有的是无机碳或者不含碳的化学品，常见的主要有三酸两碱（硫酸、盐酸、硝酸，纯碱、烧碱）、氮磷钾（含氮、磷、钾元素的产品）以及氟硅钛（比如氢氟酸、有机硅、钛白粉等产品）。

③ 下游制品。一般把直接与终端应用相关联的产品划分到下游制品，比如常见的塑料、橡胶、化纤、农药、化肥等产品。因为化学品应用领域广泛，基本上已经渗透到工业生产和日常生活的各个方面，涉及的产品也林林总总。为了便于理解，我们通常将下游制品按照应用领域进行划分，如衣（纺织服装）、食（农业食品）、住（建筑装饰）、行（交通运输）、药（健康卫生）等领域相关的化工材料。

为了进一步深入理解，可从多个角度将整个化工产业链再细分成若干个重要的细分产业链。

（2）以核心产品划分

从产业链核心产品（多为中间化学品）的角度来划分，可以分出较重要的多个化工产品产业链，包括：石化炼化产业链、甲醇产业链、乙烯产业链、聚丙烯（PP）产业链、C_4产业链、石化芳烃产业链、聚氯乙烯（PVC）产业链、纯碱产业链、尿素产业链、聚酯产业链、橡胶产业链、聚烯烃产业链、光伏产业链以及有机硅产业链等。其中甲醇产业链的结构分布如图1-2所示。

由化工核心产品划分产业链有利于理解化工产业链的核心材料，快速梳理相关产品之间的关系，进而研究产业链上游主要原材料价格的波动情况，以及产业链下游终端制品的需求变化。但是随着国内化工行业发展日益成熟，这些传统方式划分的细分产业链之间的界限将会变得越来越模糊，未来多个核心产品一体化运营将成为新的趋势。

（3）纵向大产业链

从整个产业链纵向角度出发，石油→炼化→化纤这条产业链是目前化工产业链中重要的主线之一。这条产业链是典型的从下游逐步向上游拓展的成功案例。比如纺织服装行业对化学纤维的需求量巨大，特别是涤纶长丝和锦纶，从对苯二甲酸（PTA）到其原料对二甲苯（PX），再到上游进口原油炼制烯烃和芳烃，最终打造了一条从原油到纤维的完整产业链，这是国内化工行业发展几十年以来的重要成果。

目前我国化工行业总产值已位居世界第一，然而我国并不是化工强国，相较发达国家还存在着精细化率低、科技投入强度低、化工产业入园率低、信息化综合集成率低等突出问

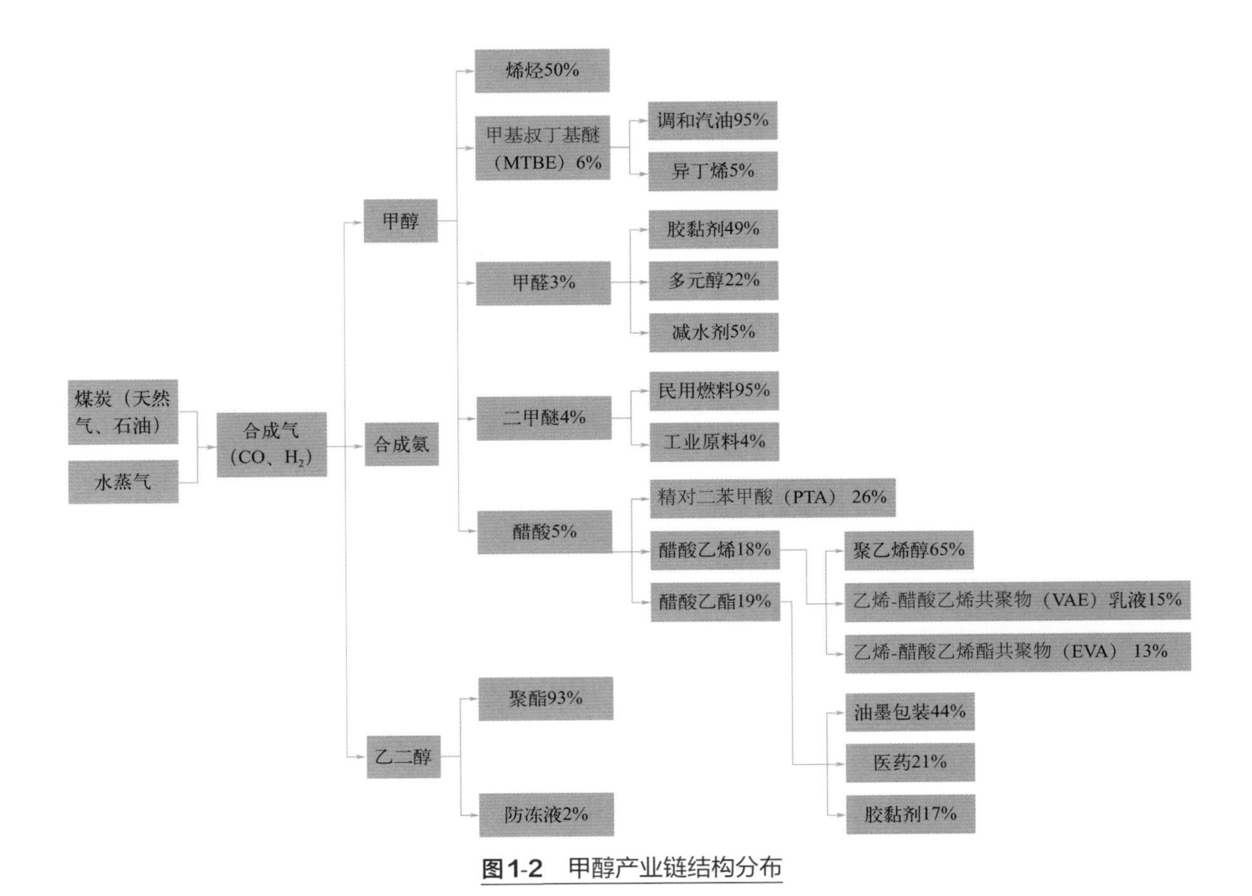

图1-2　甲醇产业链结构分布

题。具体表现在以下几个方面：①我国化工产业“低端产品过剩，高端产品短缺”的结构性矛盾十分突出；②原油的对外依存度高达70%，已经威胁到我国的能源安全；③现代煤化工作为能源体系的重要组成部分，其发展除受国际原油价格、耗水量大、限煤政策以及碳排放等因素影响外，最大的挑战主要是大型产业化成套技术创新；④特种高分子材料、高端橡胶、高端聚酯、高端聚烯烃材料等高端化学品仍需要大量进口，严重受制于人；⑤新增产能接续投产，其市场竞争将更为激烈。

有效的解决办法是把握全球化工领域的新技术和新趋势，针对国内市场对外依存度大的产品，分析产能产量及其市场需求情况，尤其是受技术制约难以供给的产品要加大研发力度，以高端化、差异化、高性能化和专用化为目标，增强其市场竞争力。但是，考虑到化工产业属于流程工业，生产过程复杂，涉及大量的物理和化学变化，机理很难清晰了解。因此，存在测量难、建模难、控制难和优化决策难等问题，主要表现在以下几个方面。

① 以物质流为主的生产运行层面：由于物料连续生产不能间断，化工原料性质、设备状态、工艺参数、产品质量等无法实时或全面检测，任一工序出现问题必然会影响整个生产线和最终产品质量。资源和废弃物缺乏综合利用，精细化优化控制水平不高，面向高端制造的工艺流程分析与认知能力不足。

② 以能量流为主的能效安全环保层面：由于化工行业门类繁多、工艺复杂、产品多样，在产品加工、储存、使用和废弃物处理等环节中，存在安全环保压力大、能源消耗高、能源

管理与生产运行缺乏协同等问题，亟需提高能效水平。高危化学品、废水、废气、废固的全生命周期足迹缺乏监管和溯源，危化品缺乏信息化集成的流通轨迹监控与风险防范。

③ 以信息流为主的信息感知层面：物料属性和加工过程部分特殊参量无法快速获取，人工智能、大数据、物联网和云计算等技术在产业链和供应链管控、产品物流轨迹监控、制造过程管理决策中的应用不够，亟需工业互联网信息资源赋能，从而深度认识复杂的流程行业过程。

④ 以资金流为主的经营决策层面：目前供应链决策与产业链关联度不高，产业链分布与市场需求存在不匹配，知识型工作自动化水平低，现有的调控系统缺乏复杂知识自动化平台和快速、主动响应市场变化的商业决策机制，亟需全新的系统实现控制-优化-决策一体化，从而实现供应-产业-价值链的协同优化。

⑤ 系统支撑层面：化工企业的底层感知、全流程控制和优化以及顶层的智慧决策方面存在短板，生产系统跨层次运行效率和企业跨领域运营效率均比较低。现有的系统难以自动化处理非结构数据以驱动智能决策，也无法支撑复杂的知识自动化软件平台以辅助操作工人决策，需要全新的智能系统架构。

随着信息技术呈现指数级增长，数字化、网络化、智能化加快普及应用，化工等制造系统集成式创新不断发展，形成了新一轮工业革命的三大驱动力。第一大驱动力是以移动互联、超级计算、大数据、云计算、物联网等技术为主的新一代信息技术的发展使信息设备变得快速、廉价、更小、更轻，且性能更高；第二大驱动力是数字化、网络化、智能化使得信息的获取、使用、控制以及共享变得极其快速和廉价，产生出了真正的大数据，创新的速度大大加快，人类社会-信息世界-物理世界三元融合，使信息服务进入了普惠计算和网络时代，正在进入智能时代；第三大驱动力是技术融合和系统集成式创新，可能集成所使用的各种技术并不是最新的创造，但这些新兴技术和现有技术之间的相互作用和融合将颠覆未来的技术和产业。三大驱动力主要汇聚在人工智能技术的战略性突破和快速转化为现实生产力的能力上。人工智能技术最本质的特征是具备了学习的能力，即生成知识和更好地运用知识的能力，呈现出深度学习、跨界融合、人机协同、群体智能等新特征。人工智能技术与化工技术的深度融合，提升了化工行业集约化、信息化、数字化、智能化和绿色化的水平。

1.1.2 化工行业数字化转型

数字化转型已成为很多国家的核心战略，在全球经济充满不确定性的背景下，人工智能、工业互联网、大数据等新一代信息技术与制造业的深度融合，将对重振产业经济、重塑产业格局发挥重要作用。Gartner（全球最具权威的IT研究与顾问咨询公司）对数字化转型的定义为：数字化转型是利用数字技术和支持能力来创建一个强大的新数字商业模式的过程。（Digital business transformation is the process of exploiting digital technologies and supporting capabilities to create a robust new digital business model.）因此，是不是“真正”的数字化转型，重点看商业模式有没有转型。

钱锋院士指出，对于化工行业而言，数字化转型是以大数据为关键要素，以现代信息网络为主要载体，以数据、网络和应用为手段，将制造流程/资源与工业互联网、人工智能等新一代信息技术深度融合，以绿色化低碳化、高值化高端化、数字化智能化为目标，形成物质转化制造中物质流、能量流、价值流的自主智能协同调控机制，实现生产、管理、营销模式变革的新经济形态，如图 1-3 所示。

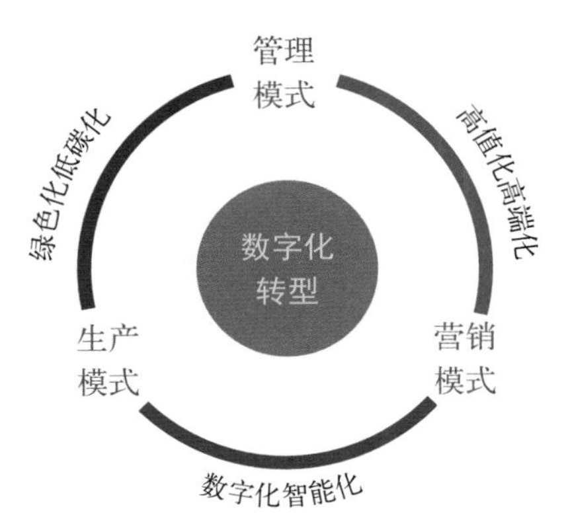

图 1-3　化工行业数字化转型

中化商务有限公司提出了化工数字化的“三步走”战略。首先是工艺孪生，即采用流程模拟软件建立反应装置及反应过程的仿真模型，反复优化，发掘反应过程的运行数据价值，利用先进控制技术完成对反应过程动态的精确把握与实时优化，实现大幅度节能降耗与提质增效，这是数字化转型所追求的根本目标；第二是工程孪生，即将工艺图、控制图、布局图、工艺文件、土建、电气、管网等所有文件按照统一要求在协同设计与管理平台上完成，把所有与工厂设计运行相关的信息有机组织在一起，彼此关联，构成一座“数字工厂”，即规范建厂数据，制定数字化交付标准，实现数字化交付，从而为企业运营管理提供优质的基础材料和方便的全生命管理数据，也成为工艺改进、设施优化、设备预测性维保的门户；第三是运营孪生，即构建数字化供应链，通过工艺孪生模型和数据分析实现生产工艺优化，由此产生的运行数据成为数字化转型的引擎，下游驱动用户的物流与订单，上游拉动库存与采购策略，构建高效率、低成本的数字化供应链。工艺孪生和工程孪生相结合，构成了对工厂日常运行的精准再现，从而为工厂运营孪生打好了基础。数字化供应链方便集中完成材料采购，提高议价能力；在销售环节，还能形成精确的需求数据，准确跟踪物流信息和用户使用状态，达成精准销售服务；在装备资产管理方面，实现高效准确的预测性维护，促进装备零备件的集采集供、联储联运，减少备件资金占用率。

1.1.3　化工行业智能化发展

数字化转型是化工行业智能化发展的前提。化工智能化发展重点解决的是多生产单元流程之间的协调优化，其核心是生产流程各项业务的系统集成，通过发展联系各信息孤岛系统的有效方法，如实时优化与控制一体化、计划调度一体化、过程设计与控制一体化等，真正将物质流、能量流、信息流和资金流四流合一。化工行业智能化发展具体包括：智能优化决策、智能自主调控、智能运维服务、智能监控溯源，如图 1-4 所示。

① 智能优化决策：针对全球化的市场供需，基于工业互联网和数字孪生系统，自主学习和主动响应，实现供应链敏捷管理和生产计划与调度的智能决策。

② 智能自主调控：依托信息物理系统，主动感知生产运行状况的变化，自适应优化调

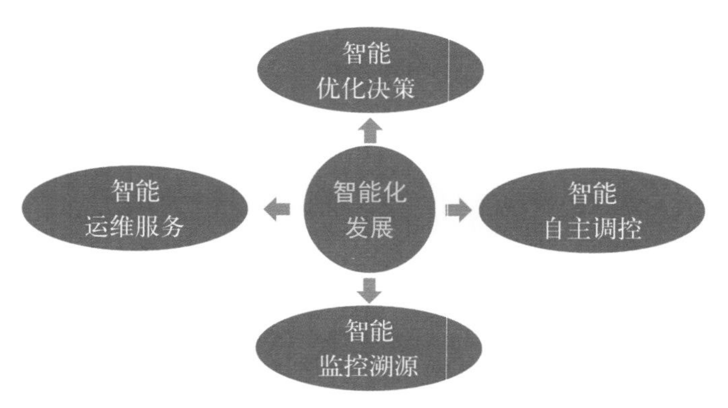

图1-4 化工行业智能化发展结构

控生产过程的操作模式，实现资源优化配置、过程高效生产、安全环保可控，以及质量、效率和能耗等运行指标的多目标优化。

③ 智能运维服务：通过数字化与可视化技术，融合机理、专家知识和人工智能，实现设备的预测性维护与全生命周期管理，即从设计、采购、安装、运行、维护直到报废的整个过程，从而提高资产运行效能、降低运维成本。

④ 智能监控溯源：通过泛在感知、风险智能预警和人机共融决策等实现开放环境下化工生产全生命周期安全、环保、能效的监控、风险溯源分析、预警与智能处置，其内容涉及废气、废固、废液以及危化品的处置等。

化工实施智能化的程度很大因素取决于工业软件，基于工业互联网平台、工业软件APP打造的智能化工生态系统已成为化工企业智能制造建设的关键方向。工业互联网平台是新一代信息技术与现代工业技术深度融合的产物，是一套涵盖数字化、网络化、智能化等通用技术的开放式综合技术平台，能够灵活解决不同发展阶段企业在智能制造转型升级过程中对于信息化、智能化技术及解决方案的弹性需求，是解决“信息孤岛”“应用孤岛”的有效解决方案，是未来化工行业智能制造系统建设的重要基础。

1.2 化工行业智能制造

化工行业智能制造是指应用工业互联网平台，打通化工生产企业内部OT（operational technology，运营技术）、IT（information technology，信息技术）和MES（manufacturing execution system，工厂制造执行系统）网络，实现信息互联互通、协调发展，降低能耗和安全环保压力，提高数据利用率，实现产业链高端化和价值链最大化的过程；同时，打通企业外部产业链和供应链信息，提高供应链上下游和市场信息集成度，实现供应链的全面链接，优化产业布局和供给侧产品结构。如图1-5所示，工业互联网平台是以自动化为起点，以工厂全信息集成为突破口，以集成化、数字化、智能化为手段，通过OT与IT的融合创新，帮助企业解决生产控制、生产管理和企业经营等综合问题的先进技术。通过工业APP智能用户，具备工业APP组态开发、工艺模型设计、场景化人工智能应用、大数据分析DIY等服务，推动并实现大数据和人工智能等技术在工业领域的应用。

图1-5　化工智能工厂解决方案

世界各国都把新一代人工智能的发展摆在了最重要的位置，纷纷采取行动，确保本国在未来制造业竞争中的国际领先和主导地位。美国发布“先进制造业伙伴计划（advanced manufacturing partnership，AMP）”，将智能制造关键技术研发与产业化应用作为重要方向，积极发展工业互联网；德国发布“工业4.0”战略计划实施建议，打造将资源、信息、物品与人互联的信息物理系统（cyber-physical systems，CPS），力图实现“智能生产”“智能工厂”和“智能服务”；日本提出“社会5.0战略”、英国提出“工业2050战略”、法国提出“未来工业计划”、韩国提出“制造业创新3.0计划”，他们都将发展智能制造作为本国构建新形势下制造业竞争优势的关键举措，并提出了相应的发展技术路线。在此背景下，2015年5月，国务院印发《中国制造2025》，从国家层面确定了我国建设制造强国的总体战略（图1-6），明确提出：要以创新驱动发展为主题，以新一代信息技术与制造业深度融合为主线，以推进智能制造为主攻方向，实现制造业由大变强的历史跨越。《中国制造2025》是中国政府实施制造强国战略第一个十年的行动纲领。文件提出，要通过“三步走”的战略，大体上每一步用十年左右的时间来实现我国从制造业大国向制造业强国转变的目标。我国推进智能制造，采用“并行推进、融合发展”的技术路线：并行推进数字化制造、数字化网络化制造、数字化网络化智能化制造（新一代智能制造），以及时充分应用高速发展的先进信息技术和先进制造技术的融合式技术创新，引领和推进中国制造业的智能转型。智能制造“十四五”规划发展路径指出，到2025年，规模以上制造业企业基本普及数字化网络化，重点行业骨干企业初步应用智能化；到2035年，规模以上制造业企业全面普及数字化网络化，重点行业骨干企业基本实现智能化；到2045年我国成为世界上领先的制造强国。

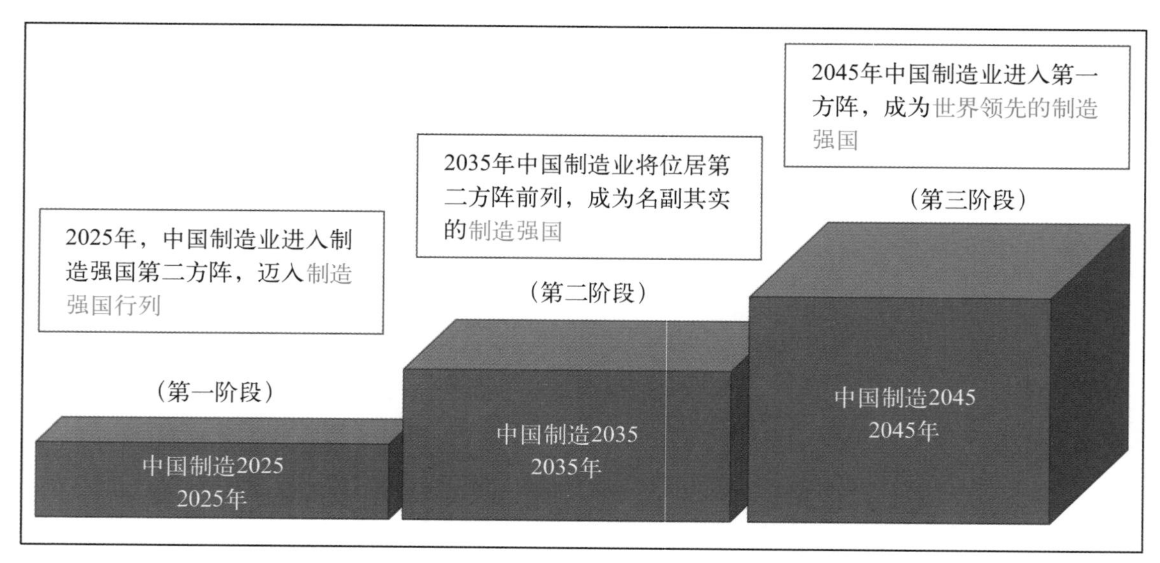

图1-6　我国建设制造强国的总体战略部署

1.2.1　智能制造的基本概念

智能制造是先进制造技术与新一代信息技术深度融合，贯穿于产品、制造、服务全生命周期的各个环节及相应系统的优化集成，具有信息深度自感知、智慧优化自决策、精准控制自执行等功能的先进制造过程，系统与模式的总称。以智能工厂为核心，以端到端数据流为基础，以网络互联为支撑，实现制造的数字化、网络化、智能化，不断缩短产品研制周期，降低资源能源消耗，降低运营成本，提高生产效率，提升产品质量、效益、服务水平，推动制造业创新、协调、绿色、开放、共享发展。

新一代智能制造系统应具有以下特征。

① 适应性：是最重要的特征之一，指在不影响目标结果的情况下适应不断变化环境的能力。

② 自维护：是一种无需人为干预便可检测故障并进行校正的能力，智能制造系统可利用该特征进行重新配置。

③ 学习和自我进步：这是新一代智能制造系统的一个重要特征，可以通过不断更新知识库，扩大其知识储量或通过对现有知识进行试验并评估其性能来升级系统。

④ 自主性：表示一种独立程度，没有它智能性会受到限制。

⑤ 通信：通过生成报告、下达命令和开始运行使子系统和组件展开合作。

⑥ 预测能力：是一种预测变化以及该变化对系统性能所产生影响的能力。

⑦ 目标搜寻：是一种根据系统当前状态和任务制定、提炼和升级目标的能力。

⑧ 创造性：是希望智能制造系统可以创造新理论、新原则及预测等。这个能力需要与系统的组件进行交互，和更高级的自主性一样，这也是当前智能制造系统想要达到的效果。

1.2.2 智能制造的技术机理

中国工程院原院长、中国机械工程学会荣誉理事长周济院士2019年5月8日在第七届智能制造国际会议上做了《面向新一代智能制造的人-信息-物理（HCPS）》的主旨报告，将智能制造归纳为三个基本范式：数字化制造、数字化网络化制造、数字化网络化智能化制造（新一代智能制造）。新一代智能制造是新一代人工智能技术与先进制造技术的深度融合，贯穿于产品设计、制造、服务全生命周期的各个环节及相应系统的优化集成，不断提升企业的产品质量、效益、服务水平，减少资源能耗，是新一轮工业革命的核心驱动力，是今后数十年制造业转型升级的主要路径。

（1）人-物理系统（human-physics systems，HPS）

传统制造系统包含人和物理系统两大部分，是通过人对机器的直接操作控制去完成各种工作任务，同时，相关感知、分析决策以及学习认知等活动也都由人完成。在这个阶段，物理系统可代替人类的大量体力劳动，制造的质量和效率不断提高。人-物理系统（HPS）的原理简图如图1-7所示。

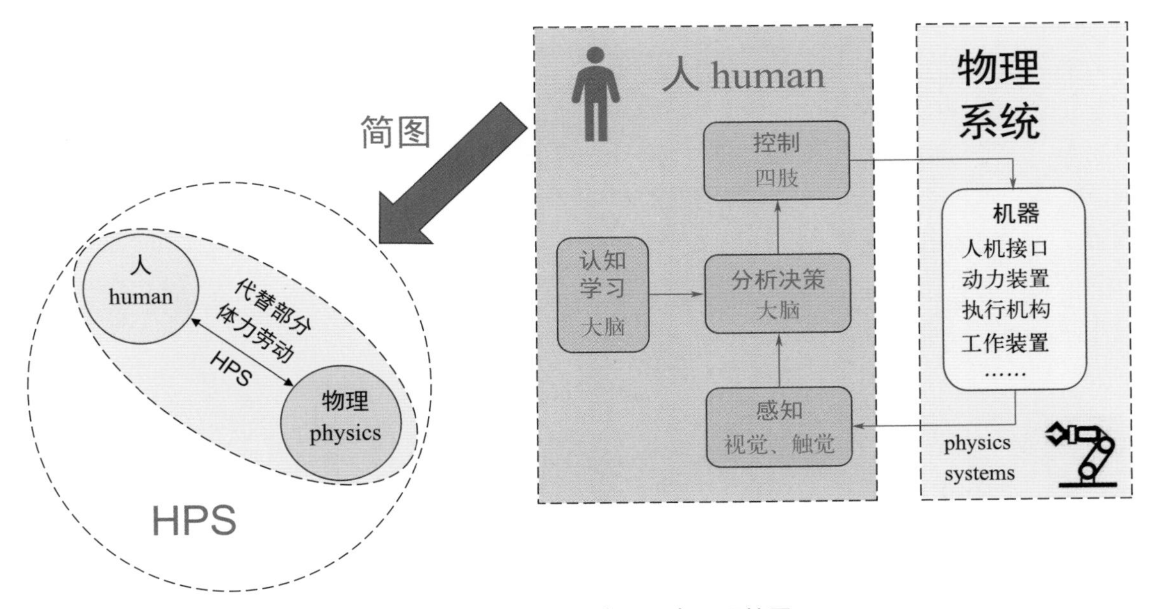

图1-7 人-物理系统（HPS）原理简图

（2）人-信息-物理系统（human-cyber-physics systems，HCPS）

与传统制造系统相比，第一代和第二代智能制造系统发生最本质的变化是在人和物理系统之间增加了信息系统（cyber system），从二元系统进化为三元系统。信息系统的引入使得制造系统同时增加了人-信息系统（human-cyber systems，HCS）和信息-物理系统（CPS），如图1-8所示。其中，信息-物理系统（CPS）作为计算进程和物理进程的统一体，是集成计算、通信与控制于一体的智能系统。信息-物理系统通过人机交互接口实现和物理进程的交互，使用网络化空间以远程的、可靠的、实时的、安全的、协作的方式操控一个物理实体。美国在21世纪初提出了信息-物理系统的理论，德国将其作为“工业4.0”的核心技术。信息-物理系统（CPS）在工程上的应用是实现信息系统和物理系统的深度融合，即实现了数字孪生（digital twin），成为实现第一代和第二代智能制造的技术基础。

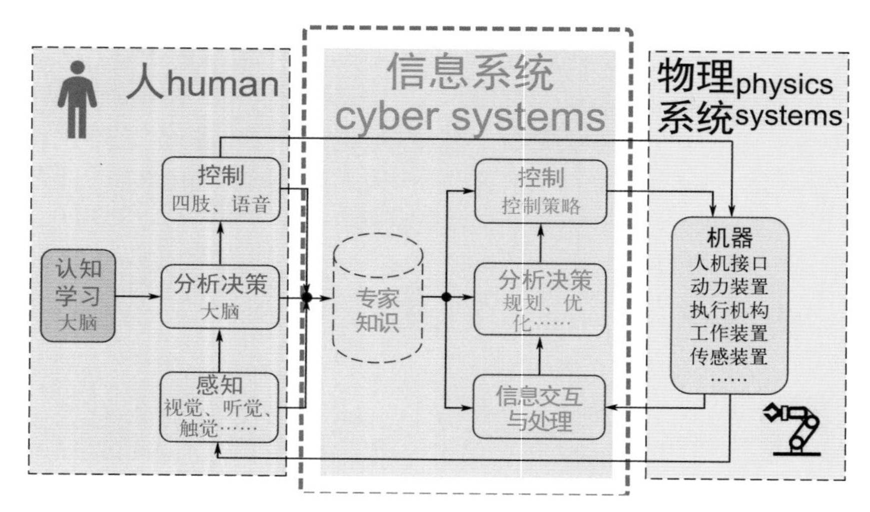

图1-8　人-信息-物理系统（HCPS）原理简图

第一代和第二代智能制造系统通过集成人、信息系统和物理系统的各自优势，系统的能力尤其是计算分析、精确控制以及感知能力都得以很大提高，其结果是：一方面，系统的工作效率、质量与稳定性均得以显著提升；另一方面，人的相关制造经验和知识转移到信息系统，能够有效提高人的知识传承和利用效率。

（3）新一代人－信息－物理系统（HCPS）

新一代智能制造系统最本质的特征是其信息系统增加了认知和学习的功能，信息系统不仅具有强大的感知、计算分析与控制能力，更具有了学习提升、产生知识的能力，其原理简图如图1-9所示。

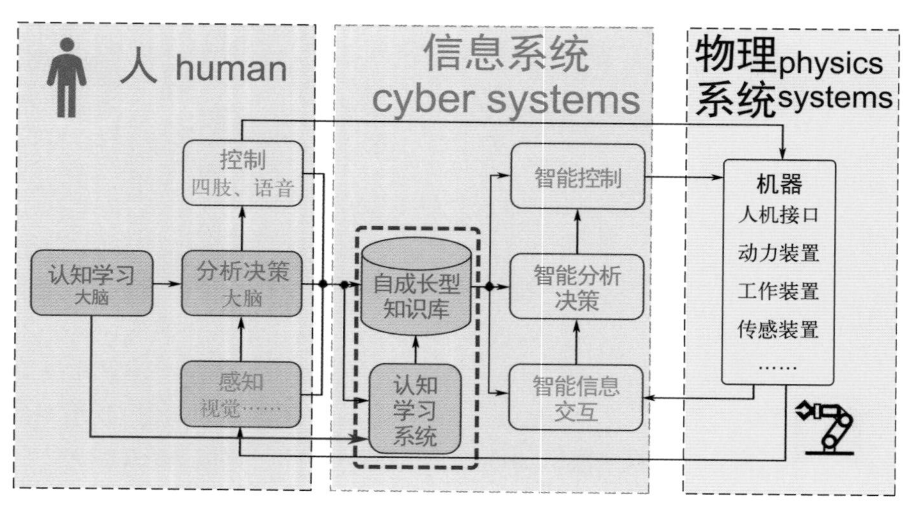

图1-9　新一代人-信息-物理系统（HCPS）原理简图

新一代人工智能技术将使人-信息-物理系统发生质的变化，形成新一代人-信息-物理系统。主要变化在于以下两点：

① 人将部分学习型的脑力劳动转移给信息系统，因而信息系统具有了“认知和学习”的能力，人和信息系统的关系发生了根本性的变化，即从“授之以鱼”发展到“授之以渔”；

② 通过“人在回路”的混合增强智能，人机深度融合将从本质上提高制造系统解决复杂性、不确定性问题的能力，极大地提高了制造系统的性能。

新一代智能制造，将操作者的知识工作变得自动化，将控制系统和制造过程转变为智能自主控制系统，使企业管理者和生产管理者的知识工作智能化。将整个制造和生产过程的决策、控制与运行管理转化为CPS，并将生产制造操作员以及知识工作者的知识工作变得自动化和智能化。HCPS中的知识工作者是计划者、管理者和决策者，进一步突出了人的中心地位，是统筹协调“人”“信息系统”和“物理系统”的综合集成大系统。新一代智能制造一方面将使制造业的质量和效率跃升到新的水平，为国家强大和人民的美好生活奠定更好的物质基础；另一方面，将人类从更多体力劳动和大量脑力劳动中解放出来，使得人类可以从事更有意义的创造性工作，人类的思维进一步向“互联网思维”“大数据思维”和“人工智能思维”转变，人类社会开始进入“智能时代”。

总之，制造业从传统制造向新一代智能制造发展的过程是从原来的人-物理二元系统向新一代人-信息-物理三元系统进化的过程，如图1-10所示。新一代人-信息-物理系统揭示了智能制造发展的技术机理，能够有效指导新一代智能制造的理论研究和工程实践。

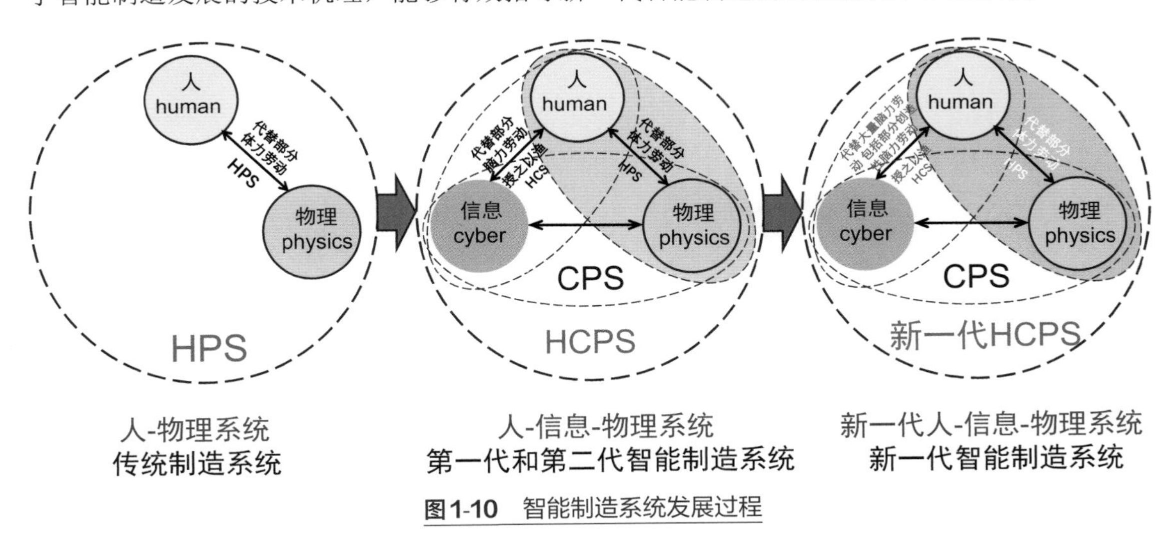

图1-10　智能制造系统发展过程

1.2.3　智能制造的实现载体——工业互联网

在工业数字化、网络化、智能化转型需求的带动下，以泛在互联、全面感知、智能优化、安全稳固为特征的工业互联网（industrial internet of things，IIoT）应运而生。工业互联网是支撑智能制造的关键综合信息基础设施，是将机器、人、控制系统与信息系统有效连接的网络信息系统。通过对工业数据的全面深度感知、实时动态传输与高级建模分析，形成了智能决策与控制，驱动制造业的智能化发展。工业互联网可以理解为网络+数据+安全，其中网络是基础，数据是核心，安全是保障。

工业互联网作为全新工业生态、关键基础设施和新型应用模式，是面向制造业数字化、网络化、智能化需求，构建基于海量数据采集、汇聚、分析的服务体系，支撑制造资源泛在连接、弹性供给、高效配置的工业云平台。传统的自动化和信息化是工业互联网的基础，同时工业互联网又是对传统自动化和信息化的升级拓展与变革创新：一是工业互联网将管理知识、工艺机理等各种隐性的经验显性化，将其转化为更精确的机理模型和数据模型，形成数据驱动的智能化；二是工业互联网推动形成商业模式和生产组织方式的变革甚至重构，驱动制造体系和产业生态向扁平化、开放化演进，这是传统自动化和信息化所无法达到的，也正是工业互联网发展的重要意义所在。

工业互联网的本质是通过构建精准、实时、高效的数据采集互联体系，建立面向工业大数据（industrial big data）存储、集成、访问、分析、管理的开发环境，实现工业技术、经验、知识的模型化、标准化、软件化、复用化，不断优化研发设计、生产制造、运营管理等资源配置效率，形成资源富集、多方参与、合作共赢、协同演进的制造业新生态。其内涵如下：

工业互联网是实体经济数字化转型的关键支撑。工业互联网通过与工业、能源、交通、农业等实体经济各领域的融合，为实体经济提供了网络连接和计算处理平台等新型通用基础设施支撑；促进了各类资源要素优化和产业链协同，帮助各实体行业创新研发模式、优化生产流程；推动传统工业制造体系和服务体系再造，带动共享经济、平台经济、大数据分析等以更快速度、更大范围、更深层次拓展，加速实体经济数字化转型进程。

工业互联网是实现第四次工业革命的重要基石。第四次工业革命是以2013年德国政府推出“工业4.0”战略为标志的互联网产业化、工业智能化、工业一体化的全新技术革命，可以实现大规模个性化定制、生产自组织、远程运维、网络协同制造等新型生产方式。工业互联网为实现第四次工业革命提供了具体实现方式和推进抓手，通过人、机、物的全面互联，全要素、全产业链、全价值链的全面连接，对各类数据进行采集、传输、分析并形成智能反馈，推动形成全新的生产制造和服务体系，优化资源要素配置效率，充分发挥制造装备、工艺和材料的潜能，提高企业生产效率，创造差异化的产品并提供增值服务。

工业互联网作为智能制造的核心与实现载体对我国经济发展至关重要。具体表现在以下3个方面：

① 化解综合成本上升、产业向外转移风险。通过部署工业互联网，能够帮助企业减少用工量，促进制造资源配置和使用效率提升，降低企业生产运营成本，增强企业的竞争力。

② 推动产业高端化发展。加快推广工业互联网，有助于推动工业生产制造服务体系的智能化升级、产业链延伸和价值链拓展，进而带动产业向高端化迈进。

③ 推进创新创业。工业互联网的蓬勃发展，催生出网络化协同、规模化定制、服务化延伸等新模式新业态，推动先进制造业和现代服务业深度融合，促进一二三产业、大中小企业开放融通发展，在提升我国制造企业全球产业生态能力的同时，打造新的增长点。

（1）工业互联网的体系架构

为了推进工业互联网发展，统一产业各界认识，为开展工业互联网实践提供参考依据，工业互联网产业联盟在工业和信息化部的指导下，于2020年4月发布了《工业互联网体系架构（版本2.0）》。工业互联网体系架构2.0包括业务、功能、实施框架三大视图，以商业目标和业务需求为牵引，形成系统功能定义与实施部署方式的设计思路，自上向下层层细化和深入。

业务视图明确了企业应用工业互联网实现数字化转型的目标、方向、业务场景及相应的数字化能力，包括产业层、商业层、应用层、能力层四个层次，其中产业层主要定位于产业整体数字化转型的宏观视角，商业层、应用层和能力层则定位于企业数字化转型的微观视角。四个层次自上而下来看，反映了企业不断构建和强化的数字化能力将持续驱动其业务乃至整个企业的转型发展，并最终带来整个产业的数字化转型。业务视图主要用于指导企业在商业层面明确工业互联网的定位和作用，提出的业务需求和数字化能力需求对于后续功能架构设计是重要指引。

功能架构明确企业支撑业务实现所需的核心功能、基本原理和关键要素。功能架构细化分解为数据、网络、平台、安全四大体系，描述构建体系所需的功能要素与关系。功能架构主要用于指导企业构建工业互联网的支撑能力与核心功能，并为后续工业互联网实施框架的制定提供参考。关于功能架构将在1.3节中详细阐述。

实施框架描述各项功能在企业落地实施的层级结构、软硬件系统和部署方式，为企业提供工业互联网具体落地的统筹规划与建设方案，进一步可用于指导企业技术选型与系统搭建。结合当前制造系统与未来发展趋势，实施框架可划分为设备层、边缘层、企业层、产业层四个层级，如图1-11所示。设备层对应工业设备、产品的运行和维护功能，关注设备底层的监控优化、故障诊断等应用，设备层为工业互联网平台提供底层的数据基础支撑；边缘层对应车间或产线的运行维护功能，关注工艺配置、物料调度、能效管理、质量管控等应用，边缘层满足生产现场的实时优化和反馈控制应用需求；企业层对应企业平台、网络等关键能力，关注订单计划、绩效优化等应用，打造企业工业互联网平台，并基于平台开展数据智能分析应用，驱动企业智能化发展；产业层对应跨企业平台、网络和安全系统，关注供应链协同、资源配置等应用，通过构建产业工业互联网平台，广泛汇聚产业资源，支撑开展资源配置优化和创新生态构建。

（2）工业互联网的功能体系

工业互联网体系架构2.0提出工业互联网数据、网络、平台、安全四大功能体系，如图1-12所示，它既是工业数字化、网络化、智能化转型的基础设施，也是互联网、大数据、人工智能与实体经济深度融合的应用模式，同时也是一种新业态、新产业，将重塑企业形态、供应链和产业链。

数据是工业互联网的核心，数据功能体系主要包含感知控制、数字模型、决策优化三个基本层次，以及一个由自下而上的信息流和自上而下的决策流构成的工业数字化应用优化闭环；网络是工业互联网的基础，包括网络互联、数据互通和标识解析三部分；平台是智能制造系统的中枢与核心环节，包括边缘层、PaaS层（platform as a service，平台即服务）和应用层；网络安全是工业互联网健康有序发展的重要保障，工业互联网的安全功能要充分考虑信息安全、功能安全和物理安全，需具有可靠性、保密性、完整性、可用性以及隐私和数据保护等功能。

① 工业互联网的数据功能

工业互联网数据的价值在于分析利用行业知识和工业机理。工业互联网的详细数据功能

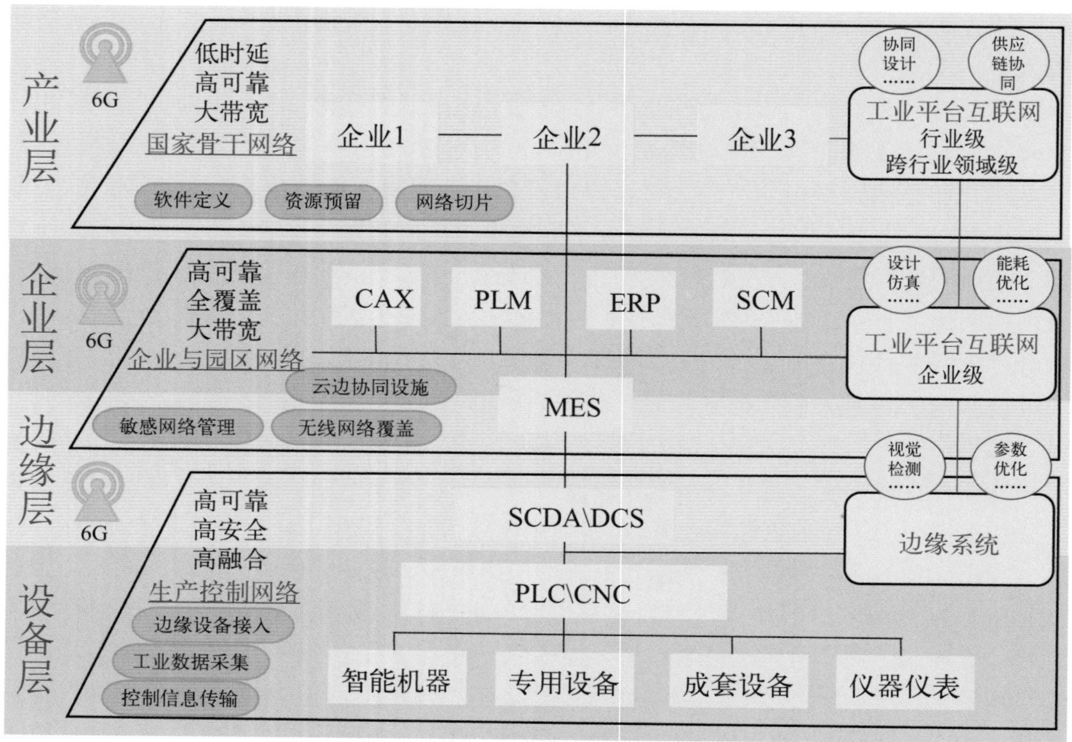

图1-11　工业互联网的实施框架图

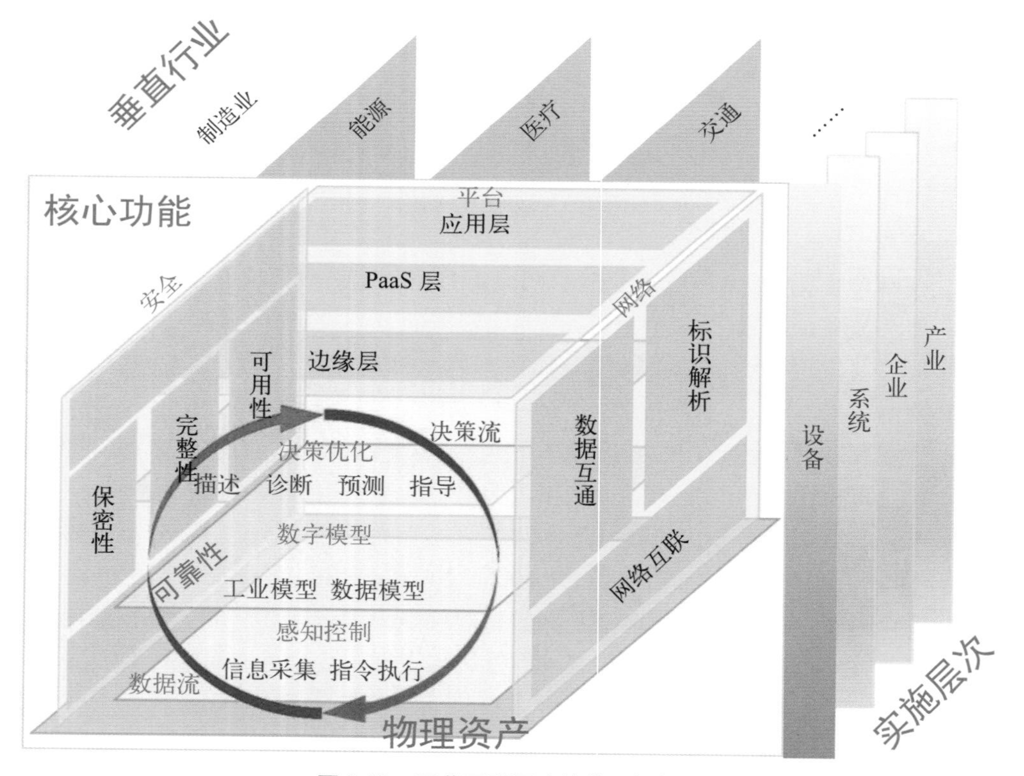

图1-12　工业互联网功能体系架构图

原理如图1-13所示。自下而上的信息流和自上而下的决策流形成了工业数字化应用的优化闭环。其中，信息流是从数据感知出发，通过数据的集成和建模分析，将物理空间中的资产信息和状态向上传递到虚拟空间，为决策优化提供依据。决策流则是将虚拟空间中决策优化后所形成的指令信息向下反馈到控制与执行环节，用于改进和提升物理空间中资产的功能和性能。优化闭环就是在信息流与决策流的双向作用下，连接底层资产与上层业务，以数据分析决策为核心，形成面向不同工业场景的智能化生产、网络化协同、个性化定制和服务化延伸等智能应用解决方案。

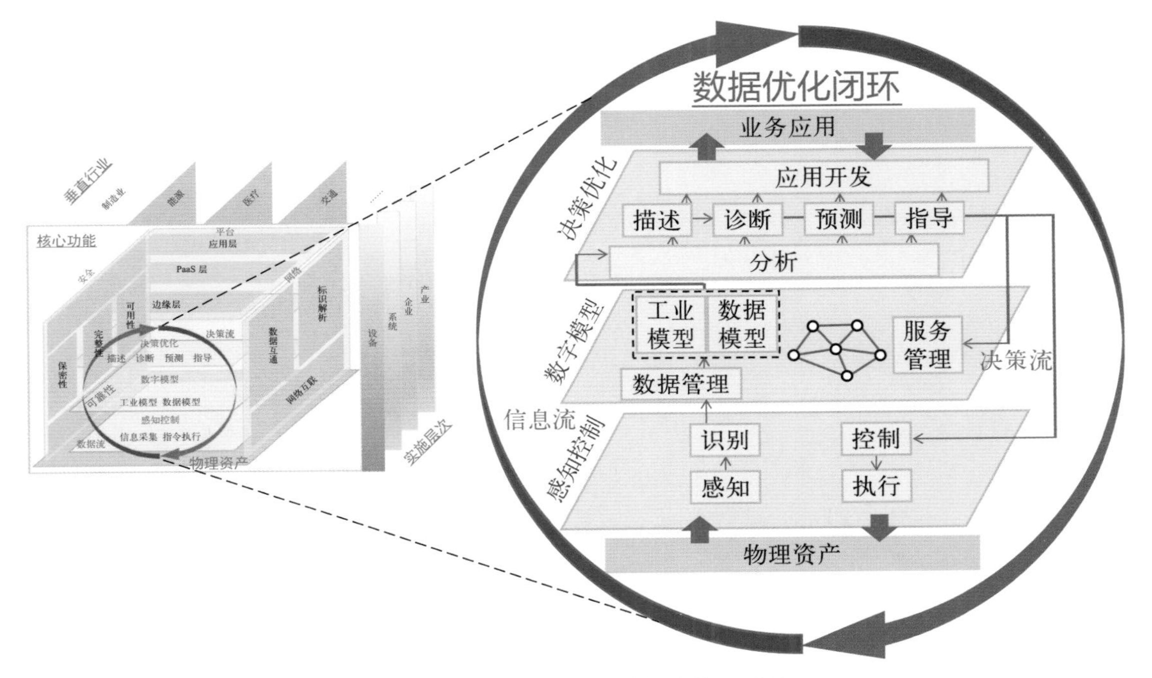

图1-13　工业互联网的数据功能原理图

② 工业互联网的网络功能

工业互联网的网络功能包括网络互联、数据互通和标识解析三部分，如图1-14所示。网络互联实现要素之间的数据传输，包括企业外网和企业内网；数据互通是通过对数据进行标准化描述和统一建模，实现要素之间传输信息的相互理解；标识解析实现要素的标记、管理和定位，我国标识解析体系包括五大国家顶级节点、国际根节点、二级节点、企业节点和递归节点。

网络互联：即通过有线、无线方式，将工业互联网体系相关的人员、机器、原料、方法、环境，即“人机物料法环”，以及企业上下游、智能产品、用户等全要素连接，支撑业务发展的多要求数据转发，实现端到端数据传输。网络互联根据协议层次由底向上可以分为多方式接入、网络层转发和传输层传送。

数据互通：据不完全统计，目前国际上现存的现场总线通信协议数量高达40余种，不同厂商、不同系统、不同设备的数据接口、互操作规范等各不相同，这些自成体系、互不兼容的数据体系难以实现数据的统一处理分析，无法实现高效、实时、全面的数据互通和互操作。人工智能、大数据的快速应用，使得工业企业对数据互通的需求越来越强烈，标准化、“上通下达”成为数据互通技术发展的趋势。数据互通，是指实现数据和信息在各要素间、

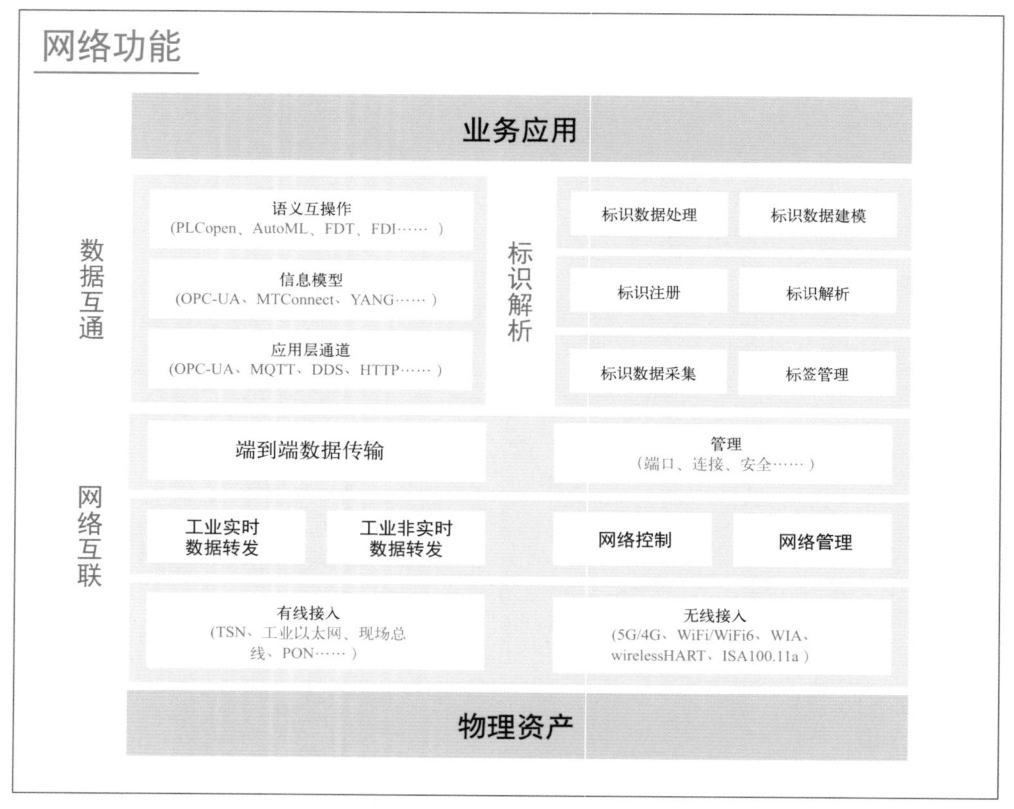

图1-14 工业互联网的网络功能框架

各系统间的无缝传递，使得异构系统在数据层面能相互“理解”，从而实现数据互操作与信息集成。数据互通包括应用层通信、信息模型和语义互操作等功能。

标识解析：标识解析提供标识数据采集、标签管理、标识注册、标识解析、标识数据处理和标识数据建模功能。工业互联网标识解析系统依托建设各级标识解析节点，形成了稳定高效的工业互联网标识解析服务，国家顶级节点与Handle、OID、GS1等不同标识解析体系根节点实现对接，在全球范围内实现了标识解析服务的互联互通。

③ 工业互联网的平台功能

工业互联网平台提供数据流畅传递和业务的高效协同，能够第一时间将生产现场数据反馈到管理系统进行精准决策，也能够及时将管理决策指令传递到生产现场进行执行，通过高效、直接的扁平化管理实现制造效率的全面提升。工业互联网平台包括边缘层、IaaS层（infrastructure as a service，基础架构即服务）、PaaS层和SaaS层（software as a service，软件即服务），涉及七大类关键技术，分别是数据集成和边缘处理技术、IaaS技术、平台使能技术、数据管理技术、工业数据建模与分析技术、应用开发和微服务技术、安全技术，如图1-15所示。边缘层提供海量工业数据接入、转换、数据预处理和边缘分析应用等功能；IaaS层通过虚拟化、动态化将计算、网络、存储等IT基础资源聚合形成资源池；PaaS层提供资源管理、工业数据与模型管理、工业建模分析和工业应用创新等功能；SaaS层提供工业创新应用、开发者社区、应用商店、应用二次开发集成等功能，SaaS的软件是“拿来即用”的，不需要用户安装，软件升级与维护也无须终端用户参与。

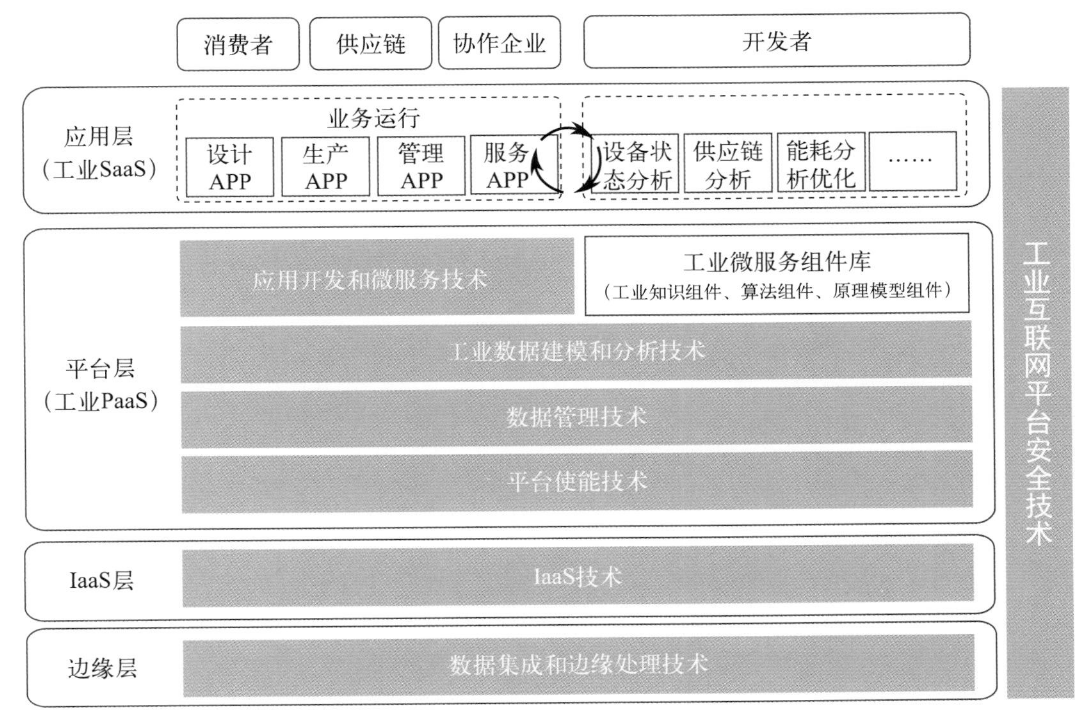

图1-15 工业互联网平台功能框架

④ 工业互联网的安全功能

为解决工业互联网面临的网络攻击等新型风险，确保工业互联网健康有序发展，工业互联网安全功能框架涉及设备、控制、网络、平台、工业APP、数据等多方面网络安全问题，充分考虑了信息安全、功能安全和物理安全，聚焦工业互联网安全所具备的主要特征，包括可靠性、保密性、完整性、可用性与隐私和数据保护，如图1-16所示。可靠性指工业互联网业务在一定时间内、一定条件下无故障地执行指定功能的能力或可能性。保密性指工业互联网业务中的信息按给定要求不泄露给非授权的个人或企业加以利用的特性，即杜绝有用数据或信息泄露给非授权个人或实体。完整性指工业互联网用户、进程或者硬件组件具有能验证所发送的信息的准确性，并且进程或硬件组件不会被以任何方式改变的特性。可用性指在某个考察时间，工业互联网业务能够正常运行的概率或时间占有率期望值，是衡量工业互联网业务在投入使用后实际使用的效能。隐私和数据保护指对于工业互联网用户个人隐私数据或企业拥有的敏感数据等提供保护的能力。

（3）工业互联网的技术体系

工业互联网技术体系是支撑功能架构实现、实施架构落地的整体技术结构，如图1-17所示。工业互联网技术体系由制造技术、信息技术及两大技术交织形成的融合性技术组成。

制造技术支撑构建了工业互联网的物理系统，包括工艺基础技术、装备技术、感知技术和控制技术，还构建了工业数字化应用优化闭环的起点和终点。工业数据源头绝大部分都产生于制造物理系统，数据分析结果的最终执行也均作用于制造物理系统，使其贯穿设备、边缘、企业、产业等各层工业互联网系统的实施落地。

信息技术直接作用于工业领域，构成了工业互联网的通信、计算、安全基础设施。其

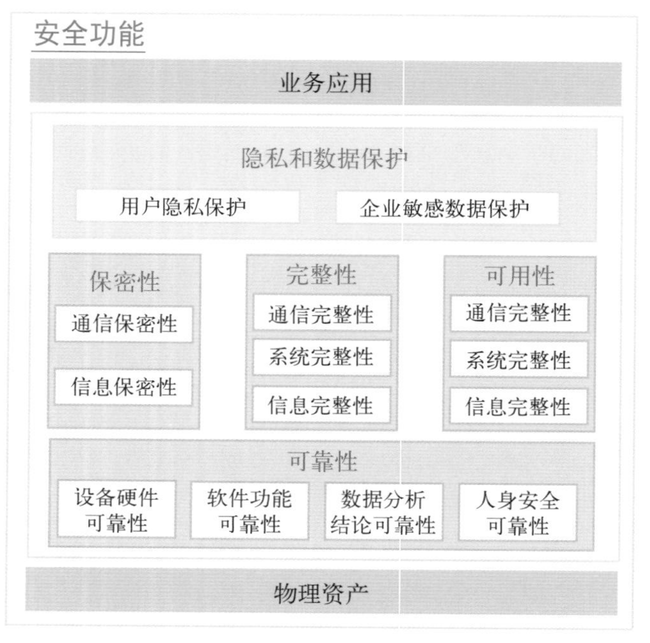

图1-16　工业互联网安全功能示意图

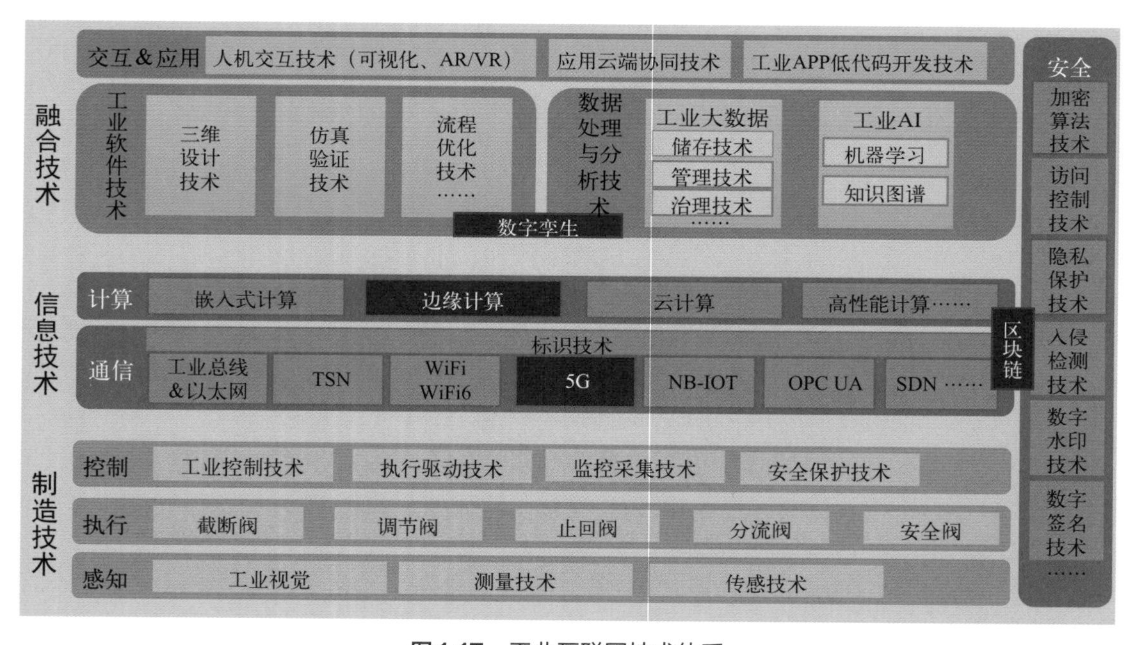

图1-17　工业互联网技术体系

中，5G、WiFi为代表的网络技术提供了更可靠、快捷、灵活的数据传输能力，标识解析技术为对应工业设备或算法工艺提供标识地址，保障工业数据的互联互通和精准可靠，边缘计算、云计算等计算技术为不同工业场景提供分布式、低成本数据计算能力，区块链、数据安全和权限管理等安全技术保障数据的安全、可靠、可信。

融合性技术驱动了工业互联网物理系统与数字空间全面互联与深度协同。融合性技术一方面构建出符合工业特点的数据采集、处理、分析体系，推动信息技术不断向工业核心环节渗透；另一方面重新定义工业知识积累、使用的方式，提升制造技术优化发展的效率和效能。工业软件技术支撑工厂虚拟建模与仿真、多品种变批量任务动态排产等先进应用；数据处理与分析技术在满足海量工业数据存储、管理、治理需求的同时，基于工业人工智能技术形成更深度的数据洞察，与工业知识整合共同构建数字孪生体系，支撑分析预测和决策反馈；工业交互和应用技术，基于VR/AR改变制造系统交互使用方式，通过云端协同和低代码开发技术改变工业软件的开发和集成模式。

基于以上分析，工业互联网是新一代信息技术与工业系统全方位深度融合所形成的产业和应用生态，是工业数字化、网络化、智能化发展的关键综合信息基础设施。其本质是以人、机、物之间的网络互联为基础，通过对工业数据的全面深度感知、实时传输交换、快速计算处理和高级建模分析，实现智能控制、运营优化和生产组织方式的变革。

智能制造是基于新一代信息技术，贯穿设计、生产、管理、服务等制造活动各个环节，具有信息深度自感知、智慧优化自决策、精准控制自执行等功能的先进制造过程和系统与模式的总称。具有以智能工厂为载体、以关键制造环节智能化为核心、以端到端数据流为基础、以网络互联为支撑等特征，从而实现缩短产品研制周期、降低资源能源消耗、降低运营成本、提高生产效率、提升产品质量等目的。

工业互联网与智能制造各有侧重，一个侧重于工业服务，一个侧重于工业制造，智能制造偏向于企业内部优化改造，而工业互联网则是借助工业级平台优势打破产业链中企业之间的数据鸿沟，进而孕育新的业务模式或者服务方式，为企业打开新的利润点。

1.3　智能化工集成系统架构

化工属于流程行业，每个环节之间都相互影响，啮合在一起，所以一旦建厂完成之后，通常不会改变生产的主产品，最多就是更换配方。所以在化工等流程工业的智能制造里，数字化、智能化工厂的实施对象主流还是新建工厂，并且实施一体化设计与运维（运行维护）。因此，在化工智能制造建设过程中，需明确数字工厂设计、虚拟工厂模型以及智能工厂运维之间的关系。如图1-18所示，智能化工集成系统包括实体工厂、数字工厂、虚拟工厂和智能工厂。

实体工厂是依靠自动化生产装备构建而成的，是智能制造的生产基础。实体工厂部署大量的车间、生产线、加工装备等，为制造过程提供硬件基础设施与制造资源，也是实际制造流程的最终载体。实体工厂中配备大量的智能检测元件、智能控制设备以及智能执行机构，用于实现实体工厂与虚拟工厂和工业互联网之间的通信。

数字工厂是建设智能工厂的前提。数字工厂实现了从工厂设计、采购、施工、运行维护的全面数据贯通。数据是智能化的基础，数据的应用关系到数字工厂的质量、效率和效益，也是迈向智能制造的必经之路。数字工厂包括数字化交付和数字化运维两个阶段。数字化交付的三维虚拟数字工厂是实体工厂的虚拟映射，并用于后续运维阶段的深化应用。数字化运维则通过融合自动化、数据驱动和协同协作技术来提高运维效率和可靠性，降低IT系统故障率、缩短故障恢复时间，从而更好地服务于化工业务的需求。

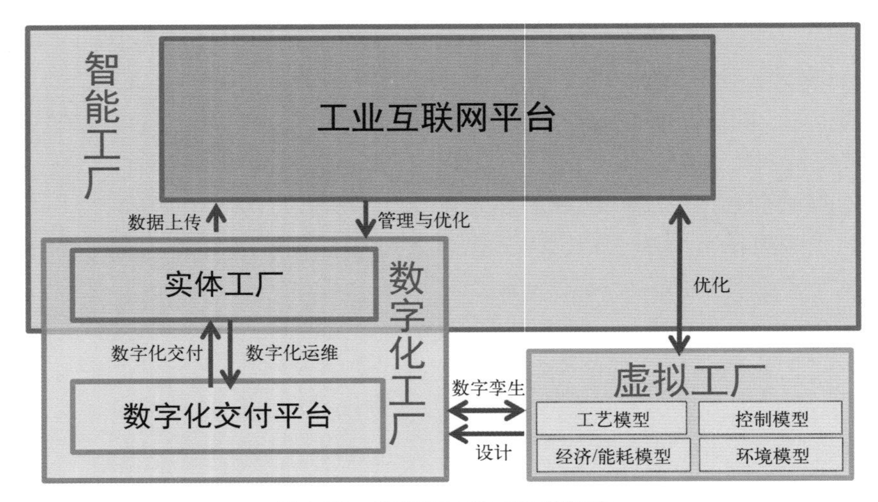

图1-18 智能化工集成系统架构

虚拟工厂用于支撑数字化交付和数字孪生。在实体工厂生产之前，虚拟工厂通过其稳态模型和动态模型对整个制造流程进行全面的建模与验证，其工艺稳态模型用于数字化交付的流程模拟计算，其动态模型包括工艺模型、控制模型、经济模型、优化模型等，通过与实体工厂的数据交互，用于实现数字孪生。

智能工厂是由实体工厂和工业互联网平台组成，是基于新一代信息通信技术与先进制造技术深度融合，贯穿于设计、生产、管理、服务等制造活动的各个环节，具有自感知、自学习、自决策、自执行、自适应等功能的新型生产方式。智能工厂实现了人与机器的相互协调合作，其本质是人机交互。在虚拟制造过程中，智能决策与管理系统对制造过程进行不断的迭代优化，使制造流程达到最优；在实际制造中，智能决策与管理系统则对制造过程进行实时的监控与调整，进而使得制造过程体现出自适应、自由化等智能化特征。

1.3.1 实体工厂自动化系统

实体工厂主要包含工厂的化工工艺设备、自动化装置、土建等公用设施。其中，化工工艺设备是用来满足化工生产要求的流体输送设备、传热设备、传质分离设备、反应器以及各种存储设备。流体输送设备有泵、风机和压缩机等；传热设备主要包括加热炉、列管式换热器、板式换热器、蛇管换热器以及各类蒸发器等；传质分离设备包括填料塔、板式塔（浮阀塔、泡罩塔等）、干燥器、电解槽、结晶设备（溶液结晶器、熔融结晶器等）以及吸附设备等；反应器包括管式反应器、釜式反应器、固定床催化反应器、流态床反应器、浆态床反应器以及离子交换设备等；存储设备包括各种槽、罐、釜等。

自动化装置包括测量元件变送器、执行器和控制器。化工中常见的测量元件变送器有压力/差压变送器、温度变送器、流量变送器和液位变送器等；化工系统中常用的执行器有电动调节阀、气动薄膜调节阀、电磁阀等；化工过程常见的控制器有可编程逻辑控制器（programmable logic controller，PLC）、工控机（industry personal computer，IPC）、单片机（single-chip microcomputer）、数字信号处理器（digital signal processing，DSP）等。

由工艺设备和自动化装置组成了自动控制系统，主要用于实时监控生产操作、原料及产品储运、公用工程和产品质量等全过程，并且使生产操作安全、可靠、稳定、长周期及满负荷运行。化工中常见的过程控制系统包括：集散控制系统/现场总线控制系统（distributed control system/fieldbus control system，DCS/FCS）、安全仪表系统（safety instrumented system，SIS）、火灾及气体检测系统（fire and gas detection system，FGS）、储运自动化系统（movement automation system，MAS）、压缩机组控制系统（compressor control system，CCS）、大型机组状态监测系统（machine monitoring system，MMS）、在线分析仪系统（process analysis system，PAS）、仪表设备管理系统（apparatus management system，AMS）、操作员培训仿真系统（operator training system，OTS）、过程控制计算机系统（process control computer system，PCCS）、先进控制（advanced process control，APC）、实时优化（real time optimization，RTO）及实时数据库（real time data base，RTDB）等系统，其核心是DCS/FCS系统。

（1）集散控制系统（DCS）/现场总线控制系统（FCS）

集散控制系统（DCS）又叫分散控制系统，是以微处理器为基础，采用控制分散、操作和管理集中的基本设计思想，以多层分级、合作自治的结构形式实现集中管理和分散控制。DCS硬件层级包括现场控制级和过程管理级，如图1-19所示。DCS现场控制级一般远离控制中心，安装在靠近现场的地方，现场控制单元的结构是由许多功能分散的插板（或称卡件）按照一定的逻辑或物理顺序安装在插板箱中，其高度模块化结构可以根据过程监测和控制的需要配置成有几个监控点到数百个监控点的规模不等的过程控制单元。各现场控制单元及其与过程管理级之间采用总线连接，以实现信息交互。DCS过程管理级由工程师站、操作员站、管理计算机等组成，完成对现场控制级的集中监视和管理。操作员站主要实现一般的生产操作和监控任务，具有数据采集和处理、监控画面显示、故障诊断和报警等功能。工程师站除了具有操作员站的一般功能以外，还具备系统的组态、控制目标的修改等功能。化工中常见的DCS国外品牌有横河、霍尼韦尔、艾默生、ABB、西门子、施耐德（福克斯波罗）、美卓等；DCS国内厂家有中控、和利时、南京科远、国电智深、GE新华等。

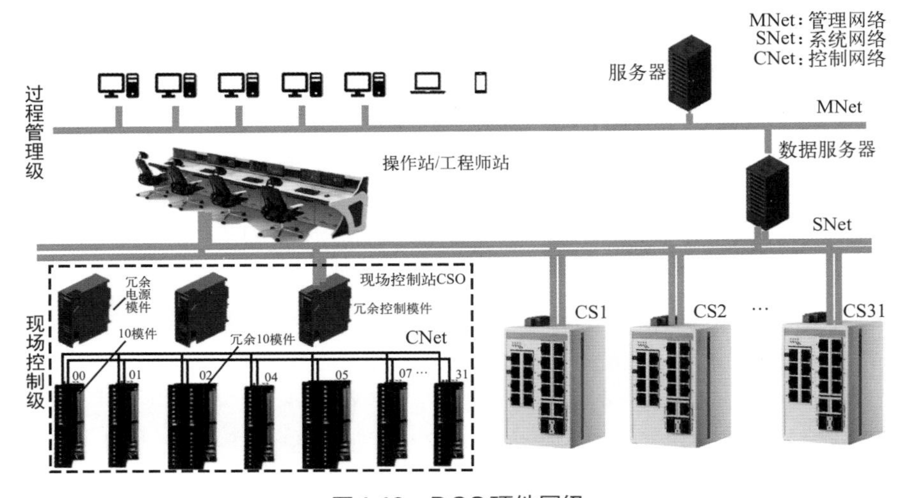

图1-19　DCS硬件层级

现场总线控制系统（FCS）是连接智能现场设备和自动化系统的全数字、双向、多站的通信系统。主要解决工业现场的智能化仪器仪表、控制器、执行机构等现场设备间的数字通信以及现场控制设备和高级控制系统之间的信息传递问题。现场总线是开放式互联网络，既可以与同层网络互联，也可与不同层网络互联，还可以实现网络数据库的共享。不同于DCS单向一对一的信号连接模式，现场总线使用一根电缆连接所有现场设备，放弃DCS模拟信号传输采用数字信号传输，提高了抗干扰能力和精度。

（2）安全仪表系统（SIS）

安全仪表系统（SIS）独立于DCS系统而单独设置，采用经TUV/IEC安全认证的三重化可编程控制器完成各工艺装置的紧急停车和紧急泄压。安全仪表系统（SIS）安装在中央控制室和现场控制机柜室里。安全仪表系统包括检测单元、控制单元和执行单元。SIS系统可以监测生产过程中出现的或者潜伏的危险，发出告警信息或直接执行预定程序，立即进入操作，防止事故的发生，降低事故带来的危害及其影响。SIS应具有事件顺序记录（sequence of event，SOE）功能。SIS常见国外品牌有TRICON/HIMA/横河、艾默生、霍尼韦尔、GE等；国内有康吉森、中控、和利时。

（3）火灾及气体检测系统（FGS）

火灾及气体检测系统（FGS）独立于DCS系统、SIS系统和其他子系统单独设置。采用TUV/IEC安全认证的三重化可编程控制器，接受来自现场（包括装置区、灌区等场所）的火灾、可燃气体、有毒气体探测器的信号及手动报警信号，启动警报系统并产生消防联动和装置的紧急停车，同时将经过确认的火警信号传送到全厂消防控制中心。FGS应具有SOE功能。FGS系统与DCS系统可实现实时数据通信，在DCS系统操作站上显示报警及打印。FGS常见的国外品牌有西门子、霍尼韦尔（NOTIFIER），国内品牌有首安、利达、海湾。

1.3.2 数字工厂设计与交付

数字工厂是智能工厂建设的前提，其本质是实现信息的集成。数字工厂是近几年随着国家2025战略、国际智能化发展战略等方向指引下整个制造产业转型升级的发展方向，主要内容是以产品全生命周期的相关数据为基础，管理企业的数字信息资产，记录所有实体工厂的信息。

在化工厂的建厂过程中，往往需要部门和部门之间的配合，比如新建一个煤化工厂，需要业主、设计院和总包商（engineering procurement construction，EPC）在一起协同工作，以前通常是各自用各自的系统，相互之间通过签技术协议来保证数据的一致。数据的改动需要重新签技术协议，工作量巨大。因此，在一个统一的平台上以一体化建设思维实施数字化交付成为许多新建工厂的标配。数字化交付是指除了实体工厂外，还需要移交一座依托于数据、文档、三维模型，以及它们与工厂对象关联关系的数字化虚拟工厂。这个数字化虚拟工厂能够把所有与工厂设计运行相关的文件，如工艺图、控制图、布局图、工艺文件、土建、电气、管网等按照统一要求在协同设计与管理平台上完成，数字化交付内容组成如图1-20所示。目前数字化交付得到大范围推广，其特点在于模拟可视化、施工安排可控化、数据获取便捷化，可提高运维效率、减少停车时间、提高检维修安全性、提高系统数据一致性。相比传统交付方式，数字化交付能给予业主最大的投资产出比，并已成为打造行业标杆工厂的关键环节之一。

数字工厂借助三维模型、模拟仿真系统、大数据应用平台等现代信息技术，以实际数据为基础，可视化为手段，虚拟模型为支撑，进行系统规划建设和生产运营，实现产品设计和产品

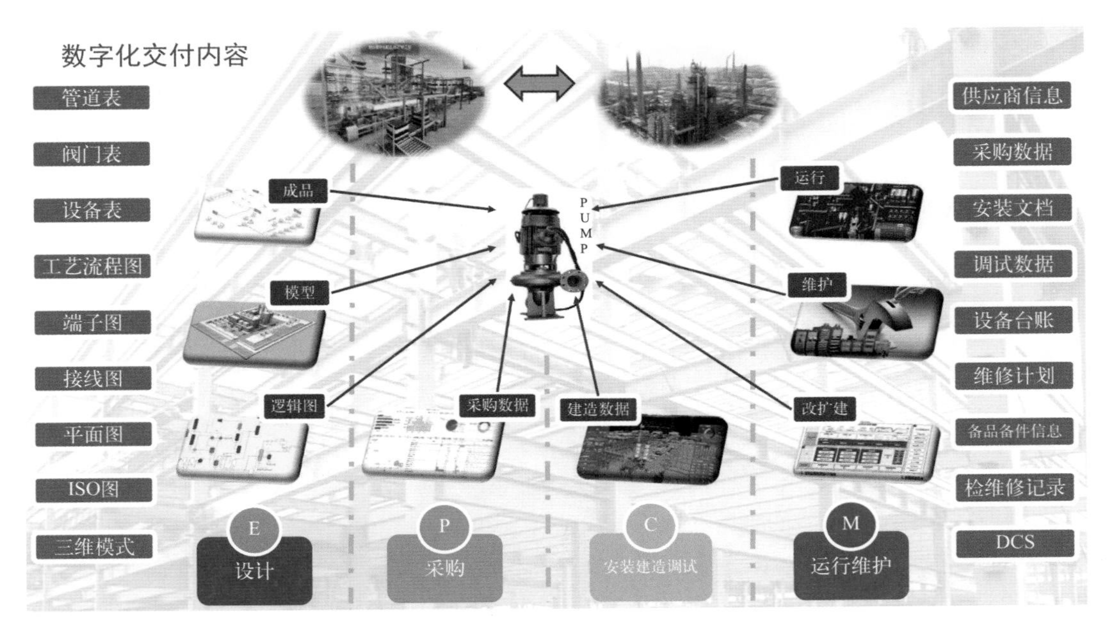

图1-20　数字化交付内容组成图

制造之间的沟通。在数字工厂的建设过程中，包含了软件和硬件两个方面的内容，其互为支撑，互相推动。软件数字化的主要建设内容为车间上网、设备物联、管理软件平台等；硬件数字化是指设备运行中的参数和状态信号可通过物联网实现数据采集。在数字化设计与交付的基础上，数字化运维就能够顺利实施了。众所周知，传统化工行业流程和工序繁多，由于工厂需要24小时不间断生产，为了保证生产安全和产品质量，对生产设备的制造、运维及工艺能源优化都有着极高的要求。化工等流程行业最大的难点是体量庞大，上下游产业链一体化，一旦上下游设备出现了故障，将影响整个产业链的平稳生产。因此装置的稳定生产是重中之重。此外，由于大型化工厂装置高昂的投资成本，化工企业面临着巨大的运营压力。只有低单耗、低能耗、安全平稳地运行才能保证长期盈利。因此各种数字化运维软件应运而生。

（1）COMOS数字化软件平台

西门子公司推出了COMOS数字化软件平台，该软件平台覆盖从设计、采购、施工、数字化交付到运维、管理的工厂全生命周期各个环节，能够让业主、设计院和总包商三方在同一个平台上设计、调试和随时调整，大大减少了各种文档管理带来的错误和风险。同时，该平台还具有与AVEVA PI System，SPI（smart plant instrumentation），AVEVA E3D等多种软件通信的数据接口。还可以把设计数据直接导入到DCS中间去，来减少DCS中的编程工作量。在DCS安装完成之后，这个数据可以直接交给运营管理方，在运营过程中间如果出现任何问题时，就可以很快地返回到设计部门，找到问题的原因，提高运行维护的效率，实现一体化运维。

（2）AVEVA剑维软件

AVEVA推出企业全生命周期的数字化解决方案，并指出化工厂存在两个生命周期：第一，资产生命周期，包括工厂和工艺设计、采购、施工、维护和改造；第二，运营生命周期，包括监测与控制、计划与调度以及各种生产优化方法。在资产生命周期，有AVEVA E3D Design、AVEVA Engineering和AVEVA Asset Information Management，实现了从以文档为中心的环境转移到以数据为中心的环境，AVEVA用于设计和交付的软件有数字化交付平台（AVEVA NET 5.1）、设计平台（AVEVA E3D）、智能P&ID（AVEVA Diagrams）、智能仪表软件（AVEVA Instrumentation）等；在运营生命周期，AVEVA推出了PI System，从边缘到云端，实时收集、增强、传输和共享数据，借助可信的高质量运营数据实现数字化转型。此外，AVEVA AIM可以对所有类型的数据、文档、工厂系统模型和工厂三维模型进行安全控制、关联、评估分析以及交付等信息管理，并与设计阶段的成果形成有效关联。

（3）海克斯康数字智能

作为全球领先的工程类软件研发企业和信息应用服务商，海克斯康致力于面向工厂全生命周期——从数字化工程到数字化交付，以及数字工厂的企业级工程和管理软件系统的开发及应用服务。海克斯康数字智能的主要产品是鹰图智慧解决方案（Intergraph Smart® Solutions），可以将非结构化信息转换为智能数字资产，并进行各种复杂结构和设施的可视化创建及管理，在整个生命周期内确保安全、高效地运营，为工业设施的设计、施工和运维等各个阶段提供数字化转型服务。其相关软件覆盖了二维设计、三维建模及可视化分析、信息管理、应用管理、采购、预制及施工等专业领域。CADWorx Plant Professional是基于AutoCAD & BricsCAD平台的全面、智能的工程设计系统，它全面囊括了管道、钢结构、设备、工艺仪表流程图和设计漫游，以及自动生成单线图和材料表。CAESAR Ⅱ®是一套管道柔性和应力分析解决方案，能够考虑作用于管系的外部载荷、管道自重、压力、热胀等基于用户自定义或者遵循各种标准规范的静态、动态条件。CADWorx Plant Professional与管道应力分析软件CAESAR Ⅱ®、压力容器设计软件PV Elite®具有双向接口，各专业的工程师可以更加容易地共享数据，从而实现图纸、模型及相关信息的同步。

综上，数字化交付的是工程建设过程中产生的设计、采购、施工的工程信息，即数字化静态信息，这些信息在工程建设阶段主要掌握在设计院和施工单位手中，通过数字化交付，企业可以数字化掌握、管理这些工程数据，建立工程数据中心，再加上企业运营后的数字化动态信息，包括管理数据［ERP（enterprise resource planning）、生产、销售、财务等］以及运行数据（DCS、PLC系统数据，如压力/流量仪表数据等），“动静结合”形成智能工厂的建设基础。

1.3.3 虚拟工厂与数字孪生

虚拟工厂与实体工厂基于数字孪生的理念，以数据和互联网为媒介，实现双向真实映射与实时交互，打通现实世界和信息世界之间的桎梏，实现实体工厂与虚拟工厂的融合并产生孪生数据，在孪生数据的驱动下，实现工厂的全生产要素在实体工厂、虚拟工厂、工厂服务系统间的迭代运行，最终使实体工厂不断得到进化，直到工厂生产和管控达到最优。构建虚拟工厂是实现智能工厂目标的基础。实体工厂和虚拟工厂交互融合示意图如图1-21所示。

（1）虚拟工厂

虚拟工厂是把“现实制造”和“虚拟呈现”融合在一起，通过遍布全厂的海量传感器采集现实生产制造过程中的所有实时数据，基于这些生产数据，在计算机虚拟环境中，应用数字化模型、大数据分析、3D虚拟仿真等方法，对整个生产过程进行仿真、评估和优化，使虚拟世界中的生产仿真与现实世界中的生产无缝融合，即实现数字孪生。在现场信息和控制

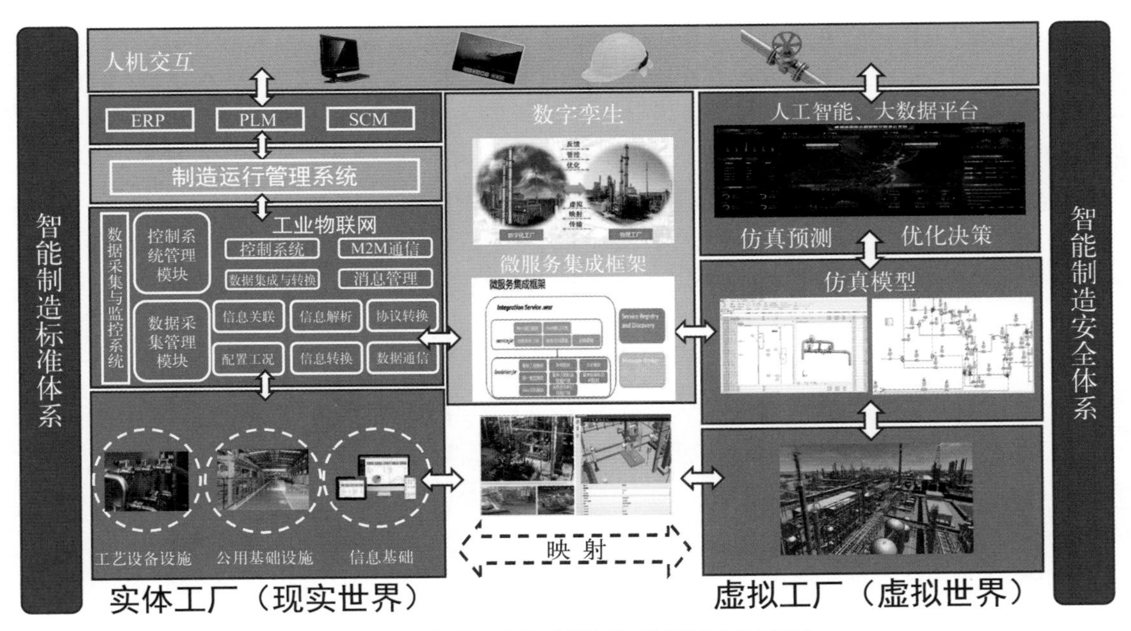

图1-21　实体工厂和虚拟工厂交互融合示意图

数据下发之前，大部分生产系统将在虚拟生产环境下得到验证。同时，生产系统能够将生产过程的实时状态和信息反馈到虚拟工厂系统，以便对虚拟工厂的生产参数进行修正。

虚拟工厂有几个关键点：第一是物理工厂与虚拟工厂同步运行，物理工厂生产时的数据参数、生产环境等都会通过虚拟工厂反映出来，这需要采集的生产数据实时可用，并通过连续、不中断的数据通道交互；第二是虚拟与现实结合，利用三维可视化技术将生产场景真实展现出来，生产数据实时驱动三维场景中的设备，使其状态与真实生产场景一致，从而让管理者充分了解整个生产场景中各设备的运行状况，达到监测、查看、分析的目的；第三是通过大数据与分析平台，将云端中汇集的海量数据转化、分析、挖掘，帮助工厂制定更明智的决策，快速提高生产效率、降低成本和改善质量等目标。

虚拟工厂的实现需要三大技术支撑。一是基于建模和仿真方法的虚拟生产技术。虚拟工厂建设的核心是数学模型，目前根据建模过程对系统知识和过程数据的需求关系，化工过程模型可以分为机理模型、数据驱动模型、混合模型三大类。二是实体工厂获取信息的技术。它基于工业物联网和大数据分析来展示相关结论和洞察力。三是虚拟世界控制现实的技术。虚拟工厂是信息系统整体的有机结合。虚拟工厂基于数据和模型驱动的仿真模型，应用各种机器学习、深度学习等新一代人工智能高级算法，使工厂调度和控制、订单处理、任务排队、设备维护等应用问题得到最优解。同时，它在现实空间，通过决策推理、知识挖掘等自学习的工业大数据，把仿真模型验证的数据和加工指令送给生产现场设备或生产线，以便调度器根据生产计划准确无误地进行生产调度。这里，现场设备或生产线的控制采用工业物联网技术，且通过直接与仿真器相连的遥控操作来完成。

（2）数字孪生

数字孪生是充分利用物理模型、传感器更新、运行历史等数据，集成多学科、多物理量、多尺度、多概率的仿真过程，完成现实世界中的物理实体到虚拟世界中的镜像数字化模型的精准映射，并充分利用二者的双向交互反馈、迭代运行，反映相对应的实体装备的全生命周期过程，以达到物理实体状态在数字空间的同步呈现，通过镜像化数字化模型的诊断、分析和预测，进而优化实体对象在其全生命周期中的决策、控制行为，最终实现实体与数字模型的共享智慧与协同发展。

从技术角度而言，数字孪生集成了建模与仿真、虚拟现实、工业互联网、云边协同以及人工智能等技术，通过实测、仿真和数据分析来实时感知、诊断、预测物理实体对象的状态，通过指令来调控物理实体对象的行为，通过相关数字模型间的相互学习来进化自身，合理有效地调度资源或对相关设备进行维护。其中，建模、仿真和基于数据融合的数字线程是数字孪生的3项关键技术。

① 建模是将我们对物理世界或问题的理解进行简化和模型化。数字孪生的目的或本质是通过数字化和模型化消除各种物理实体，特别是复杂系统的不确定性。所以建立物理实体的数字化模型或信息建模技术是创建数字孪生、实现数字孪生的源头和核心技术，也是“数化”阶段的核心；

② 仿真是将包含了确定性规律和完整机理的模型转化成软件的方式来模拟物理世界的一种技术。只要模型正确，并拥有了完整的输入信息和环境数据，就可以基本正确地反映物理世界的特性和参数；

③ 数字线程是与某个或某类物理实体对应的若干数字孪生体之间的沟通桥梁，这些数字孪生体反映了该物理实体不同侧面的模型视图。数字线程通过强大的端到端的互联系统模型和基于模型的系统工程流程来支撑和支持。

工业互联网平台与数字孪生的关系：一方面，平台赋能数字孪生。工业互联网平台是数字孪生的孵化床，数字孪生是工业互联网平台的重要场景。数字孪生的核心是模型和数据，但虚拟模型创建和数据分析需要专业的知识，对于不具备相关知识的人员，构建和使用数字孪生任重道远，工业互联网可以通过平台实现数据分析外包、模型共享等业务；另一方面，数字孪生助力平台。数字孪生作为边缘侧技术，可以有效连接设备层和网络层，成为工业互联网平台的知识萃取工具，不断将工业系统中的碎片化知识传输到工业互联网平台中，不同成熟度的数字孪生体，将不同颗粒度的工业知识重新组装，通过工业APP进行调用。

总之，数字孪生作为连接实体工厂与虚拟工厂的重要纽带，是智能工厂不可或缺的一部分。实体工厂与虚拟工厂基于数字孪生的理念，以数据和互联网为媒介，实现双向真实映射与实时交互，打通物理世界和信息世界之间的桎梏，实现实体工厂与虚拟工厂的融合并产生孪生数据，在孪生数据的驱动下，实现工厂的全生产要素在实体工厂、虚拟工厂、工厂服务系统间的迭代运行，最终使实体工厂不断得到进化，直到工厂生产和管控达到最优的一种工厂运行新模式。

基于数字孪生的智能工厂系统具有以下功能：将实体工厂中的实体模型及业务模型转化为虚拟工厂的信息模型，并建立虚拟工厂与实体工厂之间低延时、高保真的虚拟镜像；利用基于数字孪生的智能工厂仿真计算能力，仿真模拟产品从需求到产品、从订单到交付的制造全过程；形成优化的仿真结果，指导实体工厂的建立和运营；实体工厂的实时数据和状态为虚拟工厂的模型提供准确的修正。通过工厂的数字孪生，建立三维可视界面的IMES系统，方便生产管理人员从多个视角了解生产过程、发现生产异常并快速进行处理，从而使生产管理更加透明化、实时化、可视化和协同化。

1.3.4　智能工厂系统实现

智能工厂是智能生产的主要载体，是新一代人工智能技术与先进制造技术的融合，追求的目标是生产过程的优化，能够大幅度提升生产系统的性能、功能、质量和效益，使生产线、车间、工厂发生革命性的大变革。智能工厂是在生产自动化的基础上，通过工业互联网平台，以端到端数据流为基础，实现信息深度自感知、智慧优化自决策、精准控制自执行，这是智能工厂建设的重点。智能工厂技术框架包括设备感知层、边缘处理层、智能生产运营管理层三个层级，如图1-22所示。

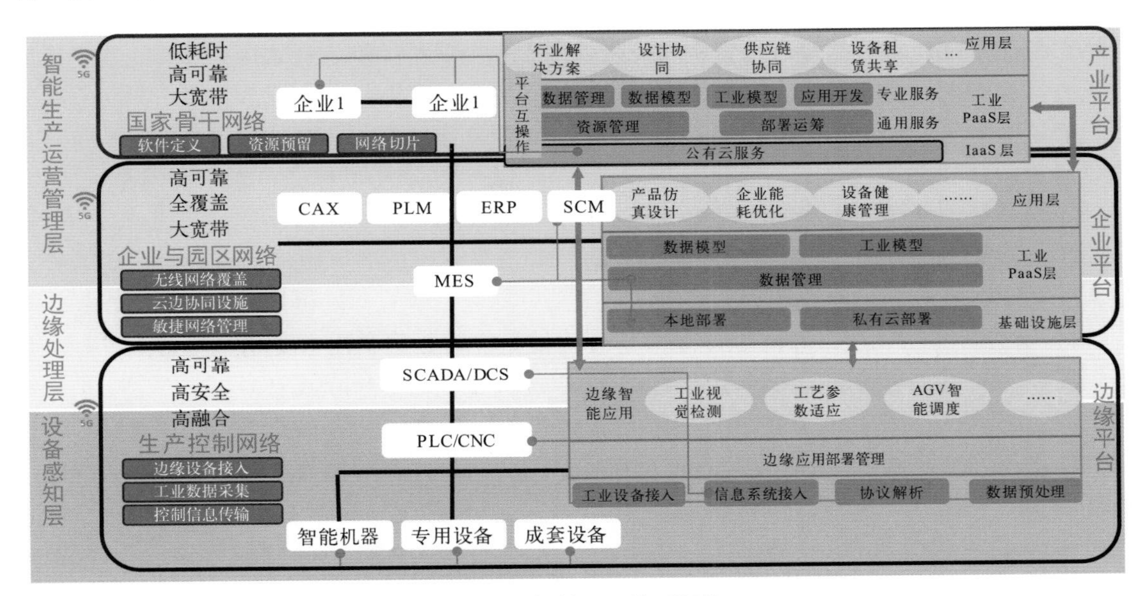

图1-22　智能工厂体系架构

（1）设备感知层

设备感知层的主要任务是实现设备层信息全感知、自执行，通过大范围、深层次的数据采集，构建化工智能工厂的数据基础。

一方面，在全感知领域，为实现工厂精益管控，需对质量管理层面的在线、离线装备的生产参数、检测数据等，对成本、能环管理层面的计量数据，对物料管理层面的识别、跟踪数据，对设备管理层面的设备状态数据和维护数据等实现全感知，并通过引入先进的智能检测、感知装备进一步优化工序感知能力。在自执行领域，通过进一步改善、规范基础自动化，引入工业机器人、智能物流装备，进一步实现工序的少人化、无人化，提升工序的自执行能力。

另一方面，设备感知层基于工业以太网、工业无线，结合物联网、数字化技术实现对工厂内人、机、料、法、能、环等生产要素的联网和数据采集，通过全面感知与互联互通形成泛在的工业环境，实现厂内物料、产品、设备、环境和人员的感知、识别和控制，形成一体化管控基础。在工业现场采用工业网关通过OPCUA等主流工业总线协议与厂商协议接入工业设备数据，使用MQTT等轻量级物联网协议实现工业网关与工业云平台的实时通信；支持与之相关的通信配置管理、通信状态监控等。同时，支持各工序控制优化和界面优化相关的边缘计算智能服务的边缘部署，保障现场生产实时性需求。

（2）边缘处理层

此层是通过大范围、深层次的数据采集，以及异构数据的协议转换与边缘处理，构建工业互联网平台的数据基础。其主要功能包括以下几点：

① 通过各类通信手段接入不同设备、系统和产品，采集海量数据；

② 依托协议转换技术实现多源异构数据的归一化和边缘集成；

③ 利用边缘计算设备实现底层数据的汇聚处理，并实现数据向云端平台的集成。

（3）智能生产运营管理层

智能生产运营管理层是将边缘处理层收集和整理的生产数据，如设备运行状态、原材料采购信息、产品质量数据等进行分析和挖掘，用于生产过程控制、计划排程管理、生产调度管理、库存管理、质量管理、人力资源管理、设备管理、采购管理、成本管理、项目看板管理、底层数据集成分析、上层数据集成分解等。该层基于信息化、自动化、数据分析等技术和管理手段，实现柔性化、网络化、智能化、可预测、协同生产模式，对产品质量、成本、能效、交期等进行闭环、持续的优化提升。其具体功能如下。

① 生产计划与排程：通过分析历史数据、市场需求和资源可用性，智能生产运营管理层APP可以生成有效的生产计划和排程，最大限度地利用资源并确保按时交付产品。

② 资源优化与调度：智能生产运营管理层根据实时数据和需求变化，对资源进行优化和调度，例如设备利用率优化、人员调度等，以提高生产效率和降低成本。

③ 故障预警与维护管理：通过监控设备状态和数据趋势，智能生产运营管理层实时检测故障迹象并预测设备故障风险，及时提醒维护人员进行维护和修复，避免生产中断和降低维修成本。

④ 质量控制与改进：智能生产运营管理层可以通过自动化数据采集和分析，实时监测产品质量指标，并进行预警和改进，进而帮助企业追踪和分析产品质量问题的根本原因，并提供改进建议以优化生产过程。

⑤ 供应链管理：智能生产运营管理层可以与供应链伙伴实现连接，通过实时信息共享和协同合作，优化供应链的物流、库存和订单管理，以提高供应链的敏捷性和效率。

思考题

1-1 什么是数字化转型？数字化转型的本质是什么？

1-2 化工数字化的三步走战略是什么？

1-3 如何理解化工行业智能制造？

1-4 新一代人工智能制造的特征有哪些？其最本质的特征是什么？

1-5 简述智能制造系统的发展过程。

1-6 简述工业互联网的本质及内涵。

1-7 工业互联网功能体系包括哪几个方面？

1-8 智能工厂的本质是什么？其建设的前提是什么？

1-9 查询工业互联网的发展现状以及国内外著名的工业互联网平台有哪些。

第2章
化工数字工厂

内容提要

全面的数字化转型能助力企业实现生产过程的自动化、可视化和可控化，提高生产效率和品质，降低生产成本和能源消耗，既是顺应产业升级的客观趋势，也是企业自身提质增效和提升产业核心竞争力的必由之路。这个过程是企业对其业务进行系统性、彻底的重新定义，是以数字孪生为基础，从工艺创新、工程设计、采购管理、施工管理、试车交付到生产运营的数字化。运营过程中，化工企业利用数字化手段实现信息的实时采集、传输和分析，借助大数据、AI、云计算等新兴技术，深挖包括测量、在线分析、控制和优化等运行问题的技术细节。通过建立工程数据中心、运行数据中心和管理数据中心，推动工厂资产生命周期数字化转型，促进企业改变商业模式，产生新的价值，继而进入智能制造阶段。习近平总书记深刻指出，加快数字中国建设，就是要适应我国发展新的历史方位，全面贯彻新发展理念，以信息化培育新动能，用新动能推动新发展，以新发展创造新辉煌。

本章首先指出，数字工厂设计是智能制造的基石。对于化工工程建设项目，数字化交付是大势所趋、势在必行。进而指出什么是化工企业的数字工厂，其架构和建设目标是什么，接着详细介绍了化工工程公司进行数字化设计所包含的基本内容，以及数字化设计后，实施的包含交付内容、交付流程、交付平台以及交付要求的数字化交付。接着，以某化工园区建设的示范性项目为例，对数字化设计及交付进行举例说明。最后介绍数字化运维，指出数字化运维的核心是数字信息的全方位传递。数字化设计与数字化交付的实施要靠设计软件和交付平台，因此，本章结合数字化设计内容和数字工厂交付，还介绍了数字化设计软件和数字化交付平台的使用，将所进行的数字化设计与工程建设相结合，进而实现化工数字工厂建设的目的。

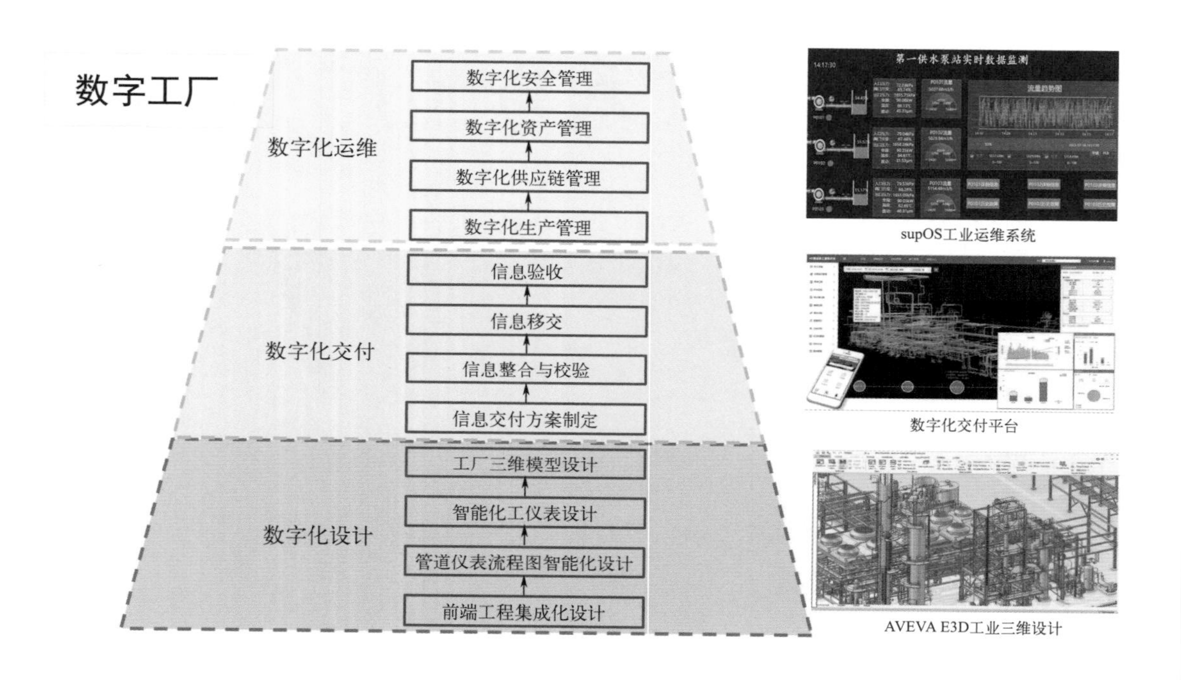

2.1 数字工厂基本概念

2.1.1 数字工厂的内涵与功能

数字工厂是以产品全生命周期的相关数据为基础，借助计算机技术和仿真技术，在计算机虚拟环境中，对整个生产过程进行仿真、评估和优化，主要解决产品设计和产品制造之间的鸿沟，降低设计到生产制造过程中的不确定性，提高整个系统成功率和可靠性的新型组织方式。数字工厂是现代工业化和信息化融合的信息体现，也是实现智能制造的必经之路。数字工厂技术弥补了传统制造中规划方法的不足，在制造领域有着广阔的应用前景。数字工厂的内涵与功能如下。

① 产品研发数字化：主要体现在数字化的产品定义、三维设计与分析、数字化工艺规程和虚拟制造与虚拟工厂建设，其主要内容包括项目建设期的工程图纸数据、设备结构数据、工程施工信息等。

② 原料准备及制造数字化：主要体现在对制造执行过程的“人机料法环测”（人员、机器、物料、方法、环境、测量）实现数字化管控、制造车间资源联网、应用有限产能排程，使得制造过程标准化，并在生产过程中不断积累并记录工厂运营维护期的所有生产数据。

③ 产品营销及管理数字化：主要体现在对供应链实现数据互联互通，应用企业资源规划系统和数字化营销，实现全生命周期管理，包括市场分析，产品的规划与设计、制造以及生产控制管理、采购管理、物流管理、销售、售后服务等。

④ 产品服务数字化：主要体现在创建产品的电子化质量档案，建立全面的维护服务体系，逐步实现产品的远程监控诊断。

化工企业数字化建设是依托数据收集、整合集成和数据库建设等对企业生产实施建模仿真优化，将三维工厂与实物工厂一一对应，利用数字技术优化物流、产能，打通全方位、全过程、全领域的数据实时流动与共享，实现产品全生命周期管理，保障质量效益、生态效益及安全效益，实现供应链现代化、价值链最大化、产业链高端化，加快传统设计、研发、生产、运营、管理、商业等进程的变革与重构。

数字工厂的建设包含了软件和硬件两个方面的内容，互为支撑，互相推动。软件数字化的主要建设内容为车间上网、设备物联、管理软件平台等；硬件数字化是指设备运行中的参数和状态信号可通过物联网实现数据采集。

2.1.2 数字工厂的架构及目标

数字工厂涵盖工厂设计、采购、施工、运行维护的全生命周期数据信息。数字工厂作为物理资产的数字化对应是实体工厂的虚拟映射，同时数字工厂能对实体工厂进行反馈管控和优化。三维虚拟工厂的建成，有利于后续运维阶段的深化应用，在计算机虚拟环境中，对整个生产过程进行仿真、评估和优化，并进一步扩展到整个产品生命周期。数字工厂建设包括数字化交付和数字化运维两个阶段。

数字化交付是指把所有与工厂设计运行相关的文件，如工艺图、控制图、布局图、工艺文件、土建、电气、管网等按照统一要求在协同设计与管理平台上完成，构成一座“数字工厂”，也称为工程数字孪生。数字化交付是建设数字工厂的基石。模拟可视化、施工安排可控化、数据获取便捷化，是数字化交付的亮点所在。无论是在国内还是海外的大型新建项目中，数字化交付已经走向常态化。在工厂建设阶段，数字化交付统一标准，数据共享，满足项目建设过程中多专业实施建设方协同的需要，能够实现基于三维可视化的多方协同，具有保障数据的完整性、准确性、一致性等显著优势。相较传统交付方式，它能有效避免工程信息查询困难、各参与方信息无法共享、工程数据在运维期利用率低，以及返工、重建成本和时间浪费等诸多弊端。数字化交付平台是交付信息的管理系统，用于管理工程数字化交付内容，可与多种工程软件集成并兼容多种格式的文件。数字化交付在数据整合、检索、提取等方面优势巨大，尤其在对“安稳长满优”（安全生产、稳定生产，机器长周期运行、满负荷运行，产出优质产品）要求很高的化工行业。在工厂的全生命周期中，数字化交付都能给予业主最大的投资产出比，并能与生产运行维护系统集成，与工厂运行数据和经营数据互为补充，形成数字工厂应用的完整数据基础。

数字化运维系统包括的面比较宽泛，包括MES、ERP、质量管控、设备管理、物流管理等。工厂运维既需要数字化交付平台承载的工厂对象与其三维可视化的模型、建设阶段产生的数字化的静态信息（属性、图纸），还需要由工厂内各类仪器仪表及传感器采集而来的工艺参数数据作为动态数据进入工厂运维系统。静态数据与运维阶段产生的动态信息（运行数据）的相互关联，能够反映工厂设备、产品及控制系统的运行状况。如图2-1所示为数字工厂的架构。

图2-1　数字工厂架构图

2.2 数字化设计

化工工程设计是一项系统工程，需要多部门、多专业设计人员互相协作、互相支持、密切配合才能完成。化工工程设计的关键内容是进行工程计算，即以工艺设计要求为基础，对物料及能量进行衡算，确定合理的设备尺寸、原材料消耗、管道规格等，并以此为基础进行其他相关专业设计计算。

传统设计是以图纸文件作为信息载体，按各专业分别设计的模式来组织，交付的内容为各专业设计成品文件，如工艺属性文件、管道属性文件、仪表属性文件等，其专业信息较独立，易于形成“孤岛”。数字化设计是以工厂对象为核心，对工厂对象进行数字化创建与工程信息集成的过程。其交付的信息为工厂对象各专业全生命周期的信息，是设计数据组织模式的一种变革，工厂对象以各专业属性集中汇总的形式提供，传统设计与数字化设计的组织模式对比如图2-2所示。

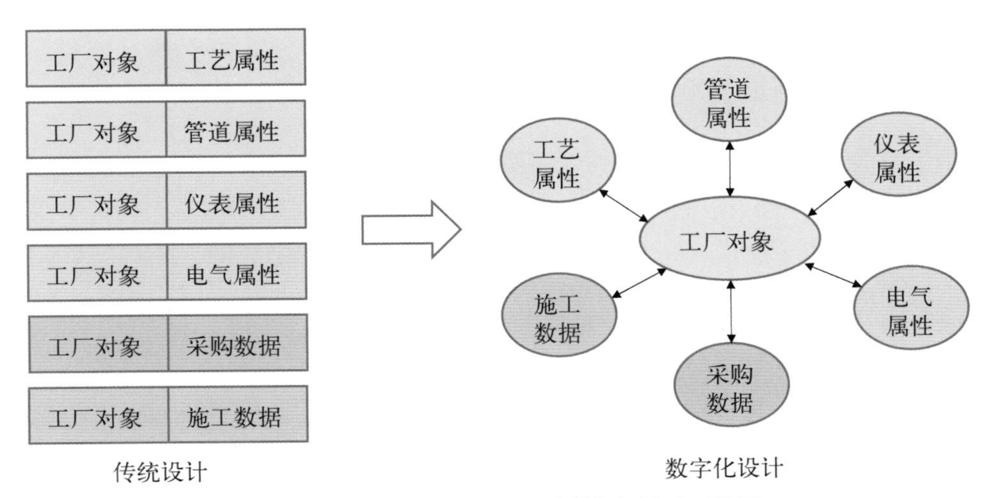

图2-2　传统设计与数字化设计的组织模式对比图

数字化设计不仅以图纸形式提供满足工程建设要求的技术方案，而且涵盖工程信息的建立过程，具有多专业协同和设计数据在线共享的特点。数字化设计以工厂对象为核心关联在一起，如图2-3所示，能实现多专业同时交叉进行设计，从而最大限度提高设计效率。数字化设计形成的设计成果即为数字化交付物，是构成工程全生命周期数据链的主数据，是工程信息化的源头。

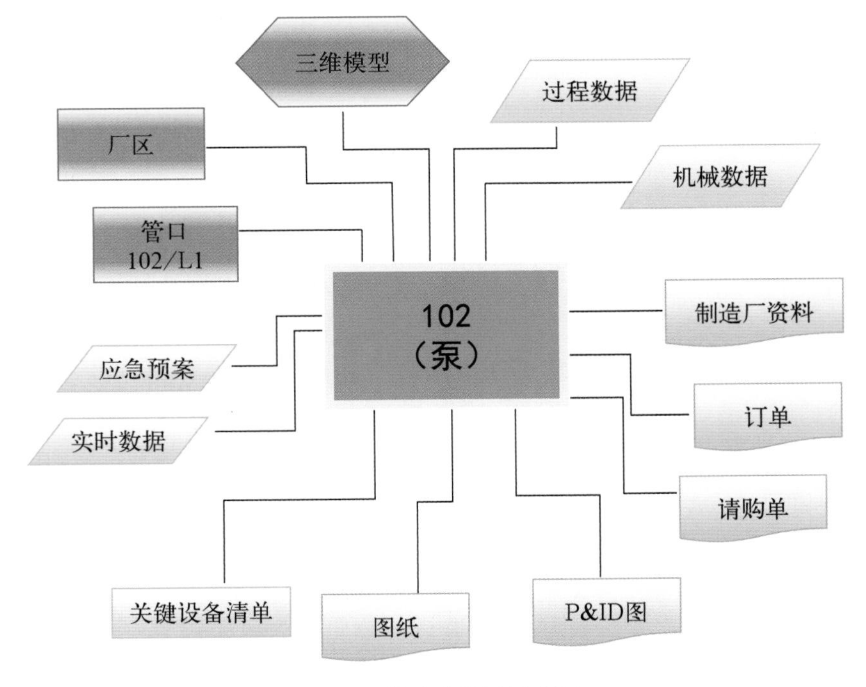

图2-3　数字化设计示意图

总之，数字化设计是手段，数字化设计的数据在工程全生命周期信息化的应用是根本。数字化设计不仅是设计企业自身的发展需求，更是工程全产业链数字化的核心。

化工数字化设计主要包括集成化的前端工程设计、智能化的管道仪表流程图设计、智能化工仪表设计和工厂三维模型设计四部分。

2.2.1 集成化的前端工程设计

现代化工工程设计企业面临着全球范围内越来越激烈的竞争，随着项目规模日益增大，要赢得更大的效益，就必须以最低的费用、最高的质量、最短的周期完成工程设计，并将各个工程作业程序进行有效的整合。在这种背景下，一个集成化的、开放式的、更节省费用的“前端工程设计（front end engineering design，FEED）”解决方案对工程设计企业来说就变得十分必要。

前端工程设计作为承上启下的关键设计阶段，在这一阶段需要计算及确定工艺操作条件，确定主要设备参数，通过物料平衡表、能量平衡表、工艺流程图（PFD）、工艺管道及仪表流程图（P&ID）对工艺流程进行说明，完成设备、仪表、管道数据表以及工艺手册等。这一阶段的主体是工艺专业，提供各种工艺数据作为设计依据，所以需要使用各种各样的软件工具：流程模拟软件、设备选型软件、流体计算软件、工程制图软件。

应用集成化的前端工程设计，可采用共享的工艺流程数据库，依据初步的工艺设计快速建立工程的三维模型，并作为提取大宗材料工程量的主要依据之一，为化工项目建立早决策、快决策以及科学决策的工作流程提供了良好的借鉴。前端工程设计基于化工装置建立一个工艺流程数据库，用以处理流程图和设计数据，并有与外部的工艺流程模拟软件以及设备设计选型软件的接口，从而为化工设计提供多专业并行工程设计的能力。

（1）前端工程设计的数字化方式

前端工程设计涉及多种软件，各类软件功能不同、供应商不同、文件格式不同、数据传递接口不同，软件之间无法自动同步和统一数据源，大量的数据输入工作需要工艺人员手动完成，重复烦琐且容易出错。因此，为了提高前端设计阶段的整体效率与质量，实现协同设计，需要满足以下几点需求：①集成流程模拟、设备设计、工程制图、三维设计等软件覆盖化工项目全生命周期；②以数据为中心，统一储存统一管理，确保数据同源；③通过权限管理及版本控制实现多用户多专业协作；④便捷生成各种设计文档、报表、图纸。

在传统模式下，前端设计阶段的数据流，数据多以电子表格的形式在各设计环节与专业间传递。工艺人员从流程模拟软件读取或导出物料属性、设备主要参数等，填入报表模板提交给下游专业，下游专业在使用各自设计软件时，还需要经历一次数据的输入或导入过程。应用一体化的设计理念，集成流程模拟、流程图绘制、数据表、布置图工程设计，覆盖了前端设计阶段的各个环节，并将各类前端设计应用到的软件实现无缝集成，通过自有的数据库集中管理、自动同步来自各专业的设计数据，确保数据同源。通过权限管理实现不同专业对各自数据的访问与控制，通过版本控制实现设计数据的审核与发布，还能生成和定制各种工艺、设备报表模板，满足多专业协同设计的需要，如图2-4所示。

数字化的前端工程设计能通过对工程数据、工具和方法的标准化实现全球工作组间的并行设计工程，因而提高了工程效率、项目质量和数据、文档一致性。所有工程递送文档如：PFD、P&ID、E&I数据表、设备管线列表等都是“智能化”的文档，因为它们只是数据的不

图 2-4　数字化的前端工程设计示意图

同视图。以数据为中心的方法确保了所有文档都是一致的和最新的，有利于变化管理、安全和版本控制等。通过数据持久性使得整个工程文档保持数据一致。这就使重复工作大为减少并保持了递送文档的一致性。数据库的独立性使得数据库的使用更适合于工程应用。修订跟踪、数据修改控制和数据传递过程自动完成工作过程和数据交换与跟踪，因而使整个企业的实践变得最好。同时，这些过程也确保了数据的安全和痕迹核查的实现。

（2）前端工程设计主要软件

① 流程模拟软件 Aspen Basic Engineering

Aspen Basic Engineering（ABE）是AspenTech支持项目FEED的管理工具，提供FEED可交付成果工作流程的数字化管理，帮助开发完整的工程最佳实践设计。ABE以基本工程功能为重点，与所有主要流程模拟、成本估算和设备设计程序紧密集成。除了为工艺设计提供准确且不断更新的信息源外，ABE还提供了一套可靠的现成设计交付物，如设计各专业的数据表、PFD、P&ID和设备清单。为了支持下游工程工作流，ABE支持将模拟扩展到流程图，将流程图扩展到P&ID，维护设计数据信息的一致性。ABE还支持将基础设计数据传输到详细设计，为Intergraph和AVEVA系统提供接口。ABE在工厂对象整个生命周期中进一步管理设计信息。这使得工程设计团队能够在同一个集成设计环境中共享过程设计数据，消除专业间的数据壁垒。

ABE作为集成化设计理念的成熟应用，实现了从前端工程到基础设计的快速过渡，并能将设计数据流转至详细设计和采购阶段，能简化工程工作流程，便捷项目沟通，更快地执行项目，为客户提供更好的整体价值。通过设计软件和专业间的数据引用，提高工程设计效率，并降低设计不一致的可能性。通过提供一个平台，在全球范围内无缝访问工程工具，同时从单个数据库跨多个地点和学科工作，从而充分利用企业的全球工程资源。复用良好实践设计模块，节省常用系统和单元的重新设计时间，在概念和基本设计阶段早期实现良好的成本和预算估算。该软件采用面向对象的数据存储库，并支持在行业标准Microsoft SQL Server和Oracle数据库上实现的业务对象层。通过基于项目和设计角色创建和更改信息的权限和能力，可以创建和更改信息，从而保证项目的安全性和完整性。

② 前端工程设计软件COMOS FEED

COMOS FEED是一个以工程数据和工程文档为核心的、功能强大的数据库管理系统，能实现对前端工程设计的各项活动进行集成。COMOS FEED为多个专业的工程师提供了一个可控制的、分布式的和相互协作的工作环境，可用于操作模拟数据、定义非模拟数据、查询数据并以不同颜色标识数据状态。通过对工程数据、工程工具的智能化管理和与PRO/II的交互通信，COMOS FEED能实现多个工程项目组之间便捷、高效的合作。同时，为充分利用其他工程产品各自的优势，COMOS FEED还能和一系列第三方软件进行数据通信，如模拟软件、二维或三维CAD软件、仪器分析软件、ERP、财务会计软件和MS Office软件等。

通过COMOS能快速实现不同模拟计算的输出，数据都可存储和重复利用于多个工程案例的比较和评价。PFD到P&ID的转换器能使用户快速地创建基于PFD数据的P&ID图的初步版本。能以拖拽方式创建数据查询，并可用于编制报表。数据状态管理用颜色标识设备数据规定的状态。这在整个用户界面上都是统一的，即包括PFD和树状视图。COMOS FEED的开放设计和XML通信能实现和其他工程与商用应用程序的通信。

③ 设备选型软件Ansys Mechanical

Ansys Mechanical是美国ANSYS公司开发的大型有限元分析（finite element analysis，FEA）软件，具有静力学、动力学和非线性分析能力，也具有稳态、瞬态、相变等的热分析能力以及结构和热的耦合分析能力，涉及声学分析、压电分析、热/结构耦合分析和热/电耦合分析，可以处理任意复杂的装配体，涵盖各种金属材料和橡胶、泡沫、岩土等非金属材料，是一个能够进行结构分析的集成平台。Ansys Mechanical具有完整分析工具的动态环境，从准备几何结构进行分析到连接其他物理场以实现更高的保真度，可定制的直观用户界面，使各个级别的工程师能够快速而满怀信心地获得答案。

④ 流体计算软件Ansys Fluent

Ansys Fluent是美国ANSYS公司开发的一款计算流体力学（computational fluid dynamics，CFD）软件，它采用CFD数值模拟技术为全球用户提供流体问题解决方案，可以模拟从不可压缩到高度可压缩流体的复杂流动。

Ansys Fluent采用了多种求解方法和多重网格加速收敛技术，能够实现快速求解并且达到较高的求解精度。由于灵活的非结构化网格和基于自适应网格技术以及丰富的物理模型，使Ansys Fluent在外流、内流、湍流与转捩、传热、传质、相变、辐射、化学反应与燃烧、多相流、旋转机械、动/变形网格、噪声、多物理场等方面有着广泛的应用。

2.2.2 智能化的管道仪表流程图设计

（1）智能管道仪表流程图

智能化的管道仪表流程图（P&ID）是化工设计中的重要资料。20世纪80年代，以Autodesk公司开发的AutoCAD软件为代表的计算机软件辅助制图替代手工制图，极大地提高了工作效率，保证了图纸质量，很快得到业界的广泛认可。回顾制图史，如果把手工制图和计算机软件辅助制图定义为第一代和第二代的制图手段，那么智能P&ID制图可以说是第三代的制图手段。

基于手工制图和CAD制图所绘制的图纸，都只是单纯的文字与线条的相互组合，通过统一规定赋予这些符号文字一定的意义，但它们本身不带有任何的属性。这里的属性是指诸如设备、仪表、管道等具体对象所具有的固有属性，如设备的生产厂家、型号、设计温度等，仪表的量程、类型、使用条件等，管道的材料等级、温度与压力上限等。

智能P&ID以数据库储存数据为基础，利用设定好的规则驱动P&ID图纸设计。智能P&ID软件中，所有的图形元素都是在绘制之前定义好的，存放在数据库中，绘制图纸时只需要在数据库中调用。在数据库中可以按照自己设定的搜索条件查询到所需数据，并且可以设置多重查询与过滤条件，精确查找所需数据。绘制智能P&ID图纸的过程就是向数据库输入数据的过程，软件绘制图纸结束后可以生成相应的报表，在便捷的同时也保证了数据的一致性，也可利用已有的报表将报表中的数据反向导入到P&ID图纸中去。

智能P&ID的智能还体现在以下多个方面：用户在图形编辑环境下双击图符就可以打开属性修改对话框，直接对图符的属性进行定义或修改；利用软件的导出功能，用户可以把数据库中的数据导出到电子表格软件中，自动生成各种样式的数据表，比如设备数据表、仪表数据表、管线特性一览表、设备一览表等；利用软件的导入功能，可以将设备工艺计算得到的数据自动导入数据库；通过基于对象的设计系统，将对象的设计数据进行集成，可以随时调出数据进行查看；通过数据库的搭建，可以依据现行相关标准及规定对各种需要的图例进行统一规定，很大程度上解决了标准统一的问题；以智能P&ID与化工装置三维建模软件相结合的二维三维校验，可以有效减少制图员的工作量。

（2）智能管道仪表流程图设计内容

工艺专业作为智能管道仪表流程图设计的主要专业，依托智能设计软件接收和发布工艺数据。工艺专业设计程序如图2-5所示。

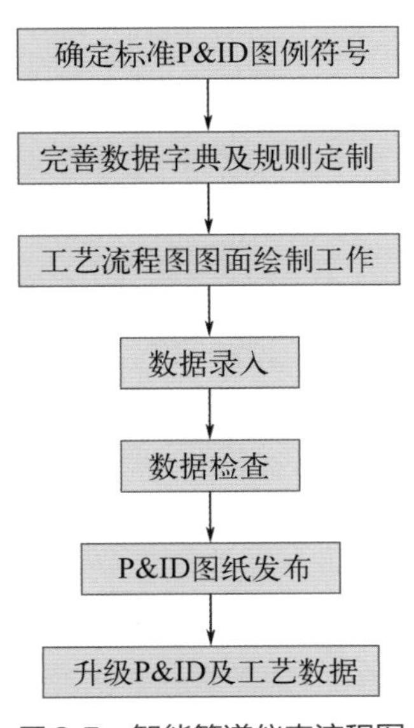

图2-5　智能管道仪表流程图

① 确定标准P&ID图例符号。梳理定制项目关于管道、设备、仪表等专业的图例符号，如图2-6所示，图中为部分阀门的标准P&ID图例，同时要考虑给排水、暖通等专业的图例符号，根据整理结果作为基础数据库。

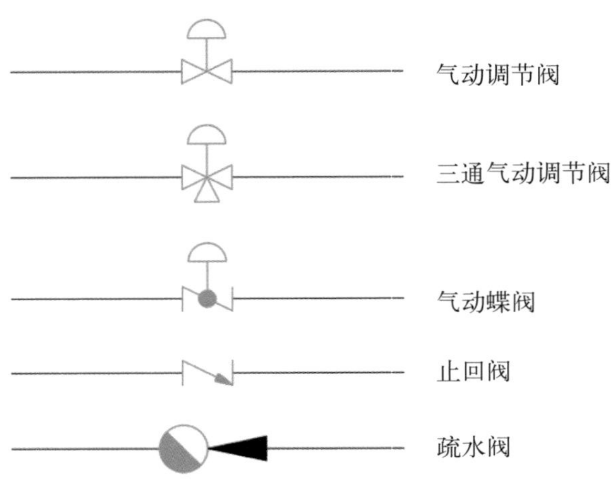

图2-6　标准P&ID图例符号

② 完善数据字典及规则定制。与传统绘图软件不同，智能P&ID的不同类型对象都带有大量的工艺参数属性信息。在项目前期，根据项目的设计与交付要求，对于各类工厂对象需要承载的属性清单应与软件系统自带的属性做出对比，对软件系统没有的属性进行添加，完善数据字典，如图2-7所示。并且定制专业间的属性数据继承与传递规则，能提高设计质量，减少数据重复输入次数，提升效率。

Database Tables

Area Break
Area Break Attribute
Bounded Shape
Bounded Shape Vertex
Case
Case Control
Case Process
Connector
Connector Vertex
Drawing
Drawing Project
Drawing Version
Equip Component
Equipment
Equipment Other
Exchanger
History
Hydraulic Circuit
Inconsistency
Inline Component
Instrument
Instrument Failure Mode
Instrument Function
Instrument Loop
Instrument Option
Item Note
Label
Label Persist
Leader Vertex
Location
Mechanical
Model Item

Name	Display Name	Data Type	Select List	Format	Default Valu
Adjustable...	Adjustabl...	Select List	Adjustabl...	Variable ...	None
CWPipingPlan	CW Piping Plan	Select List	Cooling Wat...	Variable Le...	None
Differential...	Differentia...	Pressure	None	Pressure-Mpa	
DriverRatedP...	Power Drive...	Power	None	kW	
Head	Head	Length	None	Length-m	
IsDoubleSp...	Is Double...	Select List	Boolean V...	Variable ...	None
IsFrequenc...	Is Freque...	Select List	Boolean V...	Variable ...	None
IsIntegrat...	Is Integr...	Select List	Boolean V...	Variable ...	None
IsRecloseR...	Is Reclos...	Select List	Boolean V...	Variable ...	None
LoadClassi...	Load Clas...	Select List	Load Clas...	Variable ...	None
MaterialOfCo...	MOC Class I...	Select List	Material Of...	Variable Le...	None
MaterialOf...	MOC Impeller	Select List	Material ...	Variable ...	None
MechRating	Mech Rating	Select List	Rating Class	Variable Le...	None
MotorRotat...	Motor Rot...	Select List	Motor Rot...	Variable ...	Clockwise.
NormalStan...	Normal/St...	Select List	Normal/St...	Variable ...	None
NPSHa	NPSHa	Distance	None	Distance-m	
OperatingM...	Operating...	Select List	Operating...	Variable ...	None
OperatingS...	Operating...	Select List	Operating...	Variable ...	None
PhaseNumber	Phase Number	Select List	Phase Number	Variable ...	None
PhaseNumberA	PhaseNumber	Select List	Phase Number	Variable ...	None
PowerAbsorbed	Power Absorbed	Power	None	None	
PowerConsump...	Power Consu...	Power	None	None	
RatedCapacity	Rated Capacity	Flow rate, ...	None	m^3/hr	
RatedDischar...	Rated Disch...	Pressure	None	None	
RatedSuction...	Rated Sucti...	Pressure	None	None	
RatedVoltage	Rated Vol...	Select List	Rated Vol...	Variable ...	None
SealPipingPlan	Seal Piping...	Select List	Seal Piping...	Variable Le...	None
TypeOfDriver	Type Of Driver	Select List	Driver Type	Variable Le...	None
WorkingHou...	Working H...	Number	None	None	
WorkingSys...	Working S...	Select List	Working S...	Variable ...	None

图2-7　数据字典及规则定制操作图

③ 工艺流程图图面绘制工作。工艺流程图图面绘制工作包括绘制并标注设备及管口、绘制并标注管线、绘制并标注管件和仪表、一致性检查以及数据准确性检查。

④ 数据录入。工艺流程图中工艺数据的录入可采用手动录入基础信息（位号、管线号等标识性数据），并以表格形式将工艺参数导入系统。

⑤ 数据检查。通过规则的制定，在完成绘制后应对图纸进行数据检查，处理不一致性。对图面上所画对象进行属性填写完整度检查，将缺失某项属性的对象在图面上以特定的颜色显示出来。

⑥ P&ID图纸发布。绘制完成、检查完成后，具备条件的P&ID图纸及工艺数据可以进行发布，供下游专业使用。图纸版本、版次在智能P&ID软件中进行集中管理。

⑦ 升版P&ID及工艺数据。随着设计进程的推进，工艺数据将逐渐完善，工艺工程师将对P&ID进行升版，发布至数据库，带动下游专业的数据更新和设计升版。

（3）智能管道仪表流程图设计软件

① Intergraph Smart® P&ID

作为海克斯康PPM智能工厂解决方案的一部分，Intergraph Smart® P&ID是一个以数据为中心，带有规则驱动的智能的工艺和仪表流程图设计系统，从初步设计到工厂运营，创造和管理工厂全生命周期的信息资产。Smart® P&ID使用设计规则设计工厂流程，这些规则根据工程特点和项目要求进行定制，以确保更加准确地配置工厂，并辅助设计过程中做出正确的决策。Smart® P&ID在设计、施工、试运行和开车过程中都起着关键作用，帮助工厂业主在生产维护、扩建或者改造时做出更好的计划。除此之外，Smart® P&ID的数据在工厂运行关键系统中起着至关重要的作用。

② AVEVA Diagrams

AVEVA Diagrams是AVEVA的Engineer系列产品之一，主要用于创建原理图、图表、数据清单、工程清单和工程索引表，可轻松创建P&ID图、PFD图及其他类似图表，完全集成模型数据库。

AVEVA Diagrams专为各类原理图的创建工作提供了一套迅捷、高效、实用的解决方案。另外，在图纸逐步构建成型的过程中，图解模型数据库中的相应数据也随之自动创建完毕。在绘图过程中，规则和自动操作可以辅助用户创建完全一致的图表，进而避免后果严重的下游错误。若将AVEVA Diagrams集成到AVEVA软件部署方案，这款产品还可以将P&ID数据加入项目信息模型，使之更加完整，从而让AVEVA的设计、工程、协作以及生命周期管理技术都能调用这款产品所提供的P&ID数据。

2.2.3　智能化工仪表设计

（1）智能化工仪表设计的特点和优势

智能化工仪表设计不但可以准确高效地完成工厂的自控工程设计工作，而且能够在工厂的全生命周期中发挥出色的管理作用。智能化工仪表设计是以数据库为核心，业务流程的优化和重构为基础，实现智能的自控工程设计和管理，及各专业之间信息的共享和有效利用。

智能仪表设计按照设计规则和确认来强制执行工程标准，设计具有如下特点：

① 数据是统一、可管理以及可编辑的。所有的仪表数据是在一个数据库里，相关人员可以快速得到和共享工程数据，可以减少工时和成本。

② 通过服务器和客户端的技术，支持办公室以及公司之间的分布式工程设计。

③ 能够进行现场总线仪表的设计，并且能按照规则灵活地满足最佳的仪表设备。

④ 接线模块的自动设计。

⑤ 内嵌有面向上游和下游工程、采购和建造的界面。

⑥ 使用模板设计来提高生产力和增强数据的一致性，可以充分利用现有的成功经验。

⑦ 仪表回路图的设计文档可直接从数据库快速、准确自动生成。

⑧ 可节省与供应商数据交换的时间并提高数据质量。

⑨ 快速、准确地取得设计材料数据，可以避免施工材料的多余和不足，保证工期和降低费用。

⑩ 利用修改追踪功能来管理设计的变化，并且图中会清晰地注明修改次数。

⑪ 能从数据库中提取一些专门的数据，来支持装置的建造。

智能仪表设计与传统的计算机辅助软件相比具有如下多项优势：

① 软件工作模式为客户端/服务器模式，项目需要的仪表设计文件采用统一的数据库进行管理，提高了设计准确性和工作效率。

② 软件提供权限管理、版本控制、数据浏览和修正等功能，提高了设计过程中的质量控制，降低了设计风险。

③ 在一个数据库里建立和管理仪表数据，能够快速得到数据，同步工作，以及减少工时和降低费用。保证准确的数据和提交项目文档的一致性，能有效管理设计变化，以及优化设计和回顾特定事件。

④ 能够缩短设计周期，增强数据安全性，更好地适应项目要求，并且可以降低自控方面的成本。

（2）智能化工仪表设计内容

智能仪表设计的基础工作主要包括图例符号、仪表类型和图纸、报告模板等数据，实现种子文件的定义；完成图例符号标准化及完善数据库建立；完成相关仪表成品图输出标准及深度的定制；梳理专业数据交互共享的相关数据。

智能化工仪表的设计内容如下。

① 获取工艺条件：与独立的工作模式相比，集成环境下仪表专业的工作起始点从接收工艺智能P&ID开始，获取仪表位号、类型、回路号和管线工艺参数等数据，开展仪表设计。同时，对于部分工艺专业没有录入智能P&ID的工艺条件，仪表专业可通过接收仪表工艺条件表的方式获取。

② 生成仪表索引表：通过接收的工艺条件，生成仪表索引，检查并进行加深设计。仪表索引中的数据将在更新后发布，返回给工艺专业，供其修改，更新相应仪表信息。

③ 仪表计算：进行流量计、热电偶套管、控制阀的选型计算。对于部分无法满足设计深度的计算，也可借助第三方软件进行选型计算，再将计算结果录入。

④ 仪表尺寸：根据仪表选型结果自动生成仪表规格书，将条件表发给仪表厂家，由其返回尺寸信息。根据此仪表尺寸，完成仪表尺寸模块数据并发布，供管道专业生成在线仪表，进行布置。

⑤ 仪表接线：基于规则，批量完成分支电缆的创建和端接。

系统设计成品文件由智能设计软件生成，主要成品和相应工作内容包括：仪表索引表、监控数据表、接线箱接线表、接线端子表、仪表数据表、仪表安装图、仪表安装材料表、仪表回路图、电缆清单。

（3）智能化工仪表设计软件

SPI软件是海克斯康PPM旗下的一款可进行设计、采购、实施和维护管理自控仪表系统的工具软件。SPI基于专业的数据库，通过建立共同的合作与交流信息平台，实现信息的交换与共享，从而提高使用者的工作效率和工程设计文件质量。

SPI软件中设计项目最常用的两个基本程序为Administration管理程序与Intools主程序。其中Administration管理程序包括了系统管理员模块、项目管理员模块、仪表索引模块、工艺参数模块和计算模块等。而Intools主程序包含了规格书模块、规格书Binder模块、接线模块、回路图模块和安装图模块等，是仪表详细设计模块的程序

SPI软件中的软件包对应仪表设计的各个领域，主要包含以下几种功能模块：

① 仪表索引模块。该模块完成仪表专业设计的基础性文件。在项目设计初期，得到工艺专业的成果文件后，就可在此模块中进行各种仪表位号、I/O信号的录入，以及对各种数据信息属性进行定义工作。通过该工作过程，最终可完成多类专业成果性文件，如仪表索引清单、I/O清单等。与其他方式获得的同类文件相比，SPI软件生成的清单类文件不仅具有更好的信息查询和修改功能，而且还具备与其他类文件信息链接和跟踪功能。

② 仪表数据表模块。该模块用于制作仪表数据表。软件集成了常用仪表、阀门的数据表模板，如压力表、温度表、液位表、压力变送器、温度变送器、液位变送器、控制阀、关断阀、安全阀和各类流量计等。数据表模板可在仪表位号输入后自动生成。

③ 仪表计算模块。该模块用于完成孔板、控制阀和安全阀等设备的选型计算，计算结果自动显示在相应的数据表中。软件内置的算法公式可以根据厂家、设备类型等相关因素进行适当修正。

④ 仪表接线模块。该模块完成仪表电缆的接线，通过拖拽电缆到接线箱、Marshalling柜等完成仪表电缆的接线。

⑤ 仪表回路图模块。该模块用于制作仪表回路图。

⑥ 仪表安装图模块。该模块完成仪表安装图和安装材料清单的统计。软件库预先包含大量的典型安装图和安装材料，根据安装方案，定义该模块下相关属性，就可以完成仪表安装图制作和材料清单统计，极大地减少了人工绘图和统计料单的工作量。

SPI软件是海克斯康PPM/Intergraph（鹰图）公司数据集成框架的一部分，可以与Smart Plant、P& ID、PDS等软件进行数据交互，与相关专业（工艺、配管专业等）可以信息共享，加强了专业间的沟通。

2.2.4　工厂三维模型设计

（1）工厂三维模型设计概述

工程图作为工程建设过程中设计思想的载体，其表现方式和蕴含的信息随着维度的不同，具有不同的形式和复杂度。三维工程图相对于二维图具有表现直观、参数化设计、数据

库支持和提高设计质量等特点。在融入网络技术后，基于三维直观表现形式的工程设计工作更加趋向于多部门、多专业对工程的分模块协作，这种直观的组件思想不但在设计表现方式上提升了工作效率，更重要的是使传统的基于二维工程图的设计工作方式发生了根本性的变化，工作方式变革对于效率的提升明显高于表现方式方面。因此，提高效率且易于各专业协同是三维设计的突出特点。实现三维协同设计的前提是建设数字化、网络化、智能化、可交互的系统平台。

三维设计是通过具有数据库平台的三维系统软件，构建程序化、智能化、参数化、模块化的三维模型，在直观的三维环境共同平台下，同时开展工艺、管道、设备、结构、电仪、公用工程等专业的布置和设计工作，将设计流程管理、工程标准一体化管理融合在一起，形成覆盖整个化工工程项目生命周期的数据集成管理平台系统。在项目的设计过程中，每个参与者在协同工作模式下，利用三维信息模型的形式来表达、交流和确定校核设计信息。

三维协同设计为工程设计尤其是数字工厂设计带来了新的设计方法和手段。其核心内容是在同一个环境下，用同一套标准来共同完成同一个项目。三维建模流程如下：

① 收集、整理项目相关设计、施工及改造图纸资料。

② 建立三维模型设备外形库、钢结构库、管道等级库、管道元件库。

③ 采用三维设计软件，建立具有设备外形、结构、管道、电气等的三维模型。

（2）工厂三维模型设计内容

化工厂三维设计包含的专业主要有管道、设备、电气、电信、自控、建筑、结构、暖通等专业开展三维布置设计，流程可按图2-8执行。

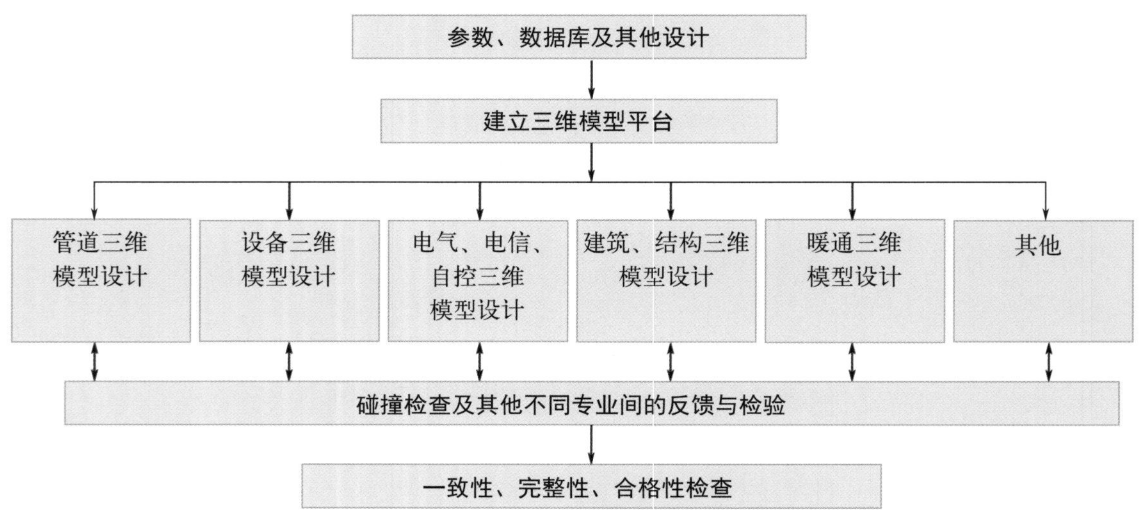

图2-8 化工厂三维设计流程图

全专业三维布置协同设计能够使工程设计企业不同专业的工程设计团队并行工作，共同创建工厂数字化模型。项目参与的各专业团队能够快速、高效地建成全三维布置设计的模型。在三维模型工厂中，能够以虚拟方式模拟现实工厂中多专业协同布置设计的合理性，还能自动生成各专业所需的物资清单。每个专业都工作于各自专业的三维环境中，同时还能够查看所有相关专业的设计成果，有效地避免专业间的碰撞，提升专业间的协同设计效率和工程设计质量。各个专业的设计人员可以在全三维的工作环境中完成基于设计对象的协同沟通，形成可交互、可追溯的沟通记录，完成针对三维设计模型的校核和审批过程，实现设计协同业务数字化。如图2-9所示的三维布置设计成品图，其整体工厂三维模型是由各个部门协同设计，共同搭建完成。

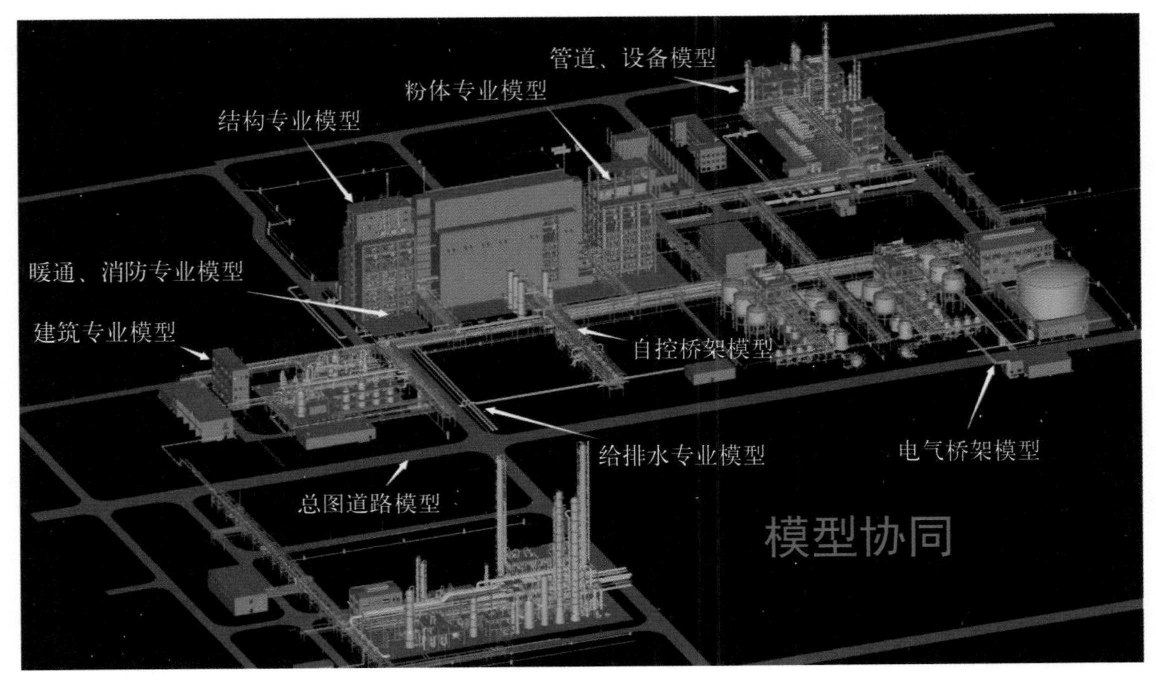

图2-9 三维设计成品示例

管道专业在完成三维布置和检查后，定制图纸和报告模板，自动输出项目管道布置设计成品文件。具体成品文件类型和深度应明确并经技术专家审核后发布。通过三维建模生成的管道轴测图、设备布置图、管道布置图、管口方位图和管道综合材料表，扫描图2-10二维码进行查看（R2-10）。

图2-10

各专业或分包商经过内部审查、批准的设计信息，通过智能数字化资产管理平台中的移交模块实现设计信息向项目组的提交。提交文件包括：工程设计成果、二维三维模型、工程设计数据、工程设计图纸、工程设计文件。

（3）工厂三维建模软件

① AVEVA PDMS/E3D

PDMS和E3D都是AVEVA公司的产品，PDMS是最早的版本，而E3D是PDMS的升级版。两者在功能上基本相似，但E3D在界面友好性、工作效率、以及功能上有所提升。随着AVEVA的市场策略调整，E3D逐渐取代了PDMS的地位。

AVEVA E3D Design被认为是流程工业技术先进且强大的三维设计解决方案，适用于油气、石化、化工、电力、制药、造纸、海事等行业。该软件包含以下三个主要模块：

模型（Model）——交互式三维设计、一致性检查及物料清单；

图纸（Draw）——从三维模型中生成各种比例的图纸；

轴测图（Isodraft）——从三维模型中抽出管道轴测图。

AVEVA E3D Design可实现设备、管道、建筑、暖通、电气等多专业无碰撞三维协同设计，如图2-11所示，使得各专业间结合得更加紧密也更容易理解整体模型结构，并可快速生成准确的工程图和报表，以降低新建和已建项目的成本和商业风险，同时缩短工期。该软件还能与AVEVA工程设计解决方案中其他产品无缝兼容。

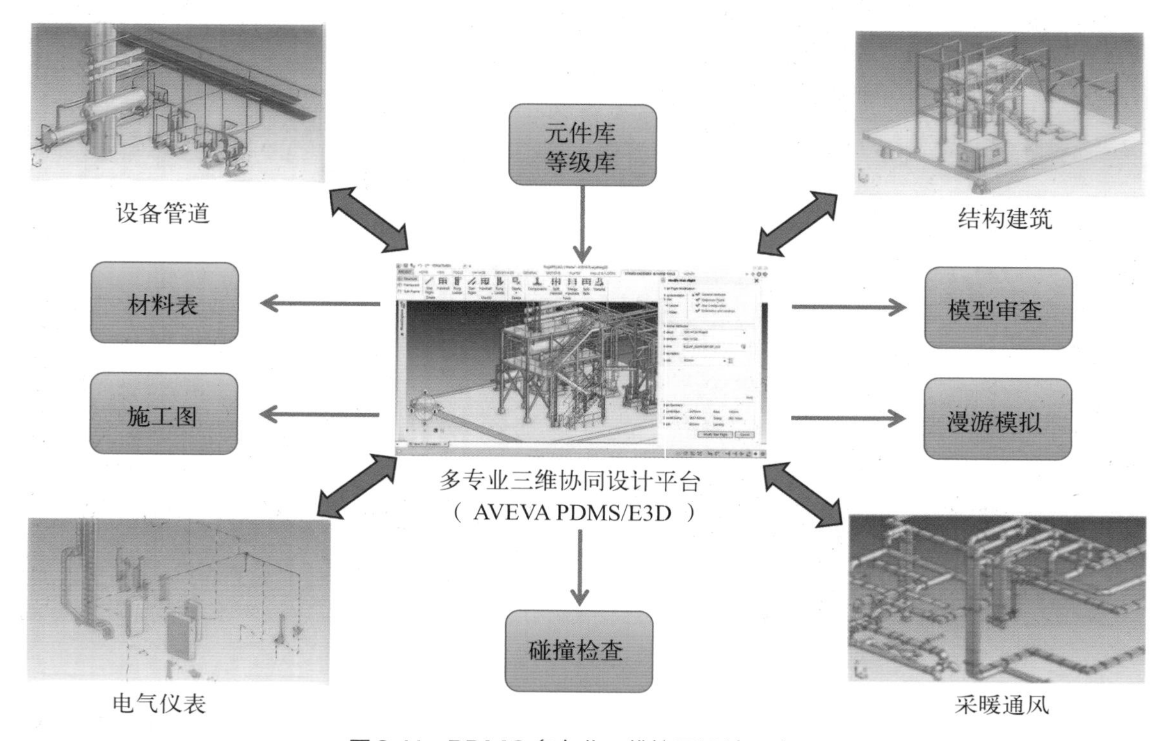

图2-11　PDMS多专业三维协同设计示意图

同时，AVEVA E3D具有开放的开发环境，可利用三维模型直接抽取平面布置图、单线图、管道平面图、土建结构图等，实现图纸的自动标注及材料表、管段表等生成；自带的AutoDraft程序与AutoCAD接口连接，实现CAD格式的图纸输出。模型检查是设计过程中的重要一步，在三维工厂模型交付前，需要通过AVEVA E3D进行数据一致性检验与碰撞检验，保证模型的准确性。

在AVEVA E3D的Design中， 有General、Equipment、Pipework、Cable Trays、Hvac Designer、Structures、Building、Design Templates、Cabling System、Multi Discipline Supports等模块，支持土建、暖通、电气、消防、给排水、结构、管道、设备等不同设计部门同时对工厂三维模型进行搭建。其中AVEVA E3D的层级分为SITE、ZONE两个大的层级结构，向下还有面对不同设计部门设计不同结构、设备或厂房基础的Stuctures或Equipment等次级结构，如图2-12所示。如果说一个SITE层级对应一个工厂的话，下面的ZONE便对应的该工厂下不同工段或是车间；而对于次级结构Stuctures或Equipment等来说，这些次级结构对应着不同工段或车间内的具体设备或结构的集合，它们中包含组成这些设备或结构的基本体组件。

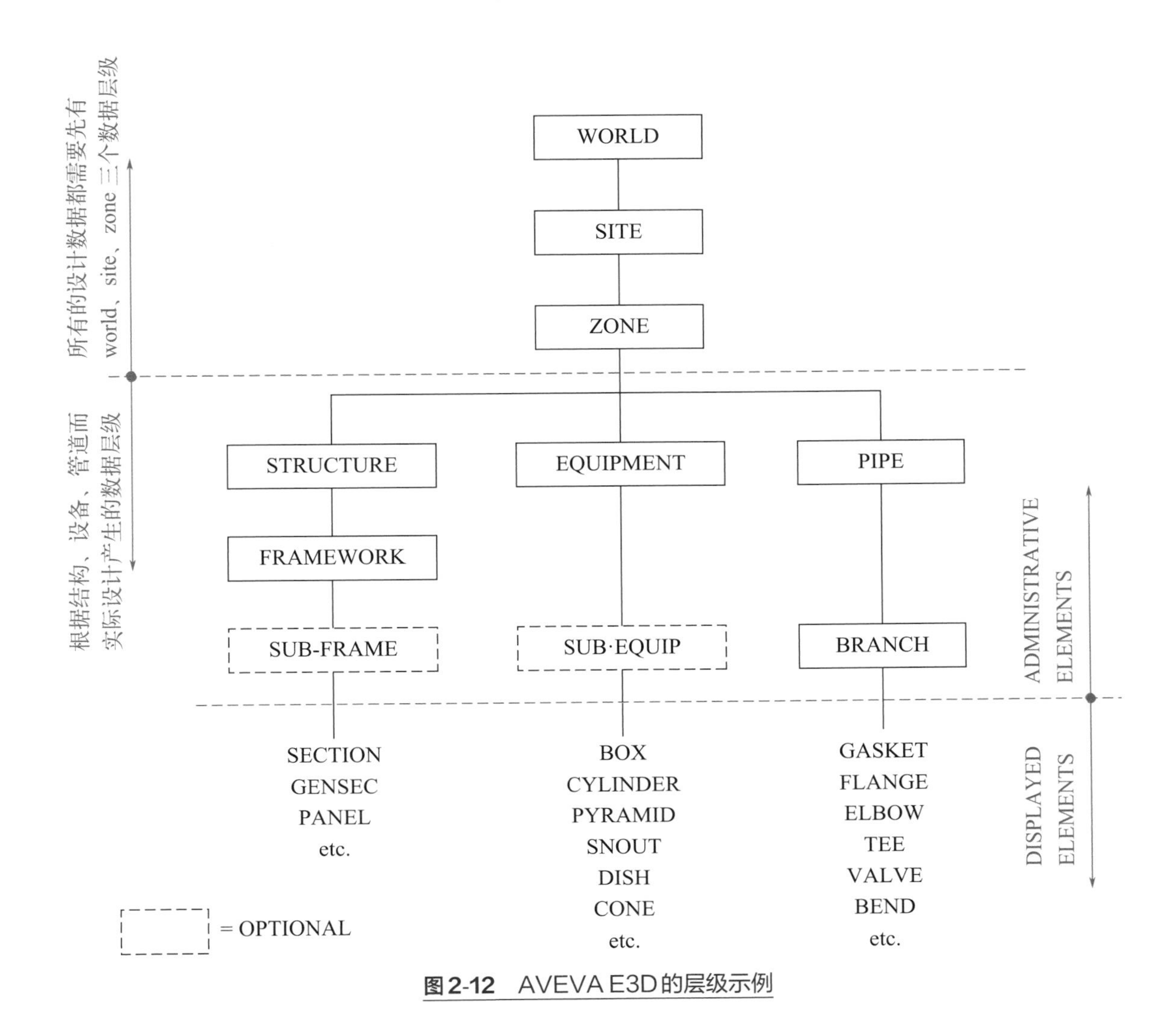

图 2-12　AVEVA E3D 的层级示例

接下来举例说明 AVEVA E3D 的绘制过程。

案例 2-1：利用 AVEVA E3D 软件绘制顺酐生产部分工段三维模型

根据图 2-13 顺酐生产部分预处理工段流程图进行对应厂房的三维工厂模型绘制。

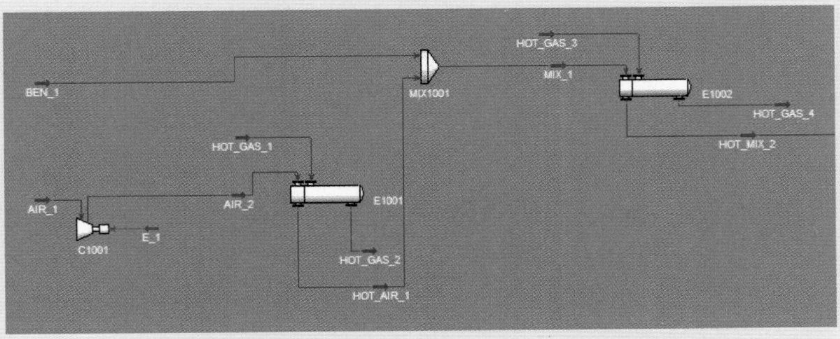

图 2-13　顺酐生产部分预处理工段流程图

a.轴网创建。在打开AVEVA E3D后，在Design中找到Structure-Beams & Columns，切换到梁柱模块。在Utilities中选择Reference Data，会出现创建轴网弹窗。选择Create-Gridline-Grid，弹出Grid Definition界面。填入需要的名称、描述、坐标、方向。选择你所需要的轴线，填入Key以及位置，接着在下拉框中选择Insert After就将该轴线填入下方表格中。重复该操作，添加好需要的*X*、*Y*、*Z*轴线。点击Control-Build，创建刚才设置的轴网（图2-14）。

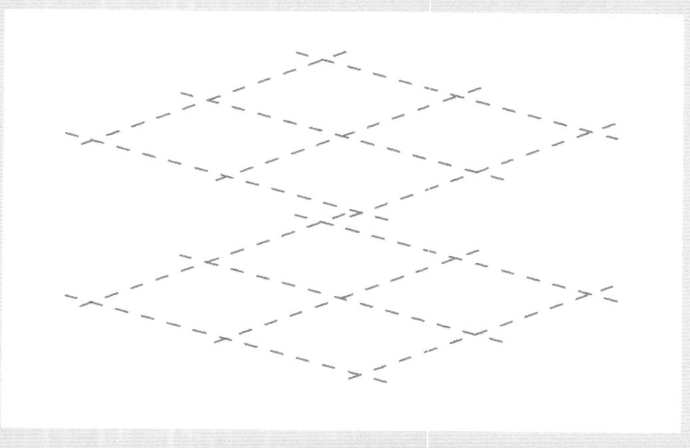

图2-14　轴网创建示意图

b.梁柱创建。在Design中找到Structure-Beams & Columns，切换到梁柱模块。在Create中创建需要的层次，依次创建Structure、Framwork、Sub-frame三个层次。选择Create-Section-Straight，弹出界面。在Set Default Profiles Specification中，选择钢型，点击Apply应用选择钢型。将Profile选中高亮。在刚才弹出的页面中，选择single，点击Define srart/end explicitly，弹出坐标弹窗，输入所需要的开始位置，点击ok，重新点击Define srart/end explicitly，弹出坐标弹窗，输入所需要的结束位置，点击ok，生成梁柱。重复该操作数次，直至创建好所有的梁柱（图2-15）。

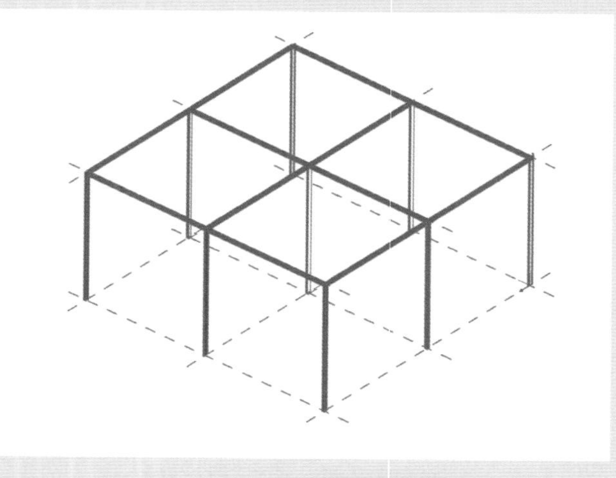

图2-15　梁柱创建示意图

c.楼板创建。在Design中找到Structure-Panle&Plates，切换到楼板模块。在Create中创建需要的层次，依次创建Structure、Framwork、Sub-frame三个层次。选择Create-Panle，弹出界面。在弹出界面中选择Explicitly defined position，弹出坐标弹窗。楼板是根据选择的点连成的平面绘制出来的，选择点后会绘制出楼板。在Create Panledanchua弹窗中，输入Thickness，选择对齐方式就可以绘制出楼板了。也可以继续选择点位来调整楼板形状，直至完成（图2-16）。

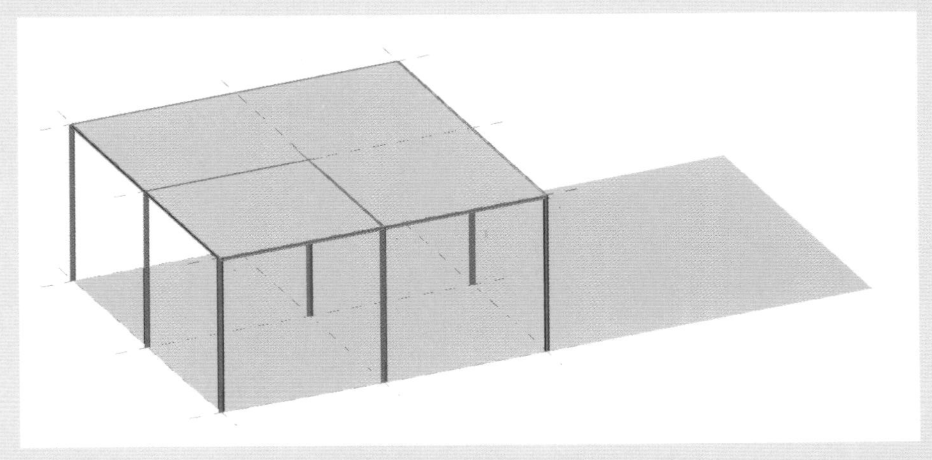

图2-16 楼板创建示意图

d.爬梯创建。在Design中找到Structure-ASL Modeller，切换到ASL模块。在Create中选择所需要的梯子型号，有Stair斜爬梯和Ladder直梯等。以斜爬梯为例，可以选择不同的定位方式，比如Stair-Top flight-Height&Angle就是以高度和角度对斜爬梯的一个形状的确定。在点击后出现的弹窗中，输入想创建的位置，输入用于确定梯子形状的参数，点击OK就能生成所需要创建的梯子（图2-17）。

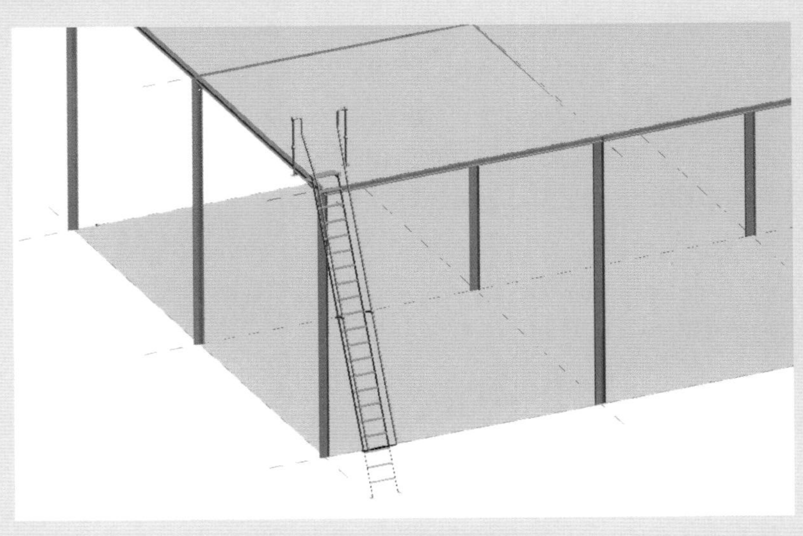

图2-17 爬梯创建示意图

e.扶手和栏杆创建。在Design中找到Structure-ASL Modeller，切换到ASL模块。点击Create-Post-At P-Point，然后点击选择希望建立栏杆起始的点，就可以生成栏杆。重复操作，创建希望建立栏杆结束的点。点击Create-Post-Between Posts，在弹出的询问是否同时创建扶手的弹窗中，点击OK。再选择我们刚才创建的起始栏杆的结束栏杆，就可以生成首尾栏杆之间的栏杆和扶手（图2-18）。

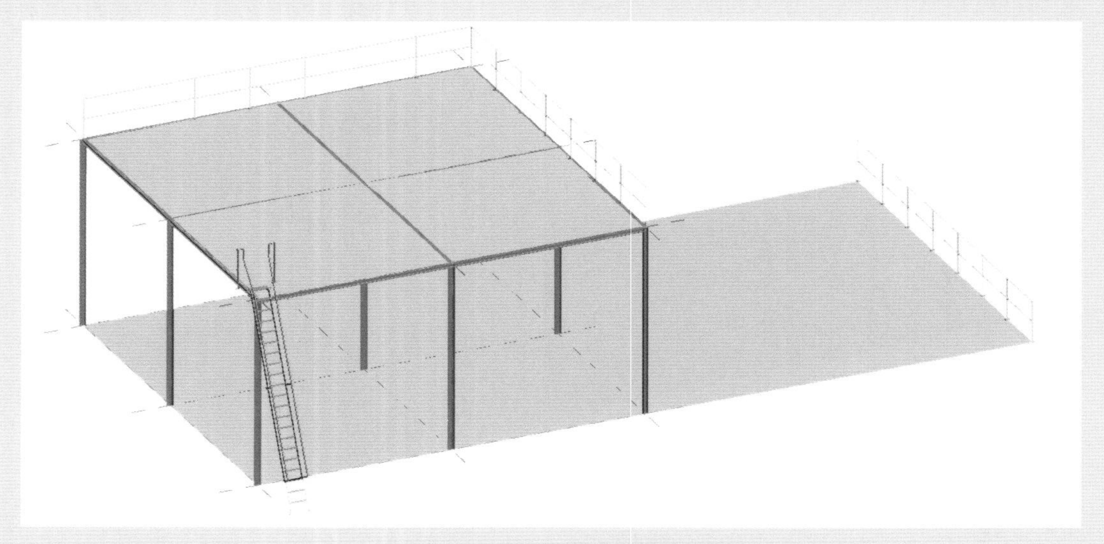

图2-18 扶手与栏杆创建示意图

f.设备创建。在Design中找到Equipment，切换到设备模块。用基本体的方法来进行建模。在Create中创建Equipment。选中EQUI点击Create-primitives，创建基本体。在右侧会出现各种不同的基本体，比如Box、Cylinder、Cone等等，不同的参数，比如高度、直径，点击Create，在Position中输入位置，点击Next，创建成功。重复此步骤，将不同的基本体组合成需要的设备形状。

如果所创建的设备中有管口，则在设备模块下，点击Create-Nozzles，会有创建管口的弹窗。在弹窗中，可以对其进行命名，点击Nozzle Type，可以选择管口型号，从而对管口进行选型，在Heitht后的输入框中，可以更改管口的高度，在Position中，可以更改管口的朝向、位置。在完成设置后，点击Apply，生成所需要创建的管口（图2-19）。

g.管道创建。在Design中找到Pipework，切换到管道模块。在建立的层次中，选择希望建立管道的层次。在工具栏中点击Show pipe creation form，右侧出现管道创建弹窗。在出现的弹窗中，输入管道名称，选择管道型号等参数，点击Apply，在管道的头和尾中，点击Change，选择需要的位置进行连接。如果需要添加法兰或阀门的组件，则点击Show pipe component creation form，在弹窗中进行所需组件的选型，通过Model Editor调节位置，最后只需保证在管道的头尾中间的连接部分为同一方向和大小，即可自动连接（图2-20）。

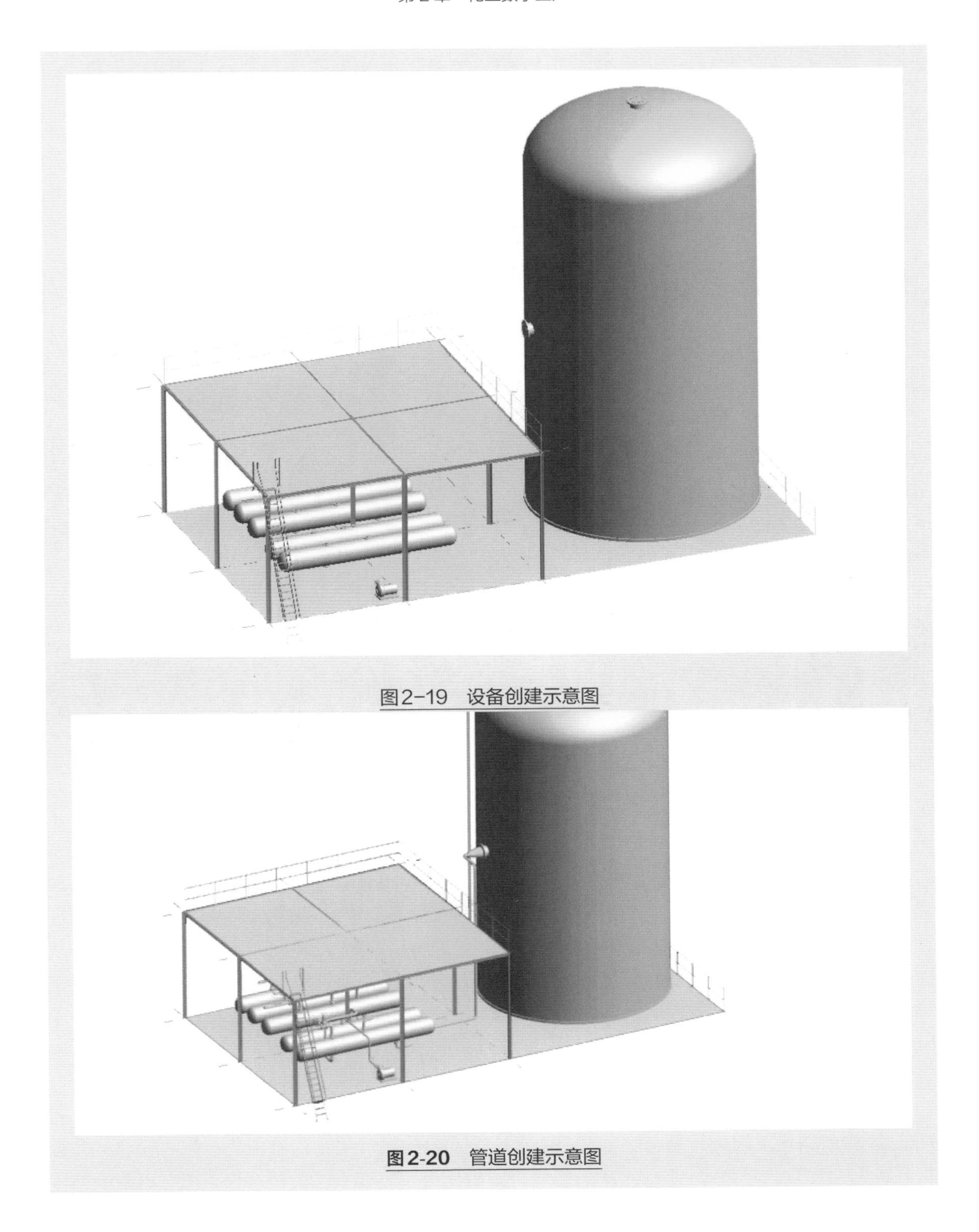

图2-19 设备创建示意图

图2-20 管道创建示意图

② Intergraph PDS/ Smart 3D

Smart 3D是海克斯康PPM的新一代三维工程设计解决方案，基于Windows操作系统，以SQL Server或 Oracle等大型关系型商用数据库为数据平台，具有安全性强、稳定和可靠的特性，良好的权限管理及全三维渲染状态建模。Smart 3D特有的专利技术可以实现管理模型之间的智能关联，模型的修改会自动反馈到关联模型，自动修改，从而避免设计结果不一致，减少人为失误造成的修改和返工。

Smart 3D涵盖了各工程领域、各设计专业的需求，被广泛应用于石油、化工、电力、医药、环保、冶金、船舶和海洋工程等行业，涵盖的各个设计模块包括设备、管道、结构、土建、电气、暖通、支吊架等，是目前市面上很全面的三维工程设计解决方案（图2-21）。

图2-21 Smart 3D设计模型展示图

③ Autodesk Revit

Revit系列软件是为建筑信息模型（building information model，BIM）构建的，是我国建筑业BIM体系中使用最广泛的软件之一。Revit软件在三维环境中对形状、结构和系统进行建模，可以随着项目的设计进展，对平面图、立面图、明细表和剖面图进行即时修订，从而简化文档编制工作，使用专业工具组合和统一的项目环境为多规程团队提供支持。在化工设计中，厂区布置里的结构框架，工厂厂房可以应用Revit建模，然后通过数据接口和E3D/Smart3D的管道、设备模型进行融合（图2-22）。

④ Dassault SolidWorks

SolidWorks软件是基于Windows开发的三维CAD系统，其功能强大，组件繁多。直观的3D设计和产品开发解决方案有利于对创新进行概念化构思、创建、验证、交流和管理，并且将其转化为优秀的产品设计。SolidWorks支持参数化建模和参数化关联，也支持二维图纸的输出，支持导入与输出多种文件格式；设计人员可以使用SolidWorks基于参数化特征的方法创建自动生成的2D工程图和高级3D模型，从三维模型中自动产生工程图，包括视图、尺寸和标注，增强了的详图操作和剖视图，包括生成剖中剖视图、部件的图层支持、熟悉的二维草图功能，以及详图中的属性管理员；使用成本估算工具和可制造性检查，实现“面向成本的设

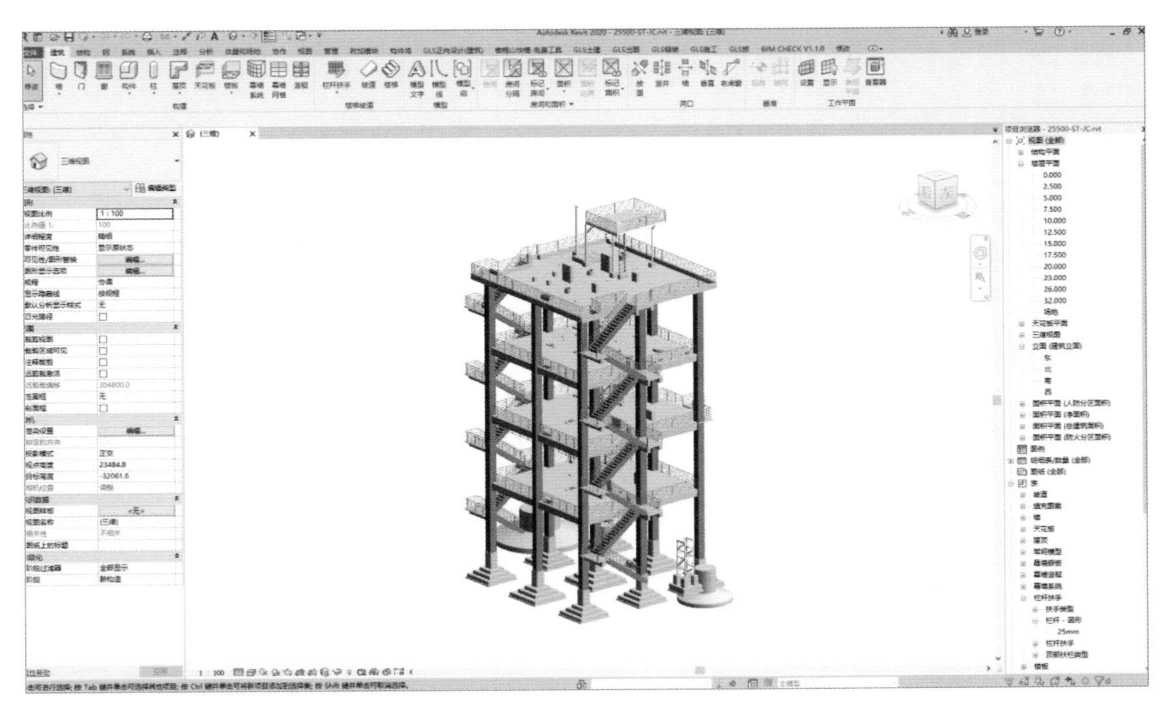

图 2-22　Revit 软件操作界面

计”和“面向制造的设计”；SolidWorks 能够执行分析和模拟，包括有限元分析；提供了生成完整的、车间认可的详细工程图的工具，工程图是全相关的，修改图纸时，三维模型、各个视图、装配体都会自动更新。对每个工程师和设计者来说，SolidWorks 不仅功能强大，而且操作简单方便、易学易用，这使得 SolidWorks 成为领先的、主流的 3D 建模软件（图 2-23）。

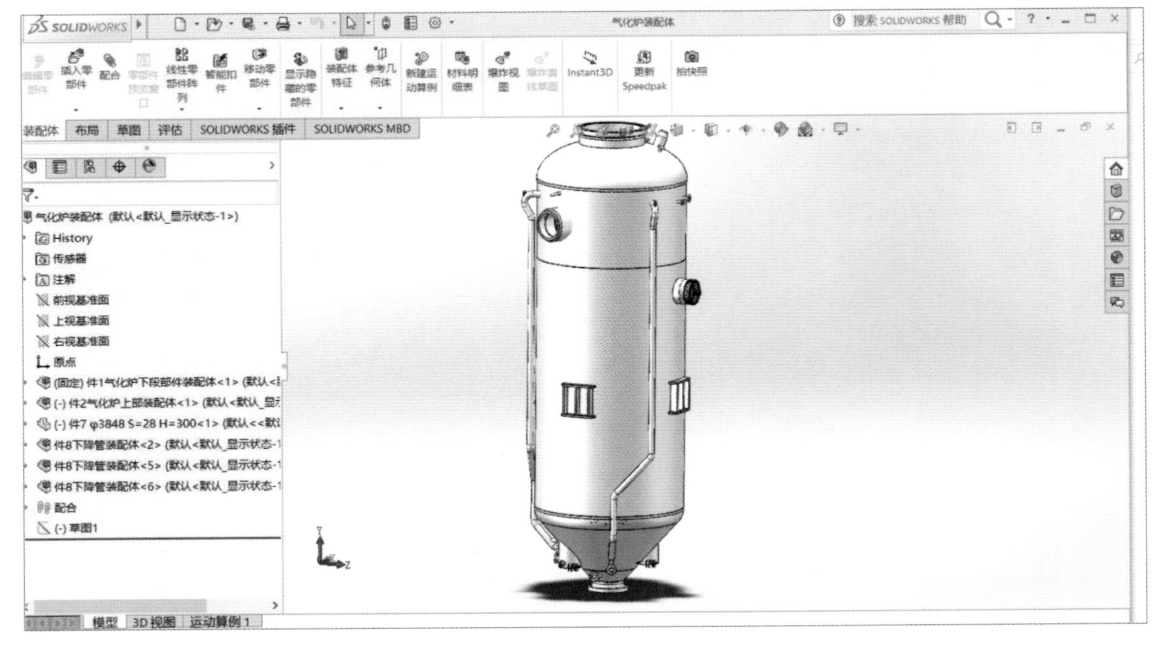

图 2-23　SolidWorks 软件操作界面

2.3 数字化交付

有别于以纸质图纸、表格为主体的传统工程设计交付方式，数字化交付是一种通过数字化集成平台，将包含数据、文档和三维模型的设计成品以标准数据格式提交给工程建设方的成品交付方式。数字化交付是以工厂对象为核心，对工程建设阶段产生的设计、采购、施工的静态信息进行数字化创建至移交的工作过程，主要由工程公司或设计院完成。通过数字化交付，企业可以数字化掌握、管理这些工程数据，建立工程数据中心，再加上企业运营后的数字化动态信息，包括管理数据（ERP、生产、销售、财务等）和运行数据（DCS、PLC系统数据，如压力、流量仪表数据等），“动静结合”形成智能工厂的建设基础，如图2-24所示。因此，数字化交付的目的是为工厂数字化运营和维护做准备。其意义不但使工程公司在EPC（engineering procurement construction）工程总承包阶段管理理念和作业模式得到变革，而且使EPC阶段的收集和管理的数据在工厂的全生命周期中又得到扩展和延伸。

数字化交付区别于传统交付的最大特征是关联关系，即工厂对象（构成化工厂的设备、管道、仪表、电气、建构筑物等可独立识别的工程实体）与文档有关联关系，文档与装置或系统有关联关系等。相比于传统工程设计成品，数字化交付在数据整合、检索、提取等方面优势巨大，可为工厂后续的运行维护和安全管理等方面提供相关数据，辅助规划生产维护计划等，还可以有效降低成本，提高管理效率。足够的数据信息为建立数字工厂和实现智能工厂提供了数据来源和数据基础。最终，数字化交付可以实现项目组合管理，辅助实现真正的数字化项目和数字工厂，在向业主移交一个生产工厂的同时移交一个数字工厂。

图2-24 数字工厂资产位号信息集成管理示意图

2.3.1　数字化交付统一规定

2018年发布的GB/T 51296—2018《石油化工工程数字化交付标准》，为石油化工数字工厂和智能工厂建设提供了基础，规范了工程建设数字化交付的工作。数字化交付具体规定如下：

① 工程数字化交付工作宜与工程建设同步进行。

② 交付信息应满足完整性、准确性与一致性的质量要求，其内容应与竣工资料所对应的部分一致。

③ 交付信息宜采用数字化交付平台组织与存储。

④ 交付信息应作为整体知识产权进行保护。

⑤ 接收方应提供数字化交付策略和交付基础，协调和管理工程数字化交付工作，验收交付方所移交的交付信息。

⑥ 交付方应按照交付基础的要求收集、整合交付信息，并应按交付物规定移交。

2.3.2　数字化交付内容

数字化交付内容应包括三维模型（全厂全专业）、智能P&ID、工厂对象属性（结构化数据）、EPC文档、文档与工厂对象的关联关系五部分，如图2-25所示；三维模型作为化工数字化交付的重要组成部分按照实体工厂全比例建模，与其互为映射，实现工厂可视化；智能P&ID是使用智能设计软件绘制的P&ID图，图中的符号或图形应具有逻辑关系且包含相应的属性数据，且与三维模型信息保持一致；结构化数据是智能设计软件生成的数据，因此与主体内容具有关联关系；文档是交付方提供的图纸、报表、说明书等材料的总称，无密码保护，与编号一一对应，使用统一的格式上传至交付平台；文档与工厂之间需建立关联关系，保持数据的准确性、一致性。

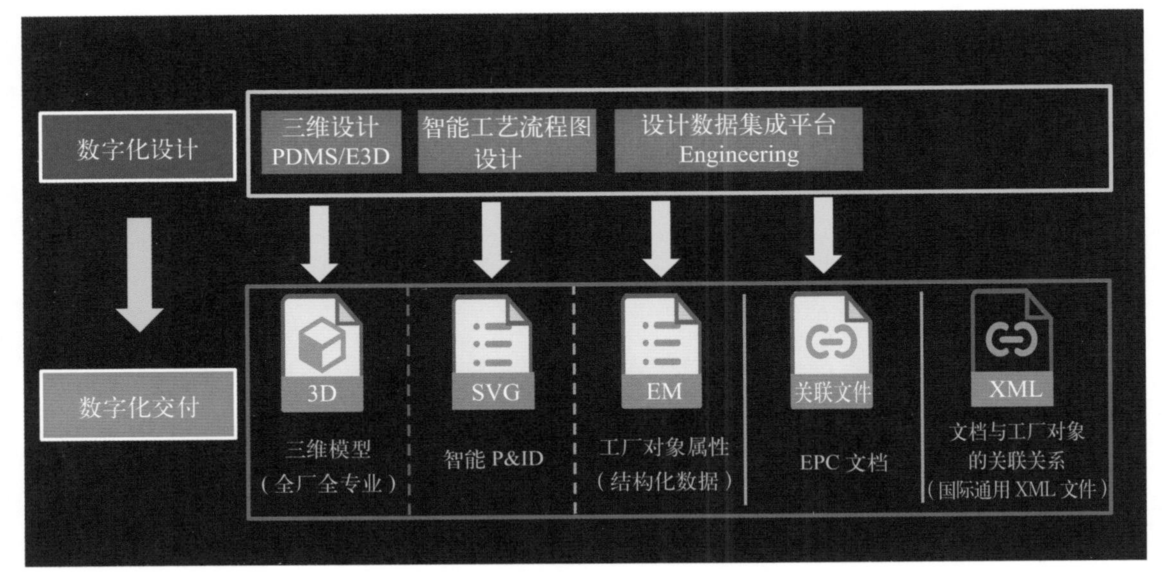

图2-25　数字化交付基本内容示意图

（1）三维模型（全厂全专业）

交付的三维模型应符合信息交付方案中约定的交付范围和内容深度的要求，并且应与其他交付的数据、文档中的信息一致。交付的三维模型应能在交付平台中正确地读取和显示，并且应使用统一的坐标系和坐标原点。交付的三维模型宜包含可视化碰撞空间，不应包含临时信息、测试信息以及与交付无关的信息。

（2）智能P&ID

智能P&ID应包括以下工厂对象：①工艺设备；②工艺管道及附件；③管道特殊件；④管道阀门；⑤分析取样点；⑥仪表点及回路。交付方应使用统一的标准图例绘制智能P&ID，并建立智能P&ID上的仪表与相应回路的关联关系，进而确保智能P&ID中的工厂对象具有符合设计要求定义的工厂对象位号信息和属性信息，确保智能P&ID图、各类工厂对象以及属性数据存在关联关系。

（3）工厂对象属性（结构化数据）

交付的数据应按类库的要求组织，包括工厂对象属性的值和计量单位等信息。工厂对象的数据内容宜涵盖设计、采购、施工等阶段的基本信息。

（4）EPC文档

交付文档的内容应与原版文档一致，并应符合下列规定：

① 当原版文档为纸质文档时，应扫描为电子文件；

② 当原版文档包含不止一种文件格式时，应转换为统一格式的电子文件。

每个文档应包含至少一个有效的电子文件，电子文件应符合下列规定：

① 电子文件不应包含任何指向其他文档的链接；

② 电子文件中不应内嵌其他格式的文件；

③ 电子文件不应包含影响读取的密码保护；

④ 电子文件中的图片应满足可接受的打印分辨率及最小尺寸要求；

⑤ 电子文件应采用交付平台支持的格式；

⑥ 电子文件本身及其索引和附件应为一个文件包；

⑦ 仅关联单个工厂对象的文档宜以独立的电子文件或其集合的形式提交；

⑧ 电子文件应安全可靠，不含计算机病毒及木马程序。

交付的文档质量应符合下列规定：

①文档编号与命名应符合项目文档编号及命名规则；

②文档编号应与文档目录中对应的文档编号一致；

③文档应采用项目文档模板生成。

（5）文档与工厂对象的关联关系

关联文档直接反映工厂对象的典型特征，并与工厂对象编号建立关系，工厂对象类与文档的关联关系可以在关系型数据库中建立和体现。

2.3.3 数字化交付流程

（1）信息交付方案制定

信息交付方案需依据信息交付策略和交付基础细化相关内容，应包括下列内容：信息交付的目标；组织机构、工作范围和职责；遵循的标准；采用的信息系统；交付内容、组织方式、存储方式和交付形式；信息交付的进度计划；信息交付的工作流程。信息交付方案应获得建设单位批准后方可实施。

（2）信息整合与校验

信息整合阶段应将相关方的数据、文档及三维模型等信息按照信息模型组织规则和信息交付方案收集、整理、转换并建立关联关系。信息整合阶段应根据质量审核规则进行信息校验。信息整合与校验应在信息交付前完成，并形成质量审核报告。

（3）信息移交

信息移交应按照信息交付方案约定的交付形式及进度计划执行。信息移交时应提供交付信息的电子文件移交清单，移交清单应包括文件名称、格式、描述、修改日期和版本等。

（4）信息验收

交付信息验收应按数据、文档和三维模型的交付物清单执行，应依据信息交付基础验证交付信息的完整性、准确性和一致性。交付信息验收应包括下列内容：工程对象无缺失、分类正确；工厂对象编号满足规定；工厂对象属性完整，必要信息无缺失；属性计量单位正确，属性值的数据类型正确；文档无缺失；文档命名和编号满足规定；工厂对象与工厂分解结构之间、工厂对象与文档之间的关联关系正确；数据、文档和三维模型符合交付物规定。交付信息验收后应形成验收报告。

实际数字化交付流程如图2-26所示。

2.3.4 数字化交付平台的功能

数字化交付平台可承载承包商移交的数字交付物并对其进行整合管理，一般应具有系统管理、交付基础、信息采集、信息处理、信息移交、信息查询、信息浏览和分析报表八项基本功能。

① 系统管理　数字化交付平台同其他平台一样，需要具有权限管理、日志管理、流程管理和数据备份等系统管理功能。

② 交付基础　根据项目信息交付策略，平台能够利用内置的资源，快速制定项目的交付基础，使平台具备接纳以工厂对象为核心的项目建设阶段产生的静态数据的能力。其中包括：工厂分解结构、类库、工厂对象统一规定、编码统一规定、交付物统一规定和质量审核统一规定。

③ 信息采集　平台应提供多种模式以完成交付信息的采集，对于结构化数据可采用信息集成的方式完成采集，对于非结构化数据可采用标准模板通过数据填报、文件上传等方式完成采集。

④ 信息处理　平台能够对采集的信息按照流程进行处理，完成格式转换、整合关联、信息校验后才能正式发布。

⑤ 信息移交　平台应提供交付平台移交和信息模型移交两种移交方式。两种方式均应按区域、系统或模块分别进行移交并办理验收，直到完成全部交付信息的移交。

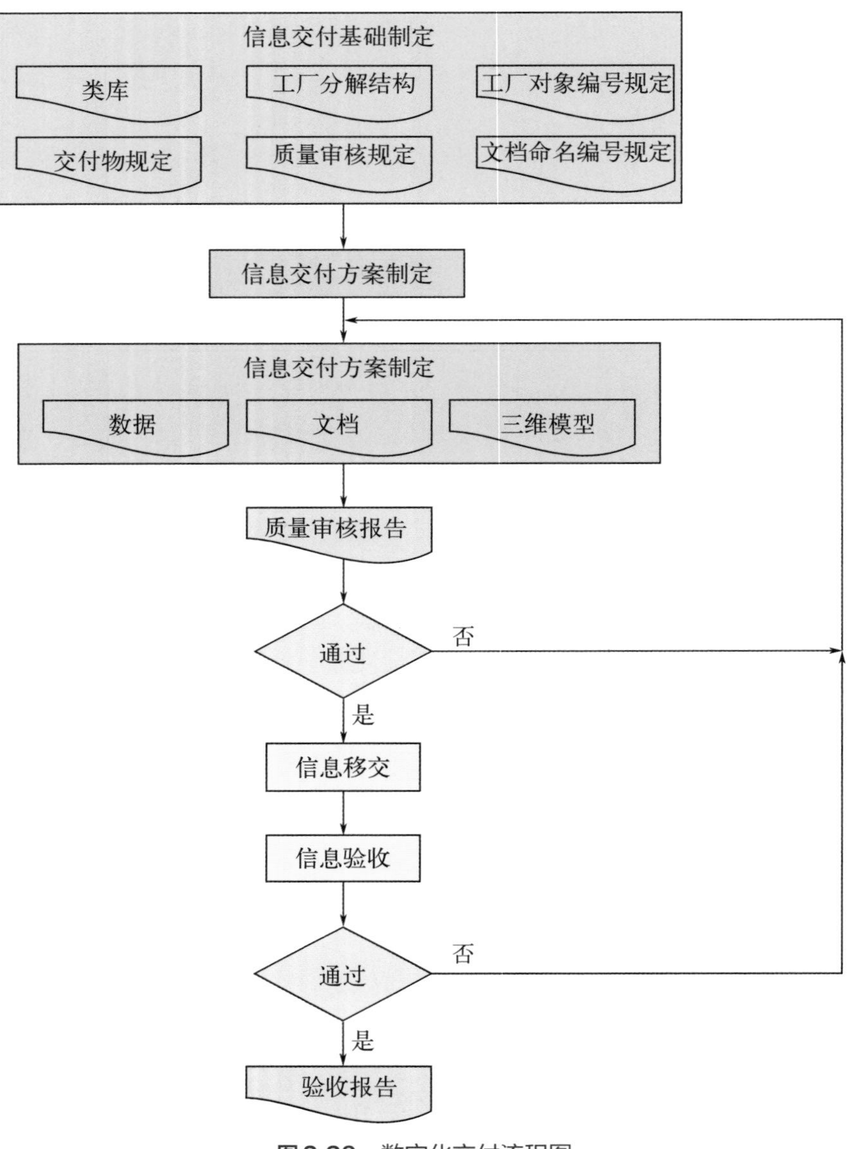

图2-26　数字化交付流程图

⑥ 信息查询　平台应具有较强的数据检索能力，支持分类查找和多条件查找。

⑦ 信息浏览　平台应具有较强的二维三维信息浏览能力，支持常用形式标注以及三维模型观测、刨剖切等操作。

⑧ 分析报表　平台应具有报表功能，用于对项目数据进行深度挖掘、整理和可视化展示，支持对文档、模型、工厂对象属性以及交付进度等数据进行统计分析。

2.3.5　数字化交付的要求

企业在数字化交付时应遵循或参考企业体系相关规定，同时参考企业内部的设备管理系统或其他运维管理软件中的定义，为后期与工厂运维系统集成提供数据基础，包括工厂分解结构、类库、工厂对象编号规定、文档命名和编号规定、交付物规定、质量审核规定。在本文中以类库和工厂对象编号规定及文档命名和编号规定举例说明。

类库应包括工厂对象类、属性、计量类、专业文档类型等信息及其关联关系，为项目过程中保证不同承包商、不同系统间信息一致，提供了统一的信息交换基础。类库逻辑结构及层级关系可按图2-27建立。

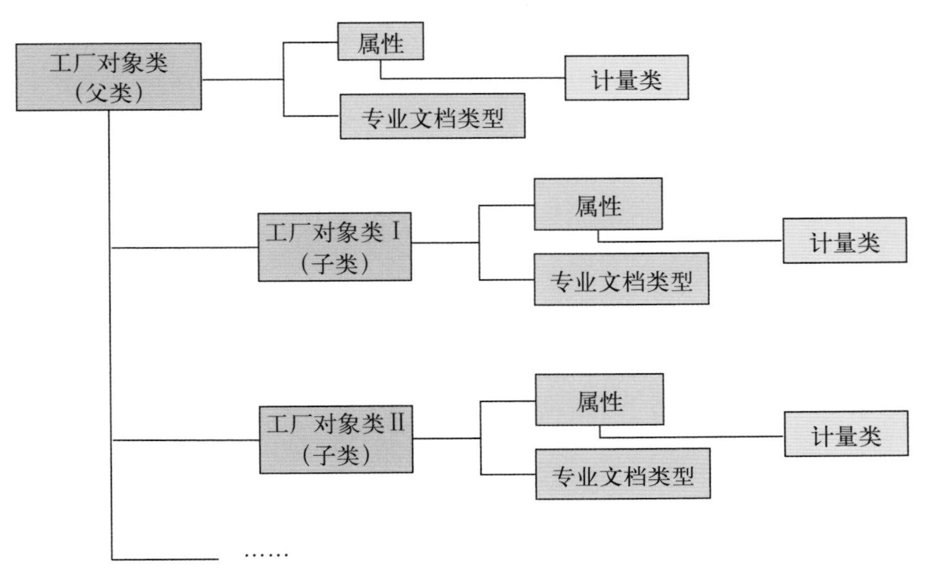

图 2-27　类库逻辑结构及层级关系

在工厂对象编号规定和文档命名及编号规定中，应明确编码规则，并保证编号的唯一性。在交付物规定中，应明确交付物的清单、文档类别和交付格式。同时，为满足后期数字化工厂信息管理的需要，应明确工厂对象类和文档的关联要求。在质量审核规定中，应制定文档、模型及数据的完整性、准确性和一致性的审核规则。以工厂对象编号规定和文档命名及编号规定为审核准则，校验文档和工厂对象的编号是否符合要求；以类库的规定为审核准则，检验工厂对象的数据是否完整；以交付物规定为审核准则，校验文档是否完整、文档类别和文档格式是否合规、三维模型和模型数据是否完整、工厂对象类和文档的关联是否完整等。

2.4　数字化设计与交付实例

2.4.1　项目概况

×××化工在某工业园区建设特大型化工示范项目。该项目竣工进行工程数字化交付，即以数字化交付物上传至“数字化交付平台”的方式移交，最终交付内容包括智能P&ID、三维模型、文档资料和结构化数据（包括但不限于工艺流程图、轴测图、布置图、管道仪表流程图和其他图纸等）。

以三维模型、数字化工艺流程图等数据为基础，以三维虚拟现实技术为手段，整合工厂建设期与运营期的数据资源，优化设备管理、生产管控、安全环保的业务流程，为工厂的生产运行提供可视化的支撑。整合设计、采购和施工阶段的数据，以此为数据基础，集成企业生产营运系统、视频监控信息等，搭建企业数字工厂。同时以三维数字工厂相关技术为企业搭建一个广阔的技术平台，后续能够支撑设备管理、安全环保、工程建设、生产管控等业务领域，为企业持续创造价值，助力完成数字化、可视化、模型化、集成化和自动化，为建成智能工厂奠定坚实基础。

2.4.2 数字化交付方案及规定

数字化交付平台是数字工厂模型的载体，用于接收、存储、管理来自工厂全生命周期各个阶段的三维模型；其次，数字化交付平台以智能P&ID和三维模型来组织信息，以智能P&ID来聚合工程信息，以三维可视化作为主要的展示方式和交互手段，从而快捷、准确地掌握工厂信息；此外，交付平台提供多种集成第三方系统的手段，能有效避免信息孤岛；最后，数字化交付平台是具备开放的标准接口和成熟的对外服务引擎，通过二次开放接口，支持应用开放，快速产生业务价值。

以三维模型及数据为核心基础的数字化交付项目建成，将提供全生命周期数据资产的有效关联，为数字工厂运营平台、智能化工厂建设提供数据基础。结合企业实际运营生产的业务需求，如智能设备维护、安全风险分级管控与应急指挥系统、操作仿真培训OTS系统以及与生产运维系统集成等，使生产运营数字化、可视化、实现虚拟工厂和现实工厂的动态联动，将工业化和信息化深度融合，提高企业信息化管理水平，建立完整的数字工厂管理体系，打造属于企业的智能制造协同平台，实现卓越运营。

本项目交付实施规定主要有以下内容。

（1）工程数字化交付策略

为规范和指导数字化交付项目的数字化交付工作，工程数字化交付需结合项目具体特点，统筹策划数字化交付工作，实现以工厂对象为核心的标准化移交，确保数字化信息的一致、准确和完整，同时减少数据冗余与返工，高质量地完成数字化交付；为工厂提供全面、准确、可视化的数字化基础，为企业经营创造价值、制定规范及策略。一般包括数字化交付工作的名词术语解释、交付概述、交付意义、交付内容和形式、交付原则和流程等。

（2）工程数字化交付总体实施方案及管理规定

根据项目实施不同阶段收集的图纸文档资料、三维模型、结构化数据进行一致性核查校验，合格后录入数字化交付平台，设计、采购、施工、试运行全生命周期资料与三维模型和P&ID相互关联。数字化总体施工方案主要包括项目组织各方的组织架构和工作职责划分，以及各阶段的交付要求。管理规定主要包括交付进度和质量管理。

（3）设备编码和命名规则

为了明确并统一项目的设备和材料编号方法，满足项目工程设计、工程采购、工程施工、工程数字化交付和工厂生产管理需要，需要制定工厂的设备编码和命名规则。

设备和材料编号规定包括：工艺设备类编号、管道类编号、仪表类编号、电气类编号、电信类编号、给排水及消防类编号、暖通类设备编号。

（4）工厂对象分类及属性内容规定

为便于工厂设备资产管理，明确项目工程数字化交付工厂对象分类及属性内容，统一工厂对象数据的录入内容，保证承包商所提交结构化数据文件的一致性，制定的相关规定，详细规定了工厂对象的类库及属性列表。

（5）三维模型应用规定

为了建设与真实工厂高度一致的三维工厂，满足三维数字工厂的可视化需求，制定该规定来规范工程设计三维建模的要求，统一三维建模的内容和深度，满足工程数字化交付的要求。主要规定工厂的分解结构，各类工厂对象建模的颗粒度，三维模型颜色规定等。

（6）智能P&ID应用规定

P&ID作为化工设计的核心内容，智能P&ID的绘制内容深度执行石油化工装置详细工程设计内容规定，对于数字工厂，工厂对象编号具有全厂唯一性和一致性，而工厂对象编号来源于P&ID，因此智能P&ID的准确性关系到整个工厂的交付质量，制定智能P&ID应用规定主要规定编号规则，设备、管道、仪表绘制的细节要求。

（7）详细工程设计文件交付规定

文档作为数字交付内容的重要部分，文档也是后期工厂运行阶段需要查阅的重要信息资料，为了明确并统一项目工程设计文件的交付内容和文件编号方法，便于对工程设计统一规定文件的识别、归档和数字化交付，制定本规定。主要包括文件目录结构、非结构化文档类别代码、非结构化文档-位号关联关系。

2.4.3　项目数字化交付实施

本次数字化交付，主要参照GB/T 51296—2018《石油化工工程数字化交付标准》，具体根据项目发布的数字化交付统一规定。

（1）模型创建及处理

① 结构建模

本项目结构通过PKPM建模，将模型导入至Revit，然后在Revit里继续完善模型，以及在Revit里创建建筑模型，最后通过接口将结构和建筑的模型从Revit里导入至AVEVA E3D，完成模型的整合。使用Revit建模，族库比较丰富，包含了常用的标准构件类型，如图2-28所示。使用过程中只需在软件中选择结构图纸中相应规格的构件即可，构件的截面与标准件一致。也可使用族编辑器与第三方插件创建和修改构件。Revit结构框架如图2-29所示。

② 设备建模

本项目设备建模使用AVEVA E3D设备模块建模。设备模型外形取自参数化设备建模模板数据库，种类齐全，强大的图形库支持复杂的重新编辑。除外形以外设备的属性也可以通过编辑工程参数的方式进行添加，可以赋予设备基本的工程参数，如图2-30所示。设备管嘴

图 2-28　Revit结构构件选择界面

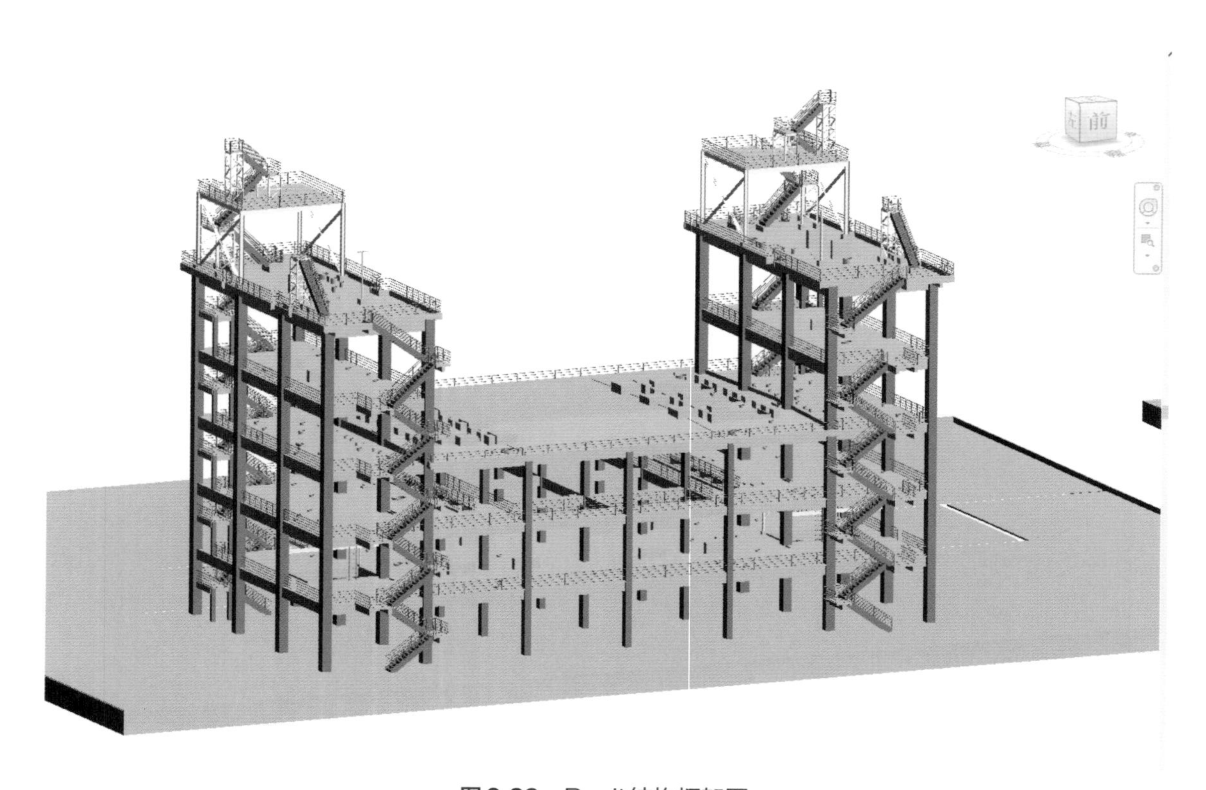

图 2-29　Revit结构框架图

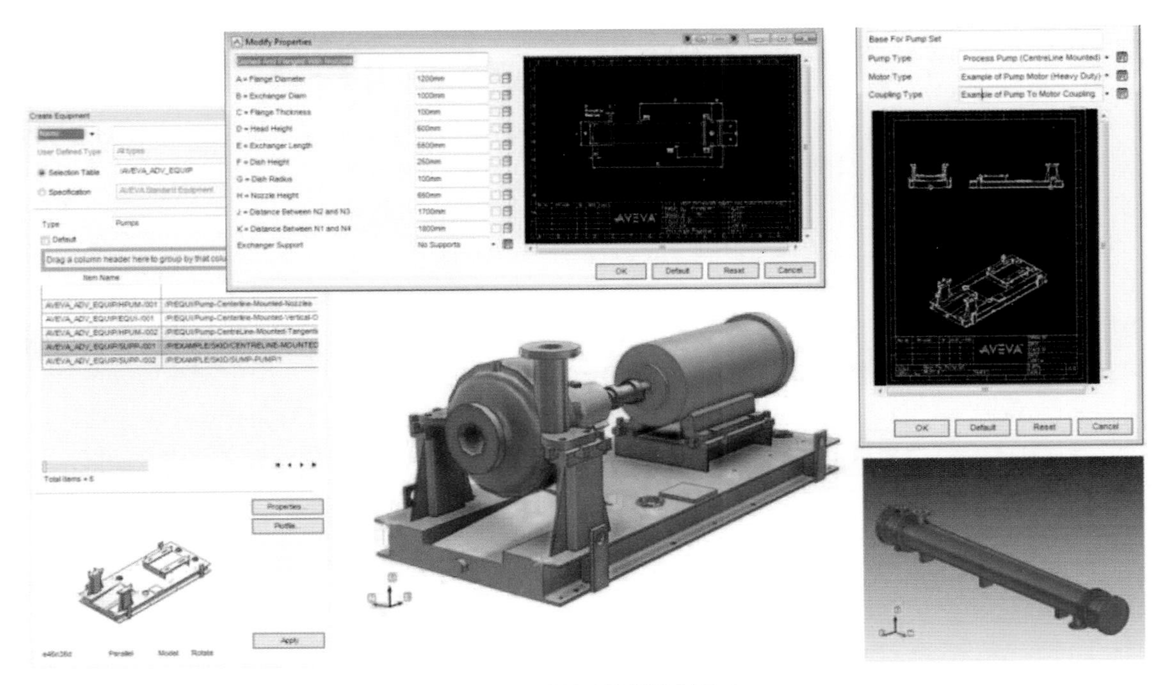

图2-30 设备模型设计界面

外形来自软件图形库，管嘴定位、管嘴号、管嘴名称、压力等级、端面类型等与设备装配图一致。

③ 管道建模

本项目管道建模使用AVEVA E3D管道模块建模，如图2-31所示。管道建模基于数据库完成，每个元件与管线参数都来自数据库的支持。工程数据库根据DB接口和其他模块进行数据交换。

图2-31 管道模型示意图

管道元件的模型来自AVEVA E3D的管道数据库，元件尺寸来自标准库与标准一致，显示效果与现场接近。管道元件库非常庞大，而一类管道只用到其中一小部分，将这一小部分管件总结出来就是等级。管道等级是根据设计温度、设计压力、介质性质来确定材料、管道壁厚、法兰类型、阀门及附件类型,并将之分类成不同等级的。编入同一等级的管道使用相同材质、型号或形式的管子、阀门和附件,这样可以规范管道材料的使用，能够满足工艺设计要求,而且可以用简洁的方式在图纸上表达各种必要的信息。

在软件中将项目的等级表录入等级库，等级库中的元件具有元件名称、公称直径、端面类型、压力等级、材料等详细信息。通过对等级控制材料的选用，可以避免浪费、缩小管件选择范围以及避免选用错误。在AVEVA E3D中用到的元件必须在元件库中定义并且放在等级中。使用AVEVA E3D建的管道元件相互之间、管道元件与设备都是具有拓扑连接关系的，这些拓扑连接关系支撑着后期平台的应用，这是工程建模软件与普通建模软件之间较大的区别。

（2）智能P&ID设计

① 设计要求

图面要求：要求保证绘制出的P&ID图与确认的P&ID图纸完全一致；要求管件确定是否带法兰；要求画出调节阀组前后大小头，放空、放净；要求设备接管线画出管嘴，并给出编号和尺寸。

属性要求：每台设备必须要有属性，包括设备位号、设备名称、设备型号（选填）、介质、介质状态（气体、轻液、重液）、设计压力、设计温度、操作压力、操作温度、是否保温。有位号的管件均要把位号填入编号中；仪表必须有属性，包括仪表类型、编号，若有上限和下限则需要录入；连接符内容保持与图面一致，每个符号必须跟所接管线有连接关系；连接符类型要求整个装置一致；其大小要求整张图一致；所有带属性的图形均必须有连接关系。

② 设计流程

智能P&ID设计包括四个阶段：准备阶段、资料收集阶段、绘制阶段和校核阶段，如图2-32所示。

准备阶段：绘制人员根据整个项目的建设内容，分析项目对智能P&ID数据的具体要求，列出资料收集清单表，交付资料收集人员进行现场收集。

资料收集阶段：资料收集人员根据收集清单与各专业人员进行沟通，收集相应电子资料。

绘制阶段：根据收集的资料按照绘图流程进行具体的绘制工作，如图2-33所示。

校核阶段：图纸校核包括两部分，绘图人员自校核和专门的审核人员校核审核，如果审核不通过则返回给绘图人员再次修改，再审核直到满足绘图要求。

（3）文档整编

① 文档来源。工程项目的数字化交付文档包括：详细设计各专业的设计文档、设备供应商提交的文档以及项目施工阶段产生的各类文档。

② 文档分类。文档拆分重命名完成后，按照图2-34的统一规定要求对文档进行分类存放。

③ 文档组织以及文档与工厂对象的关联。为了将项目设计采购施工各阶段的文档进行规范化的组织和交付，需要明确非结构化文档的交付要求，并且文档在上传数字化交付平台

前，应将待上传的非结构化文档按照规定的目录结构进行整理，并作为原始文件储存备份。目录结构以文件夹形式分层次，如图2-35所示。

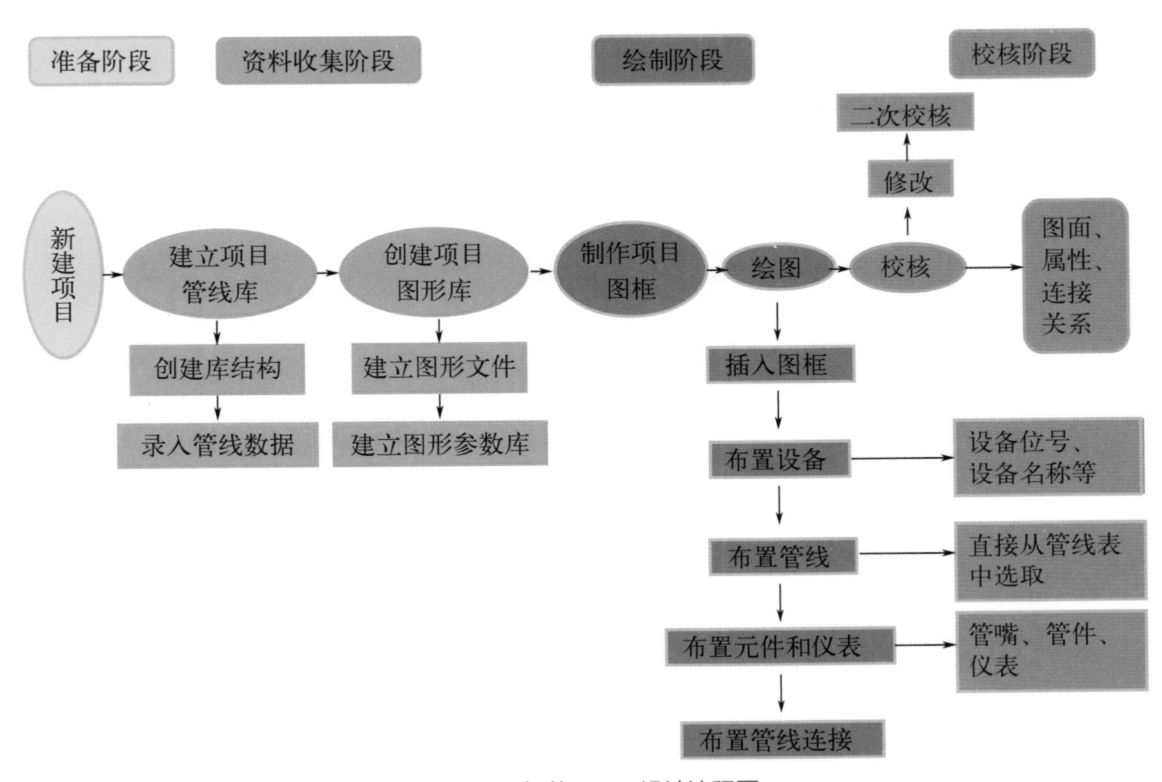

图2-32　智能P&ID设计流程图

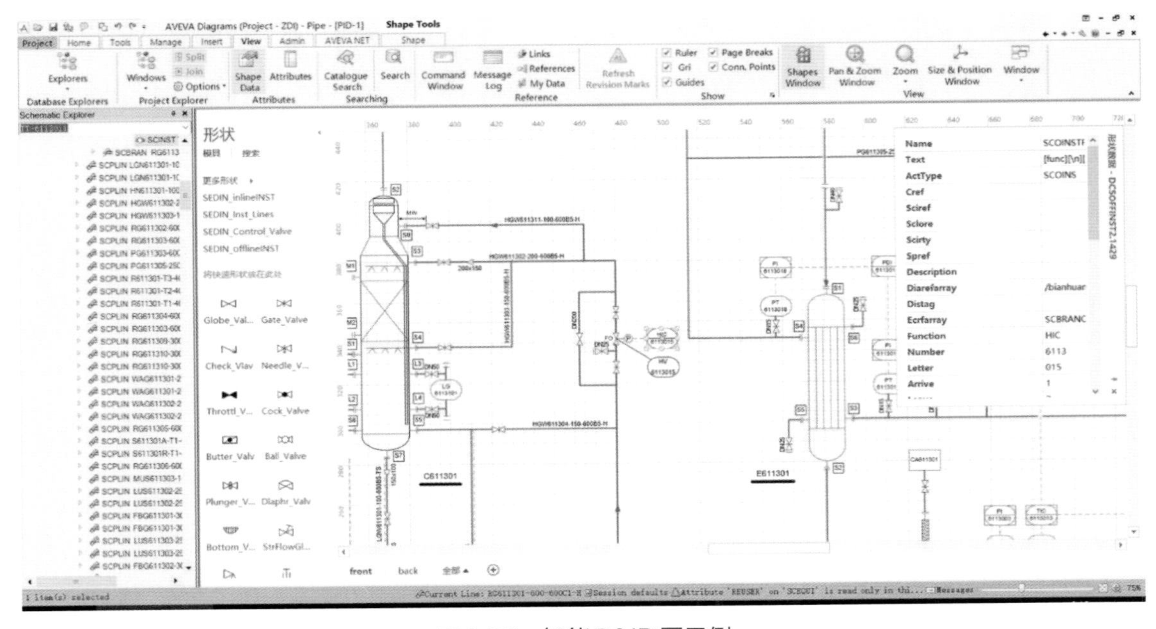

图2-33　智能P&ID图示例

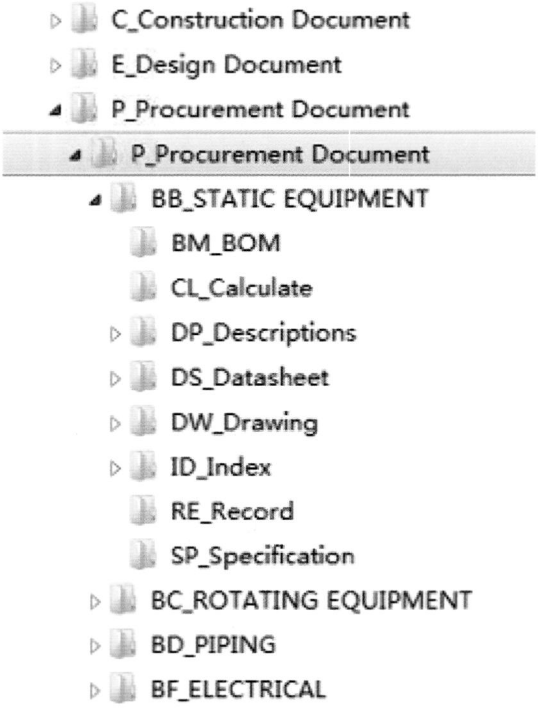

C_Construction Document
E_Design Document
P_Procurement Document
P_Procurement Document
BB_STATIC EQUIPMENT
BM_BOM
CL_Calculate
DP_Descriptions
DS_Datasheet
DW_Drawing
ID_Index
RE_Record
SP_Specification
BC_ROTATING EQUIPMENT
BD_PIPING
BF_ELECTRICAL

图2-34 文档分类存放示意图

1） WM-ZLSD

……………2） E--------设计

…………………………3） 7017----------主项号

………………………………………4） IN--------------专业代号

……………2） P--------采购

…………………………3） 7017----------主项号

………………………………………4） BB--------------设备类别

……………2） C--------施工

…………………………3） 7017----------主项号

………………………………………4） DBA-----------施工类别

……………2） 3D Model--------存放三维模型文件

……………2） 智能 P&ID-------存放智能P&ID文件

图2-35 文档组织结构示意图

2.4.4　数字化交付平台应用

交付平台（图2-36）负责接收EPC单位交付的全部工程数据，以工厂对象为核心，通过智能P&ID、三维模型和智能文档等方式建立工程数据的全关联，具体功能如下。

图2-36　典型的数字交付平台界面

（1）多源数据导入

如图2-37所示，通过转换，交付平台可无损导入多种三维设计软件生成的三维模型、数据，包括以下软件：E3D、PDS、S3D、AUTOCAD、Revit。

可无损导入智能P&ID软件生成的智能P&ID图纸、数据，包括但不限于以下软件：AVEVA Diagrams、Intergraph Smart® P&ID，且软件版本不限。

可无损导入多种格式文件，包括但不限于以下格式：

① DOCX/DOC、XLSX/XLS、PPTX/PPT、PDF、TXT；

② JPEG、TIFF、BMP、GIF、PNG；

③ DWG，DXF。

（2）信息整合

交付平台能够对数字化交付的不同来源、不同格式的数据、文档、三维模型进行自动整合，建立以工厂对象为核心的数据、文档、三维模型之间的各种关联关系，完成信息整合，实现通过工厂对象编号关联到所有与之关联的信息，如该设备的三维模型、P&ID、布置图、数据表等。需要建立的关联关系包括：

① 能够将不同来源的三维模型批量上传并进行无缝拼接，可自动提取PBS、位号、参数数据和可视化模型信息，并与工厂对象建立关联关系。

② 能够将智能P&ID图批量上传，可自动提取数据和图纸，并与工厂对象建立关联关系。

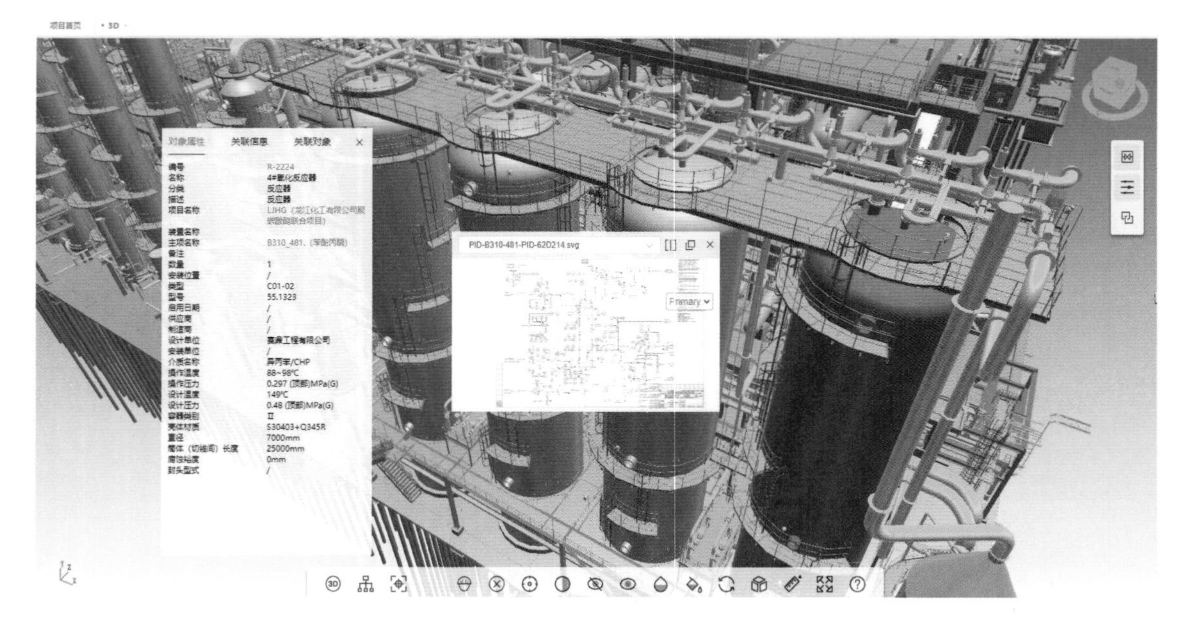

图2-37　多源数据导入操作图

③ 能够将DWG格式的图纸批量上传，可自动提取数据和图纸位号，并与工厂对象建立关联关系。

④ 能够按位号规则识别交付文档（Office文档，或非扫描版PDF文档）中工厂对象，并与工厂对象建立关联关系。

⑤ 对于扫描文档可以调用OCR处理后的文件内容，按规则识别文档中工厂对象，并与工厂对象建立关联关系。

⑥ 文档能够手动与工厂对象建立关联关系。

⑦ 能够根据三维模型设计，建立位号间的关联关系。

⑧ 能够扩展关联关系定义，以便用户在文档与文档间、位号与位号间建立关联关系。

⑨ 能够将不同数据来源的数据隔离存储，避免数据之间相互干扰覆盖。

⑩ 支持数据上传进度的可视化报表。

（3）信息校验

当信息上传到交付平台时，交付平台提供工具实现基于位号的自动关联和基于网状的关联关系互相信息参考，同时对数据进行完整性、合规性、一致性校验检查，以控制信息的质量。信息校验如图2-38所示，包括但不限于：

① 对不符合编号规则的工厂对象编号、文档编号，自动生成编号合规性分析报表。

② 对同一工厂对象同一属性不一致的值或计量单位，自动生成属性一致性分析报告。

③ 对缺失的文档、缺少关联关系的文档，自动生成文档完整性分析报表。

④ 对三维模型中各类工厂对象与交付清单中工厂对象不一致的情况，自动生成模型完整性分析报表。

⑤ 对不满足导入条件的数据报错，且生成详细日志文件，显示具体出错对象。

关联EXCEL	编号	名称	类型	安装单位	管道起止点	公称直径	管道等级	介质代码	介质相态	操作温度	操作压力	设计温度
是	2"-RW-2001-12CS1S01-ST50-	管道	C02	/	/	2"	12CS1S01	RW	L	常温	0.4MPa(G)	60℃
是	1/2"-CWS-2630a-12CS1S01-NI	管道	C02	/	从CWS2901至P-2630A	1/2"	12CS1S01	CWS	L	30℃	0.45MPa(G)	60℃
是	6"-RV-3518-01CB1S01-H	管道	C02	/	从V-2780至安全位置放空	6"	01CB1S01	RV	L	54℃	常压MPa(G)	90℃
是	12"-LLC-2000a-01CB2S03-PP	管道	C02	/	从V-2040至P-2040A	12"	01CB2S03	LLC	L	98℃	0.01MPa(G)	150℃
是	2"-MC-2001-03CB2S03-H	管道	C02	/	从MC2713等至MC2000	2"	03CB2S03	MC	L	215℃	2.0MPa(G)	240℃
是	3"-P-2669-01SA0S02-ST50	管道	C02	/	从P2682至P2691	3"	01SA0S02	P	L	45℃	0.12MPa(G)	230℃
是	3/4"-NG-2249-150K1-NI	管道	C02	/	从NG2000至SC-2249	3/4"	150K1	NG	G	常温℃	0.7MPa(G)	60℃
是	10"-QW-3505-01CB2S03-W	管道	C02	/	从TK-2040至QW3505a/b	10"	01CB2S03	QW	L	52℃	-0.003MPa(G)	100℃
是	1/2"-CWR-2631a-12CS1S01-NI	管道	C02	/	从P-2631A至CWR2901	1/2"	12CS1S01	CWR	L	40℃	0.25MPa(G)	60℃
是	1/2"-NG-2730b-150K1-NI	管道	C02	/	从低压氮气管网至P-2730B	1/2"	150K1	NG	G	常温℃	0.7MPa(G)	60℃
是	1-1/2"-DR-2653-01SA0S02-W	管道	C02	/	从TK-2641至苯酚排净槽	1	01SA0S02	1/2"	L	49℃	常压MPa(G)	100℃
是	1-1/2"-P-2682-01SD0S01-ST50	管道	C02	/	从E-2643至P2679	1	2682	1/2"	L	45℃	0.12MPa(G)	100℃
是	1-1/2"-P-2661-01SA0S02-W	管道	C02	/	从P-2641AB至V-2642	1	01SA0S02	1/2"	L	49℃	0.528MPa(G)	100℃
是	24"-G-2872-01SA0S02-ST50	管道	C02	/	/	24"	01SA0S02	G	G	130℃	0.231MPa(G)	200℃
是	3"-P-3547-01SA0S02-NI	管道	C02	/	/	3"	01SA0S02	P	L	45℃	0.12MPa(G)	230℃
是	1-1/2"-DR-2623-01SA0S02-W	管道	C02	/	从TK-2620至DR2621	1	01SA0S02	1/2"	L	45℃	常压MPa(G)	80℃
是	3"-P-2442-01SD0S01-W	管道	C02	/	/	3"	01SD0S01	P	L	45℃	0.12MPa(G)	230℃
是	12"-CHWS-2000-12CS1S01-C	管道	C02	/	从冷冻站至CWHS2000A等	12"	12CS1S01	CHWS	L	-1℃	0.7MPa(G)	60℃
是	1/2"-NG-2497-150K1-NI	管道	C02	/	/	1/2"	150K1	NG	G	常温℃	0.7MPa(G)	60℃
是	2"-TPW-2205-12CS1S01-H	管道	C02	/	从TPW3500至TK-2720	2"	12CS1S01	TPW	L	44℃	0.388MPa(G)	75℃
是	3/4"-HS-2011-06CB1S03-H	管道	C02	/	/	3/4"	06CB1S03	HS	G	270℃	4MPa(G)	300℃
是	3"-P-2691-01SA0S02-ST50	管道	C02	/	/	3"	01SA0S02	P	L	45℃	0.12MPa(G)	230℃
是	3"-P-2630-01SA0S02-W	管道	C02	/	从P2636至P2441	3"	01SA0S02	P	L	45℃	0.919MPa(G)	80℃
是	1"-P-2675-01SD0S01-W	管道	C02	/	/	1"	01SD0S01	P	L	45℃	0.12MPa(G)	230℃
是	1"-P-2504-01SA0S02-ST50	管道	C02	/	从P-2630A至P2691	1"	01SA0S02	P	L	48℃	0.513MPa(G)	75℃
是	3/4"-NG-2239-150K1-NI	管道	C02	/	从NG2000至SC-2239	3/4"	150K1	NG	G	常温℃	0.7MPa(G)	60℃
是	4"-IA-2101-150E1-NI	管道	C02	/	从仪表空气管网至各装置	4"	150E1	IA	G	常温℃	0.7MPa(G)	60℃
是	2"-RW-2001-12CS1S01-ST50	管道	C02	/	从生产水管网至苯酚丙酮	2"	12CS1S01	RW	L	常温℃	0.4MPa(G)	60℃
是	1/2"-P-2660c-01SA0S02-NI	管道	C02	/	从P-2641A至苯酚排净槽	1/2"	01SA0S02	P	L	49℃	常压MPa(G)	100℃
是	10"-LS-2011a-01CB1S03-PP	管道	C02	/	\PSV22030A至安全位置放	10"	01CB1S03	LS	G	180℃	0.05MPa(G)	200℃
是	1"-FW-2708-01CB2S03-W											
是	1/2"-NG-2730a-150K1-NI	管道	C02	/	从低压氮气管网至P-2730A	1/2"	150K1	NG	G	常温℃	0.7MPa(G)	60℃
是	10"-P-2754-01SA0S02-W	管道	C02	/	从T-2710至P-2754a	10"	01SA0S02	P	L	45℃	0.0002MPa(G)	216℃
是	3"-AL-2732-01SA0S01-W1	管道	C02	/	从TK-2740B至AL2700	3"	01SA0S01	AL	L	25℃	0.2MPa(G)	50℃
是	2"-P-2685-01SA0S02-ST50	管道	C02	/	从V-2644至P-2644AB	2"	01SA0S02	P	L	39.3℃	0.372MPa(G)	100℃
是	1/2"-NG-2641a-150K1-NI	管道	C02	/	从NG2000至P-2641A	1/2"	150K1	NG	G	40℃	0.7MPa(G)	60℃
是	20"-LS-2002-01CB1S03-H	管道	C02	/	从SP-2980至LS2002等	20"	01CB1S03	LS	G	180℃	0.5MPa(G)	200℃
是	8"-LLC-2001b-01CB2S03-PP	管道	C02	/	从P-2040B至LLC2001	8"	01CB2S03	LLC	L	98℃	0.7MPa(G)	150℃

图2-38　自动生成检验报告示意图

（4）信息浏览

交付平台自带工程信息浏览工具，在脱离本地应用软件的情况下，实现在交付平台中对三维模型、图纸、数据表、规格书、说明书进行直接浏览、批注，实现三维模型、文档、数据的关联关系及二维三维模型同步浏览的功能。例如在对三维模型浏览时，点击模型上的对象既可以查看该对象的全部属性数据，也可以跳转至该对象的二维图形中，或者查看与之关联的文档，实现模型与文档管理功能的集成，如图2-39所示。

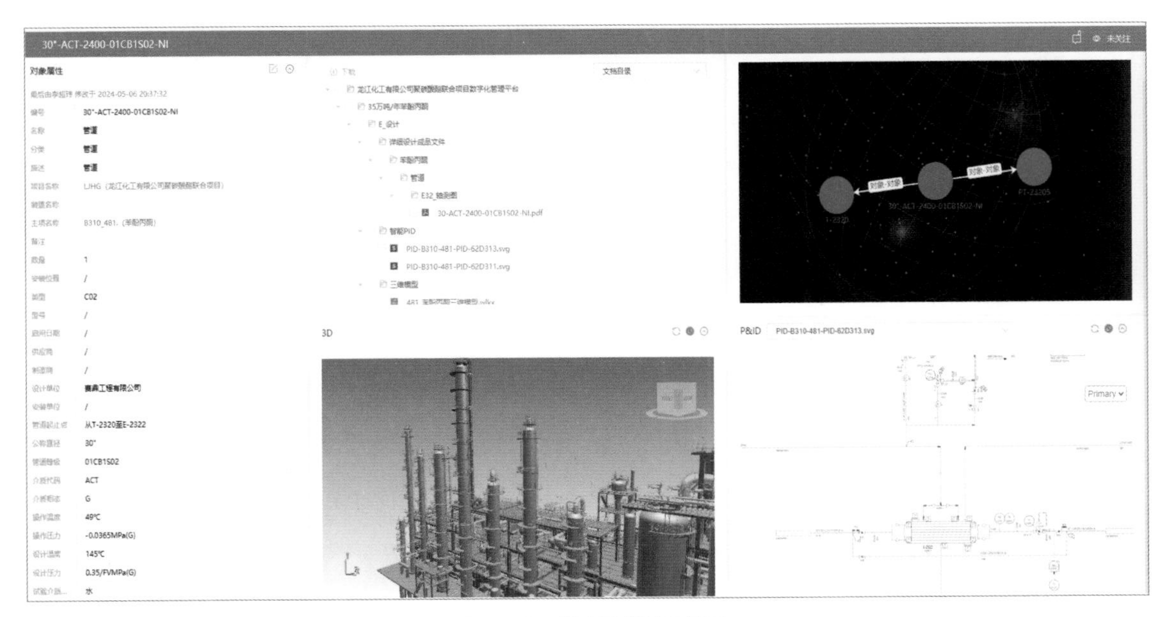

图2-39　信息浏览示意图

（5）三维模型管理

交付平台支持来源于不同三维设计系统的三维模型的组合查看。可以直接在网页浏览器中浏览三维模型，不依赖源系统（软件）的可视化功能。在网页浏览器中实现对三维模型的旋转、缩放、剖切、隔离、测量、标注等可视化操作，如图2-40所示。可以直接在网页浏览器中实现对三维模型点到点的测量。在测量时，支持多种测量方式，比如：点到点、法向距离、最短距离、角度、直径等。

交付平台中，点击任何一个与模型相关联的对象，将在可视化模型中高亮显示点击的对象，同时打开该对象的相关信息。在三维模型中点击任何可视化对象，将展示该对象的相关信息。可以设置任意运行轨迹展示数字化工程三维实景，并能够同步录像，以便于对外展示。

用户能以动画的形式记录并回放保存漫游路径，回放过程中可以随时暂停，以实现定制化漫游路径的展示，可以用于新员工培训，辅以标注等功能实现开停车等特殊工艺过程的演示或者用于整体装置的展览。

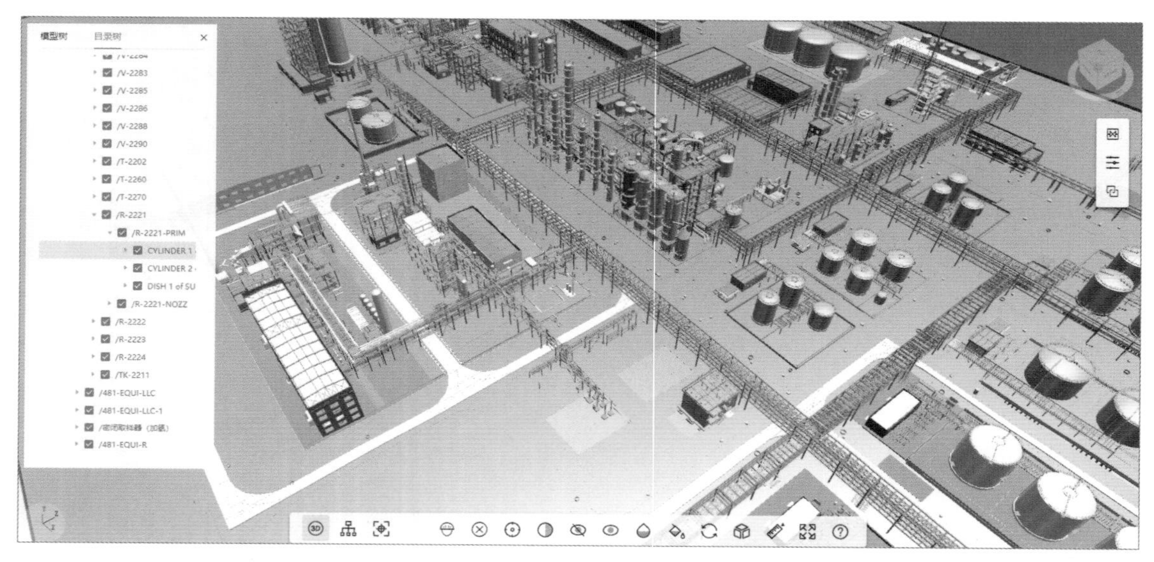

图2-40　三维模型管理示意图

(6) 图纸管理

可以在交付平台中浏览图纸（如DWG、PDF格式等），也可以直接在网页浏览器中浏览，不依赖源系统（软件）的可视化功能，如图2-41所示。

(7) 智能P&ID管理

使用智能P&ID设计软件绘制的智能P&ID图纸在发布到交付平台后有如下特点：

① 可以直接在交付平台中浏览，不依赖源系统（软件）的可视化功能。

② P&ID图纸中的工厂对象是带热点的，在图纸中点击图形可以打开该工厂对象的相关信息。

③ 在P&ID图纸中，点击任何一个

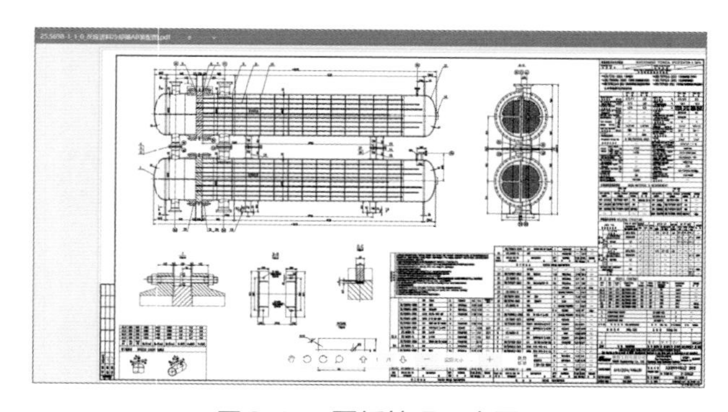

图2-41　图纸管理示意图

对象，将在可视化图纸中高亮显示点击的对象，同时打开该对象的相关信息。

④ 支持“热点化”浏览，即所有工厂对象在图文档中都是高亮、可点击的，点击可以直接查看工厂对象的详细信息，包括属性参数、关联对象、关联文档、模型等。

⑤ 通过工厂对象打开关联P&ID时，能够定位放大到对象所在的位置，并高亮对象。

⑥ 支持从三维场景选择设备、管线、阀门及仪表，并跳转至P&ID等智能图档，系统自动定位到二维图形并高亮显示，如图2-42所示；同时支持选择P&ID等智能图档二维图形，并跳转至三维场景，如图2-43所示。

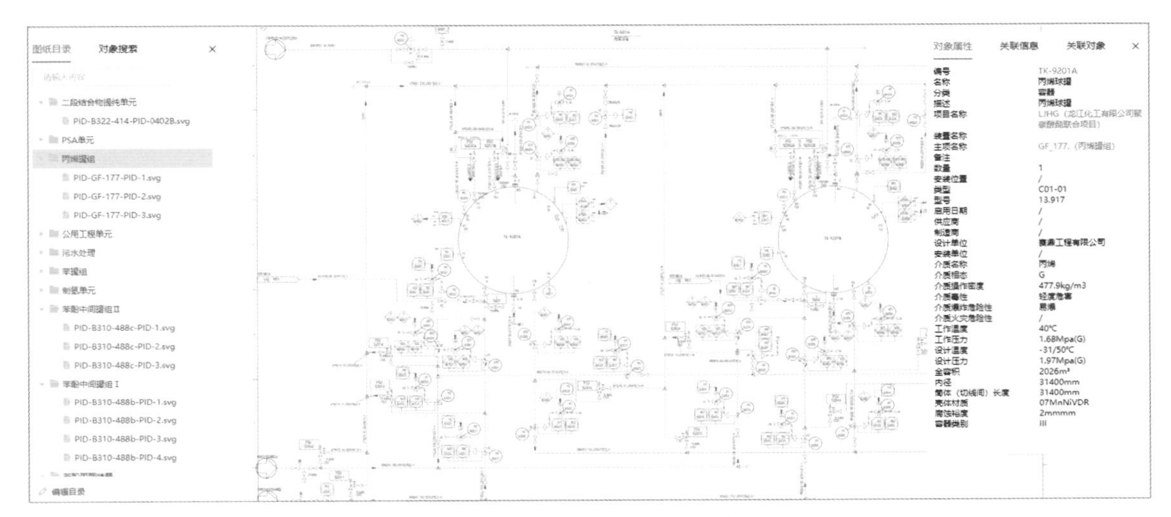

图2-42　智能P&ID管理示意图

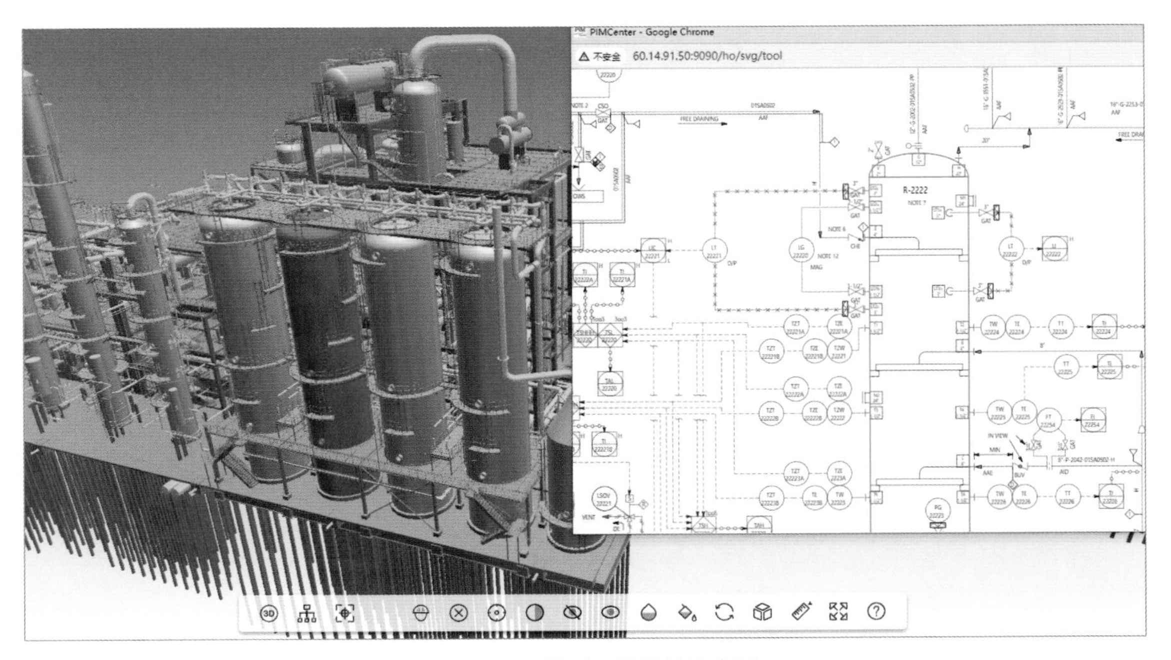

图2-43　三维到二维跳转示意图

（8）文档管理

文档可以直接在交付平台中浏览，不依赖源系统（软件）的可视化功能。

交付平台提供文档浏览、下载等文档相关基本操作，不允许用户对数据进行修改，并支持对文档相关操作按照用户权限进行管控。

（9）位号管理

具备面向设备、管线、仪表的位号管理功能，建立位号与相关图纸、工单、数据表等信息之间的关联关系，方便快捷地按位号搜索设备、仪表的所有相关数据以及对数据进行维护。通过三维模型、P&ID、图纸等中的热点，可以查看位号的相关详细信息。任何一个位号，均可以在一个界面中查看与之相关的所有信息，包括属性、P&ID、三维模型、布置图、数据表等。

（10）自动建立文档与位号关联关系清单

交付平台具有自动建立文档与位号关联关系清单的功能。通过使用全文检索等技术，对各种源格式文档（AutoCAD、Excel、Word等）进行分析，按照正则表达式对位号进行匹配，并自动建立位号与文档的关联关系，如图2-44所示。

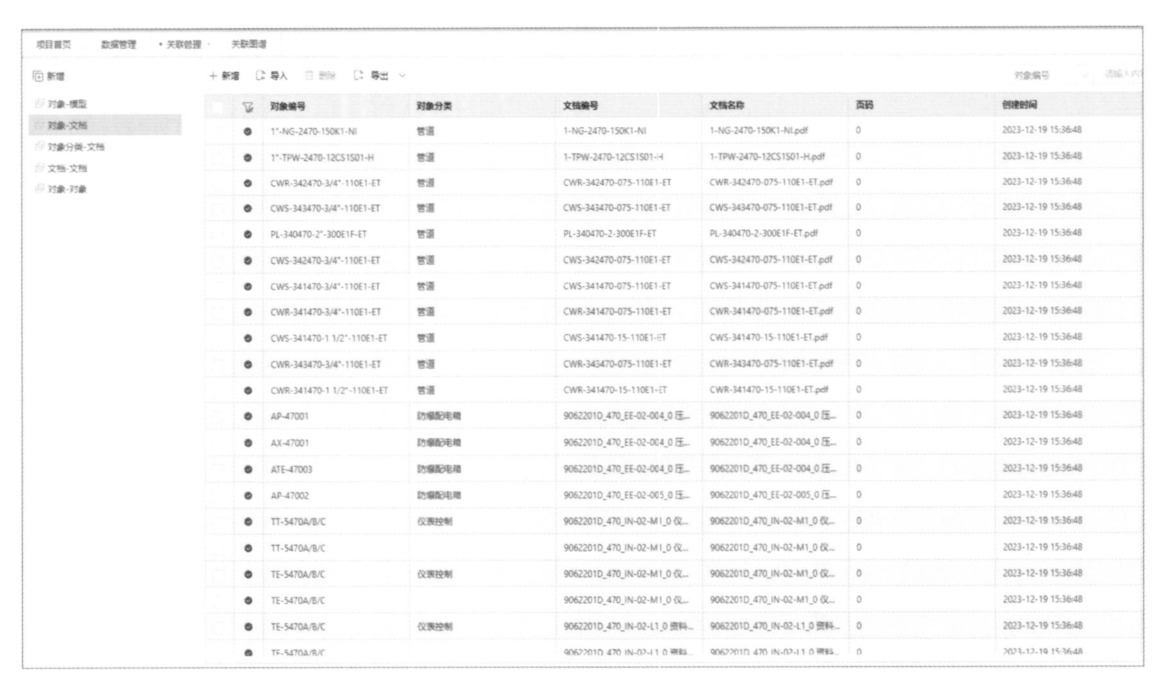

对象编号	对象分类	文档编号	文档名称	页码	创建时间
1"-NG-2470-150K1-NI	管道	1-NG-2470-150K1-NI	1-NG-2470-150K1-NI.pdf	0	2023-12-19 15:36:48
1"-TPW-2470-12CS1S01-H	管道	1-TPW-2470-12CS1S01-H	1-TPW-2470-12CS1S01-H.pdf	0	2023-12-19 15:36:48
CWR-342470-3/4"-110E1-ET	管道	CWR-342470-075-110E1-ET	CWR-342470-075-110E1-ET.pdf	0	2023-12-19 15:36:48
CWS-343470-3/4"-110E1-ET	管道	CWS-343470-075-110E1-ET	CWS-343470-075-110E1-ET.pdf	0	2023-12-19 15:36:48
PL-340470-2"-300E1F-ET	管道	PL-340470-2-300E1F-ET	PL-340470-2-300E1F-ET.pdf	0	2023-12-19 15:36:48
CWS-342470-3/4"-110E1-ET	管道	CWS-342470-075-110E1-ET	CWS-342470-075-110E1-ET.pdf	0	2023-12-19 15:36:48
CWS-341470-3/4"-110E1-ET	管道	CWS-341470-075-110E1-ET	CWS-341470-075-110E1-ET.pdf	0	2023-12-19 15:36:48
CWR-341470-3/4"-110E1-ET	管道	CWR-341470-075-110E1-ET	CWR-341470-075-110E1-ET.pdf	0	2023-12-19 15:36:48
CWS-341470-1 1/2"-110E1-ET	管道	CWS-341470-15-110E1-ET	CWS-341470-15-110E1-ET.pdf	0	2023-12-19 15:36:48
CWR-343470-3/4"-110E1-ET	管道	CWR-343470-075-110E1-ET	CWR-343470-075-110E1-ET.pdf	0	2023-12-19 15:36:48
CWR-341470-1 1/2"-110E1-ET	管道	CWR-341470-15-110E1-ET	CWR-341470-15-110E1-ET.pdf	0	2023-12-19 15:36:48
AP-47001	防爆配电箱	9062201D_470_EE-02-004_0 压...	9062201D_470_EE-02-004_0 压...	0	2023-12-19 15:36:48
AX-47001	防爆配电箱	9062201D_470_EE-02-004_0 压...	9062201D_470_EE-02-004_0 压...	0	2023-12-19 15:36:48
ATE-47003	防爆配电箱	9062201D_470_EE-02-004_0 压...	9062201D_470_EE-02-004_0 压...	0	2023-12-19 15:36:48
AP-47002	防爆配电箱	9062201D_470_EE-02-005_0 压...	9062201D_470_EE-02-005_0 压...	0	2023-12-19 15:36:48
TT-5470A/B/C	仪表控制	9062201D_470_IN-02-M1_0 仪...	9062201D_470_IN-02-M1_0 仪...	0	2023-12-19 15:36:48
TT-5470A/B/C		9062201D_470_IN-02-M1_0 仪...	9062201D_470_IN-02-M1_0 仪...	0	2023-12-19 15:36:48
TE-5470A/B/C	仪表控制	9062201D_470_IN-02-M1_0 仪...	9062201D_470_IN-02-M1_0 仪...	0	2023-12-19 15:36:48
TE-5470A/B/C		9062201D_470_IN-02-M1_0 仪...	9062201D_470_IN-02-M1_0 仪...	0	2023-12-19 15:36:48
TE-5470A/B/C	仪表控制	9062201D_470_IN-02-L1_0 资料...	9062201D_470_IN-02-L1_0 资料...	0	2023-12-19 15:36:48
TE-5470A/B/C		9062201D_470_IN-02-L1_0 资料...	9062201D_470_IN-02-L1_0 资料...	0	2023-12-19 15:36:48

图2-44　自动位号关联示意图

（11）信息检索

平台具有较强的数据检索能力，提供多种查询方法，可以依据分类原则在树状目录结构中直接查找，自动统计出该目录下所包含查询项的个数，并罗列出全部位号信息，如图2-45所示；依据位号编码规则，采用通配符模糊查找；使用详细的查询对话框，选择输入多种属性作为查询条件，进行组合精确查询；属性查询支持通配符模式的模糊查询。

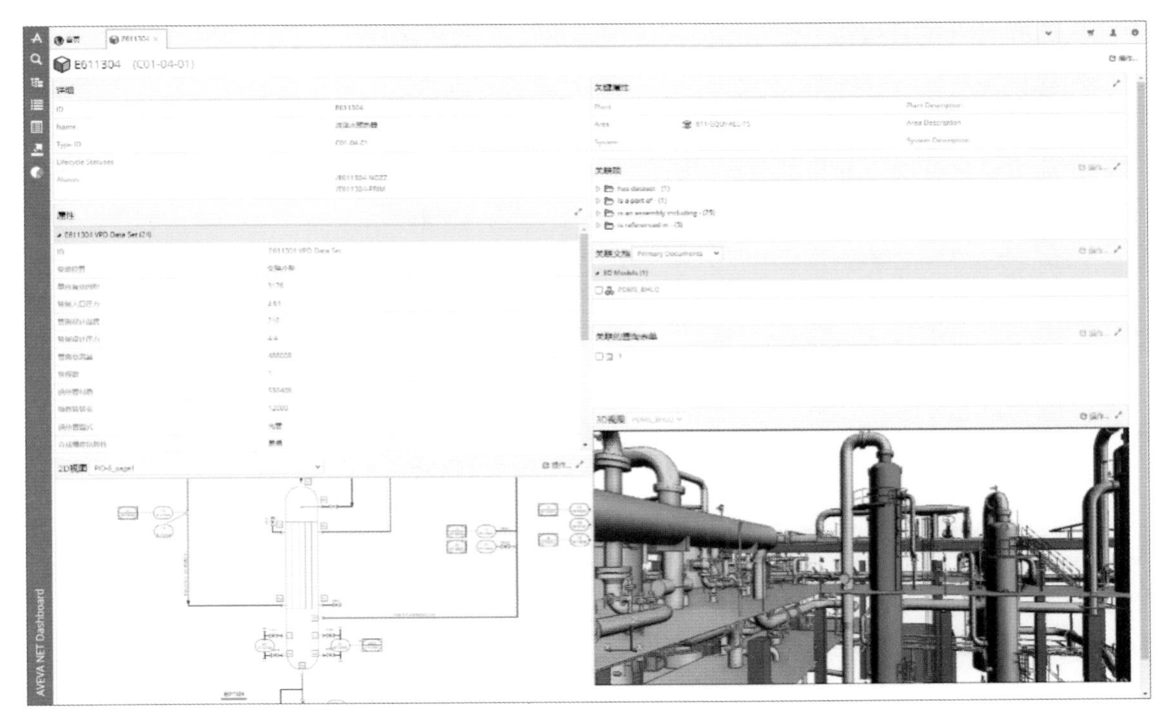

图2-45 信息检索示意图

2.5 数字化运维

数字化运维是指利用数字技术和信息化手段基于数字化交付平台对设备、工艺和运营过程进行监控、管理和维护，进而达到提高运维效率、降低运维成本、缩短故障处理时间、提高问题解决速度，预测和预防潜在的运维风险等。数字化运维的核心是数字信息的全方位传递。

数字化运维管理系统具体包含以下几个方面：

（1）数字化生产管理

通过数字化技术，优化和改进生产过程和操作，使企业更好地优化生产计划、监控生产过程、实时采集和分析生产数据，并实现与生产设备、供应链和物流系统之间的实时协同。它涵盖了从产品设计到生产调度的整个生产过程，并利用数字技术来实现数据的实时交流、协调和管理，帮助企业实现生产过程的自动化、智能化和柔性化，提高生产效率和质量。

（2）数字化供应链管理

利用信息技术和数字化工具来优化和改进供应链相关的流程和操作。它涵盖了从采购原材料到产品或服务交付的整个供应链过程，并利用数字技术来实现数据的实时交流、协调和管理。其目标是提高供应链的效率、灵活性和可视性，从而更好地监控和管理库存、预测需求、优化物流运输、协调供应商关系，并与供应链各方实现实时的信息共享和协同工作。

（3）数字化资产管理

数字化资产管理包括资产跟踪和监控、资产维护和维修、资产优化和配置等。其目标是实现对资产的有效管理，减少浪费和损失，提高企业的经济效益和竞争力。通过数字化技术，企业可以更好地追踪和管理资产的位置、状态和价值，实现对资产的全面监控和协调，降低资产管理成本和风险。

（4）数字化安全管理

数字化安全管理包括信息安全政策制定、员工培训和意识教育、安全漏洞扫描和修复、安全事件响应和恢复等，确保企业的信息系统、网络设备、应用程序的保密性、完整性和可用性。通过网络安全、数据加密、访问控制、漏洞管理等数字化技术，企业可以使用建立安全的网络基础设施、实施安全的身份验证和访问控制机制、进行实时的威胁监测和漏洞修补等策略，以预防、检测和应对各种安全威胁及风险。

总之，数字化运维管理系统可以实现对设备状态、运行参数、故障信息等进行实时监测和分析，帮助运维人员及时发现设备异常和故障，并采取相应的措施进行修复。同时，系统还可以进行设备维护计划的制定和执行，提供设备维护记录和报告，提高设备的可靠性和可用性。此外，数字化运维管理系统还可以通过数据分析和模型预测等技术，对设备进行性能评估和优化，优化运行策略，降低能耗和维护成本，提高设备的效率和生产能力。可以认为，数字化运维管理是智能化生产管理的前提和初级阶段。

思考题

2-1　谈谈你对数字工厂的理解。

2-2　数字化交付和数字化运维与数字工厂有什么关系?

2-3　数字化设计与传统化工工程设计有什么区别?

2-4　数字化交付与传统工程交付有什么区别?

2-5　数字化交付需要交付的内容都有什么?

2-6　如何理解数字化运维的核心是数字信息的全方位传递?

2-7　数字化运维的核心是什么?

2-8　数字化运维管理系统的作用都有什么?

2-9　数字化交付平台应具备什么功能?

2-10　你认为数字工厂在整个智能化建设上起到了什么作用?

第3章
化工虚拟工厂

内容提要

化工虚拟工厂是利用数学模型和分析技术在三维环境中进行生产规划、设施监控、运行优化与活动预测的集成仿真模型，是将现代数字制造技术与计算机仿真技术相结合，在虚拟空间再现一个实体工厂，以便进行模拟、测试和优化等操作。虚拟工厂是实现数字孪生工厂的核心。在数字孪生工厂中，每个真实的生产线都有一个虚拟的数字孪生模型。这个模型对真实生产线进行了高度精确的模拟，包括设备、物料流动、工序和产品质量。通过将虚拟模型与实际生产线实时地连接起来，企业可以实时监测和控制整个生产过程，通过人工智能技术来优化生产调度和资源配置，进而通过大数据分析来挖掘生产过程中的潜在问题，并采取相应措施加以改进，使得生产线能够快速调整和优化，以适应市场需求的变化，提高生产效率和产品质量。

本章首先指出虚拟工厂是一种计算机集成模型，是与实体工厂一一映射，具备仿真、管理和控制实体工厂关键要素功能的模型化平台。进而按照虚拟工厂基本架构的三个层面展开阐述，即互联互通层、模型层和应用层。模型是虚拟工厂和数字孪生的核心，因此，本章的重点是虚拟工厂的模型层，包括工艺模型、控制模型、经济模型以及优化模型等。为了深入理解本章的基本理论和虚拟工厂的应用价值，本书末尾还附上化工虚拟工厂课程设计任务书，希望学生通过稳态流程模拟和动态流程模拟理解模型及建模的重要性。

虚拟工厂（virtual factory）作为一种计算机集成模型，能够结合物理生产系统精确展现生产系统的整个结构，模拟其运转过程的物理行为和逻辑行为。虚拟工厂是对所有目前和未来生产系统中产品、过程及控制进行的建模。在现场信息和控制数据下发之前，大部分物理生产系统能够在虚拟生产环境中得到验证，能够发现生产过程中存在的问题，并提前进行优化和改进，避免了实际生产中的浪费，降低了成本。

数字孪生是将虚拟工厂与实体工厂的运行信息相连，通过实时数据交互等技术来实现物理工厂的在线监控、操作和维护等目的。同时，在虚拟工厂中进行模拟测试时，也可以借助数字孪生所提供的实时数据进行优化调整。此外，数字孪生还可以对虚拟工厂中的各项操作进行监测与控制，实现智能化生产方案的制定和实施。虚拟工厂和数字孪生的结合，不仅有助于提升工厂的生产效率和质量水平，还可以降低工业生产中的成本和风险，进一步推动工业革命的发展。

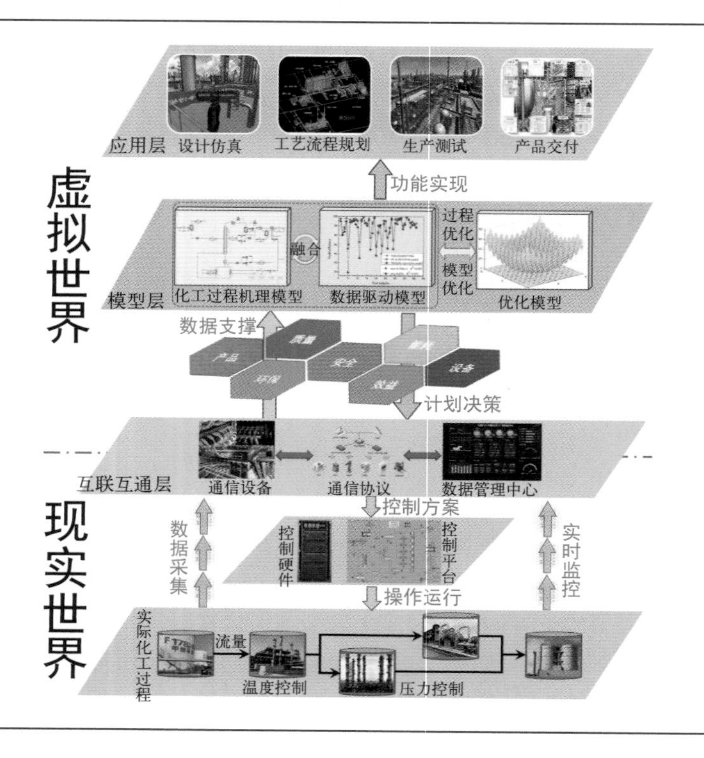

3.1　虚拟工厂架构

虚拟工厂是映射实体工厂，具备仿真、管理和控制实体工厂关键要素功能的模型化平台。依据2021年10月11日国家标准化管理委员会发布，并于2022年5月1日实施的《智能制造 虚拟工厂参考架构》（GB/T 40648—2021），虚拟工厂参考架构如图3-1所示，应包括互联互通层、模型层、应用层三层架构，并与物理层实时交互更新。

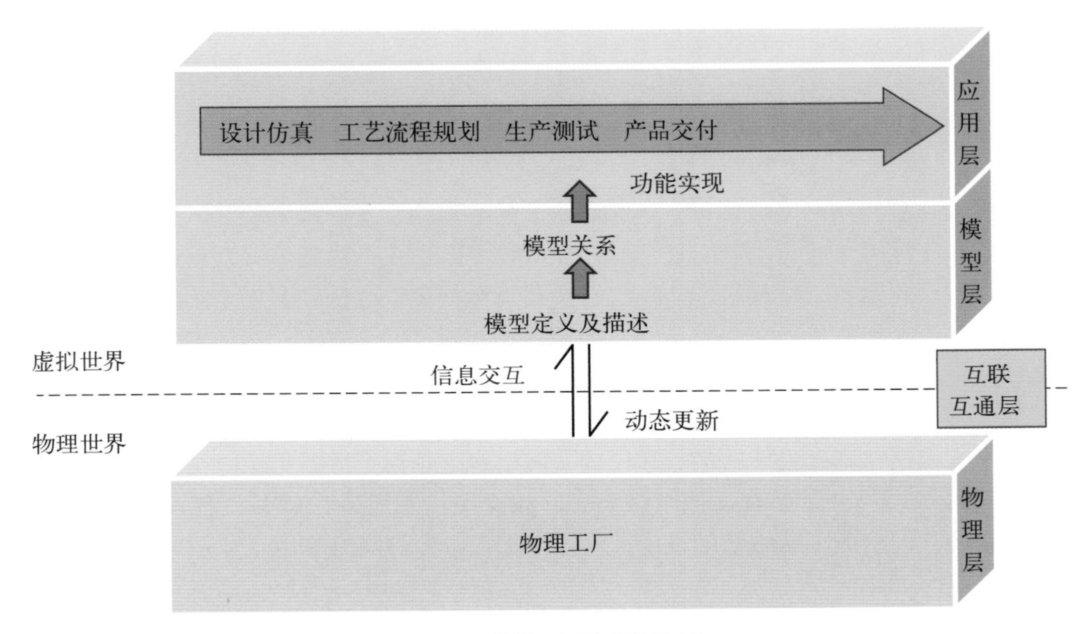

图 3-1　虚拟工厂参考架构图

实体工厂的实际内容是虚拟工厂参考架构的整体基础。虚拟工厂应根据实体工厂的实际情况建设虚拟工厂信息模型。

互联互通层作为实体工厂和虚拟工厂的交互渠道，包括通信协议、交互接口等内容，实现现实世界与虚拟世界之间的实时信息交互，形成动态更新机制，以保证建立的虚拟工厂满足使用需求。

模型层是根据实体工厂实际情况建立的虚拟工厂信息模型，一般可分为模型定义及描述、模型关系两个部分。模型定义及描述规定了虚拟工厂的关键要素信息模型的分类及内容，包括虚拟工厂各组成要素的静态信息和动态信息的信息模型库。模型关系需对不同信息模型间的关系给出通用性要求，并可通过建立多层级不同模型关系组合形成模型组合库的方式实现虚拟工厂功能。

应用层中的不同功能可通过对不同模型多层级的模型关系组合的方式实现。参照工厂运行和维护阶段产品生命周期的主要功能，应用层可依次划分为设计仿真、工艺流程规划、生产测试、产品交付4个阶段。

综上，虚拟工厂是整个实体工厂（实体工厂和工业物联网以及信息化应用系统中所有物理设备的集合）的映射，其核心是利用建模技术建立与物理过程（环境）相似的数字化过程

（环境），然后利用仿真的方法对该过程（环境）进行评估和优化，实现优化工艺方案并指导智能化工厂的建设，最终形成企业的数字资产。

3.2 互联互通层

虚拟工厂的互联互通层主要是数据通信层面的架构，包括网络基础设施、通信协议、数据集成技术、安全技术和数据管理技术等。

3.2.1 网络基础设施

网络基础设施包括网络通信设备、服务器、网络存储设备、网络软件、网络线缆等。这些设备为虚拟工厂提供稳定的网络通信基础，并使不同系统、设备能够互相连接。其中，网络通信设备包括路由器、交换机、防火墙、负载均衡器等，这些设备用于实现数据传输、网络分流、网络安全等功能；服务器用于存储、处理和提供网络服务，服务器的种类包括Web服务器、数据库服务器、邮件服务器、文件服务器等；网络存储设备是指用于管理和存储网络数据的设备，如网络硬盘、NAS设备等；网络软件包括网络操作系统、网络协议、应用程序等，用于支持网络基础设施的运行和管理；网络线缆是用于数据传输的物理媒介，包括以太网线、光纤等。另外，还有其他网络设备，如无线接入设备、VPN设备、网络监控设备等。这些设施共同构成了网络基础设施，支撑了工业中各种网络应用。

3.2.2 通信协议

通信协议是计算机通信时用于确定数据传输方式、数据格式和传输协调的规则集合。通信协议定义了不同计算机或网络实体之间的通信语言，为不同设备、系统之间的信息传递提供规范，使不同厂商、系统之间能够互相通信，协同工作并共享信息。

工业中常见的通信协议包括：

① Modbus是一个开放的通信协议，广泛应用于工业自动化领域。它支持串行和以太网通信，并且适用于多种不同的设备。

② Profibus是一种广泛使用的工业网络协议。它支持传输数据、控制和诊断信息，是基于总线结构的高速、可靠数据通信网络。

③ CAN（Controller Area Network）是一种高可靠性、实时性强的串行通信协议，广泛应用于汽车、工业控制、机器人等领域。

④ Ethernet/IP是一种基于以太网的通信协议，被广泛应用于工业自动化领域。它可以连接多个设备，支持实时控制和监视。

⑤ DeviceNet是一种基于CAN总线的工业网络协议，它支持端到端通信，并且可以连接多种设备，例如传感器、执行器、马达等。

⑥ Profinet是一种基于以太网的工业通信协议，主要用于在工业生产中进行数据交换。

它支持实时通信和远程诊断。

3.2.3 数据集成技术

数据集成技术是将来自不同设备、系统中的数据进行整合，形成一个供整个工厂使用的数据集合。在工业中，数据集成技术有很多种，以下是其中一些常用的技术。

① ETL（extract, transform, load）技术：ETL技术是数据集成最常用的技术之一。它包括从不同的数据源提取数据，进行数据转换，并将数据加载到目标系统中。

② 数据仓库技术：数据仓库技术可以将不同的数据源整合在一起，以支持企业管理和决策制定。数据仓库可以存储大量的数据，并提供数据挖掘和分析功能。

③ 数据虚拟化技术：数据虚拟化技术可以让不同的数据源在逻辑上合并在一起，以实现数据一致性和数据访问的统一性，而不需要实际整合所有数据。

④ ESB（enterprise service bus）技术：ESB技术用于连接不同的应用程序和服务，使它们能够互相通信并共享数据。通过ESB技术可以实现企业内部数据的整合和互联互通。

⑤ 数据集成平台技术：数据集成平台技术提供了一种集成不同的数据源和数据格式的平台。它可以为企业提供高效、可靠和安全的数据整合服务。

3.2.4 安全技术

虚拟工厂中的安全技术指的是针对虚拟化环境中的应用、网络、数据和设备等各种资源进行保护和管理，以及在虚拟工厂的信息传递过程中，保证敏感数据不被窃取、篡改、破坏的技术手段。具体包括以下内容。

① 虚拟网络安全：虚拟网络是虚拟工厂的重要组成部分，对其进行保护是非常关键的。虚拟网络安全主要包括加密通信、访问控制、虚拟网卡防火墙等技术。

② 虚拟机安全：虚拟工厂中的应用程序通常运行在虚拟机中，因此虚拟机安全也是重要的。虚拟机安全涉及操作系统、硬件、构建环境等方面，需要采取一系列技术手段来确保其安全。

③ 数据安全：虚拟工厂中的数据涉及机密性、完整性和可用性等方面的保护。数据库加密、数据备份、数据冗余等措施都是关键的数据安全措施。

④ 虚拟环境监控：虚拟工厂中的各种资源都需要进行监控和管理，以便及时发现和处理安全问题。虚拟环境监控包括物理资源监控、网络流量监控、应用程序行为监控等。

⑤ 访问控制：虚拟工厂中的各种资源都需要进行访问控制，以确保只有授权用户和程序可以访问。权限管理、身份认证、多重认证等技术都是访问控制的重要手段。

通过综合运用这些技术手段，虚拟工厂可以有效地保护其应用程序、数据和网络等各种资源的安全，从而提高生产效率和安全性。

3.2.5 数据管理技术

数据管理技术是指在各种信息和数据存储中使用的技术，以确保数据的有效管理和保护。数据管理技术包括数据库管理系统（database management system，DBMS）和数据仓库，以及对数据进行备份和恢复的技术、数据安全和隐私保护技术、数据质量管理技术等。数据管理技术还可以包括数据挖掘、大数据分析和人工智能技术，以帮助组织更好地使用和利用其数据资源。近年来，随着大数据的迅速发展和普及，数据管理技术变得越来越重要，并且已成为各个行业和企业的核心业务之一。其主要包括以下几个方面。

① 数据库管理系统（DBMS）：一种软件系统，用于管理和组织数据资源。DBMS可以提供数据安全、事务控制、数据一致性、数据备份和恢复等功能。

② 数据仓库（data warehouse）：一种设计用于支持企业中的决策支持系统（DSS）和商业智能（BI）的数据集合。

③ 数据挖掘（data mining）：从大型数据集中发现隐藏的模式、规律和知识，包括对数据进行分析、分类、聚类、关联、预测和可视化等技术。

④ 数据备份和恢复：创建并存储重要数据的备份，以防止数据丢失或损坏，并通过恢复手段恢复数据。

⑤ 数据质量管理：保证数据的准确性、一致性、完整性、及时性、可用性和可靠性。

⑥ 数据安全与隐私：包括数据加密、访问控制、身份认证、数据审计和监控等技术，以确保数据不被未授权的人员访问或修改。

⑦ 大数据技术：处理和分析大规模、高维度、高速率等数据，包括分布式系统、并行计算、云计算等技术。

3.3 模型层

虚拟工厂的核心是模型层。化工虚拟工厂模型层的核心要义就是要构建精确的化工过程的数学模型，即用数学表达式来描述所研究的对象。数学模型就是物理实体的数学抽象，即关联研究对象的输入、输出以及一系列参数的数学方程式。数学模型通常是一组线性（或非线性）代数方程（或微分方程），或者由这些不同类型的方程混合组成的复杂方程组，它完全不同于原始对象的实体，但又与研究对象在一定的范围内高度吻合，并便于在计算机上实施与实体等效的运作。化工虚拟工厂模型层数学模型的建立正确与否及准确程度直接影响到模拟和优化的成功，因此化工虚拟工厂模型层数学模型的建立在实现智能化工厂建设过程中占有极重要的地位。

由于化学加工是最为复杂和庞大的工业过程，因此，化工领域的建模问题也最复杂，涉及的模型种类也最多。化工虚拟工厂模型层数学模型中涉及的模型主要包括对于化工过程所构建的工艺模型、控制模型、经济模型、能耗模型、环境模型、优化模型等几大类。结合模型层中的模型以及模型之间的关系可以实现化工虚拟工厂的各种功能。

3.3.1 模型层数学模型建立方法

根据建模过程对系统知识和过程数据的需求关系，构建化工虚拟工厂模型层数学模型的方法可以分为机理建模、数据驱动建模以及混合建模三种方法。本节将简要介绍这三种建模方法的基本原理，并对各自的优缺点进行系统评述。

（1）机理建模

机理模型，是在详细分析对象过程内部知识理论的基础上，依据对象过程中的物理特性、化学机理及各种质量、能量平衡方程、状态方程等，推导出操作变量、状态变量与输出变量之间的内部结构和函数关系，从而建立估算目的参数相对准确的数学模型，一般模型结构如图3-2所示。

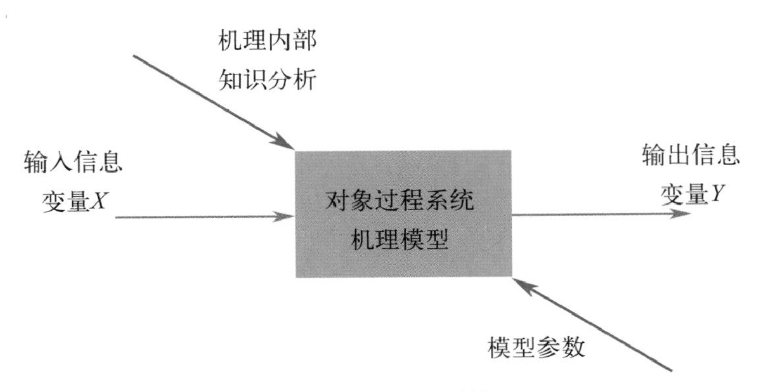

图3-2 机理模型结构图

机理建模实质上就是将系统分解至已知公理可以解释的程度再进行相应的数学描述。事实上这是很难做到的。这主要是由于目前人类现有科学技术对世界的认知是有限的，并非对所有自然现象都能穷尽其奥秘。此外，现代科学对自然规律尤其是微观规律的数学描述往往过于复杂，远离工程实际。尤其是当某一层面的机理掌握并不深刻时，如果继续在更加微观层面上深究其更加深刻的机理，则无法定量掌握的、更加难以确定的因素就会越来越多。因此，在机理建模过程中，完全可以在一定的公理指导下，对系统的部分未知物理规律进行某种有意义并有可能成立的猜测，利用某种虽未成为公理（即定律），但有一定依据的学说或假说，建立适当的简化和假设，忽略影响系统功能、状态的次要因素，最终建立整个系统的数学模型。对于机理中涉及的那些略为模糊的因素，用尽量少的待定系数即模型参数给以解决。

在建立机理模型的过程中，最重要的原则是了解对象、熟悉相关的物理规律和专业知识，掌握扎实的数学、物理基本功，思路开阔，灵活运用。建模时首先要进行系统分析或物理分析。工作的思路一般是选定研究对象，明确系统与环境，明确系统的功能及与环境的信息交换；再进一步研究系统的物理规律，结合实际的需要，建立适当的简化、假设，忽略次要因素；最后在适当的简化、假设基础上，分解系统，划分子系统及确定诸子系统间的联系，直至各子系统都可以运用所熟悉的原理或假设给予解释和描述。然后，在系统分析的基础上进行数学推演，即先写出各子系统的有关数学表达式及各子系统相互联系的表达式，形成系统数学模型的雏形或原始形式。再根据模型求解与使用的需要对原始表达式进行推导、演算、整理、化简，得到表达清晰、便于理解和计算的数学模型。

虽然机理建模的方法在流程工业方面得到了相当广泛的应用，但运用机理建模技术仍存在很多不足之处。首先，在构建机理模型时，需要对所研究的过程及对象有足够全面、清楚、可信赖的先验知识，事实上，大多数过程或研究对象是十分复杂的，对其机理尚未全面清晰地认识，难以准确表达系统行为和性能；其次，建立在很多假设和简化基础上的理论分析，仅能够在某种程度展示实际过程，这就使得建立的机理模型与客观事实之间存在相当的偏差，在一定程度上限制了机理模型的应用范围，因此基于有限的机理知识所建立的过程模型，可靠性有待进一步提高；加之机理模型求解一般比较困难（由于机理模型通常涉及非线性或高阶代数方程组、微分甚至偏微分方程组等），当模型结构庞大时，模型求解过程复杂，计算时间成本增加，无法满足在线实时估计的要求。

（2）数据驱动建模

数据驱动建模是一种以数据作为基础的建模方法，它降低了对物理系统的理论分析和假设的依赖，不需要对建模对象拥有足够的先验知识，也不需给出明确的数学表达式，只需通过输入输出数据直接进行映射关系的拟合，直接推导出对应的数学模型，并对系统进行预测和分析。数据驱动模型不涉及建模对象的内部机理，整个建模过程类似于一个黑箱，因此数据驱动模型也称为黑箱模型，其模型结构如图3-3所示。

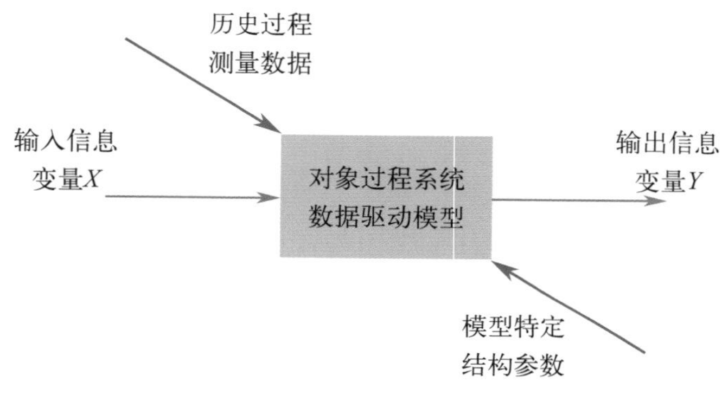

图3-3　数据驱动模型结构图

目前，数据驱动建模方法主要分为基于回归分析以及系统辨识的建模方法。

① 基于回归分析的建模方法

回归分析作为一种数据集分析及软测量建模预测方法在化学、化工领域中有着广泛的应用。实际建模过程中存在大量可描述对象特性的变量，这些变量之间包含一定的相互关联信息，大量冗余信息的存在增加了建模难度。回归分析就是处理两种或两种以上变量间相互关系的数理统计学方法，可用于考查变量间的数理变化规律，并通过多形式的回归方程反映这种关系，对处理数据的相互关系作出规律性的总结，有助于准确把握变量受其他某一个或某几个变量影响的程度。本质上是运用统计的方法将给定测试数据中隐含的对象信息进行浓缩和提取，从而建立目的参数与辅助参数之间的条件期望函数关系。

为了直观判断出变量之间的相关性强弱或是否存在线性关系，通常需要借助统计学原理中的相关性分析确定相关系数值，诸如Spearman相关分析、Pearson相关系数等。目前，回归分析方法已经有数十种之多，近年来比较流行的方法主要是偏最小二乘法（PLS）、主元分析（PCA）和主元回归（PCR）等，并在原有基础上提出了一些改进的回归方法。

基于回归分析的方法多局限于解决操作点波动范围较小的线性或弱非线性问题，非线性回归的技术和方法尚不成熟，若非必要，一般尽可能不采用非线性回归模型。另外，在回归分析中，选取何种回归表达式及何种因子等仅是基于某种推测，在一定程度上限制了回归分析的使用。

② 基于系统辨识的建模方法

辨识建模是通过将一系列测试信号输入实际过程，测试其响应，利用这些测试数据通过辨识的方法来建立过程的模型。由于辨识建模不需要对象的任何先验知识，测试信号可以是阶跃信号、脉冲信号、M序列信号、随机噪声信号等，而模型可以分为线性模型和非线性模型两类。

对于线性模型，已经建立起了一整套完整的理论体系。然而对于大型复杂对象，如何从众多测量变量中筛选出对输出有重大影响的变量作为辨识模型的输入，一直是辨识建模的一大难点。一种解决办法是凭借经验从中选取重要变量作为模型的输入，这需要对过程机理有比较深入的了解，同机理建模一样，有比较大的困难；另外一种办法则是利用回归分析和相关分析方法，从中选取重要变量作为模型的输入。

实际对象通常都具有非线性，而线性模型只适用于弱非线性对象，对于非线性较强的对象，线性模型只能在某一个操作区域内适用，而在其他操作区域则会存在较大的建模误差，因此有必要进行非线性建模方法的研究。非线性建模目前已经有所发展，但建立完整的理论体系还需要进行大量的研究工作。这一领域的主要研究任务在以下几个方面：闭环辨识、多输入多输出系统的辨识、非线性系统的辨识、系统辨识的工程应用等。

常见的非线性辨识工具，如多项式、神经网络、小波网络、B样条函数、Volterra级数和模糊系统，都是基于基函数的映射。

由以上数据驱动建模方法所述，数据驱动模型仅依靠对象的输入输出数据，不需要深入了解复杂过程的机理和描述对象特性的任何先验知识，模型通用性强，可较好地处理复杂或未知机理的系统。然而，由于这类建模方法对模型训练数据较为敏感，给模型应用带来了一定的局限性。训练样本数据通常仅描述了复杂过程中的某一些操作区域，一旦测试数据偏离训练样本数据给定范围时，会因数据未进行有效学习，导致这样训练得到的工艺指标软测量值与期望值之间偏差较大，拓延性较差。数据驱动模型仅能维持其训练数据范围内的预测精度，而现代化学化工过程普遍具有非线性、多变量和高维度等特点，使其难以满足准确预测效果的要求。

（3）混合建模

混合模型通常被称为灰箱模型，它是将描述过程对象特性的部分先验知识（即机理特性）和数据挖掘、机器学习等数学方法通过某种形式或方法合理地结合在一起，克服上述两种建模方法的自身局限性，寻求将这两种模型的优点组合起来，互为补充，其模型结构如图3-4所示。由于已知对象特性部分先验知识的一般有效性，所以这些机理模型能够在很大程度上把握对象过程特性变化的整体趋势，一般情况下，可预测系统的行为，从而明显降低了数据驱动模型对实验样本数据的依赖性。数据驱动模型可以看作是具有高度参数化结构的模型，原则上可以实现任何输入输出数据映射，一般情况下，模型在线测试时无法保证黑箱模型是否能预测识别训练样本的有效阈值之外的系统行为。所有已知关于过程机理的先验知识都用于构建机理模型，而未知或难以描述的部分运用数据驱动建模方法予以表示，两者结合互补共同完成模型构建，混合建模能够最大限度地减少代价高昂的实验费用，并满足对未知工艺机理的研究需求。

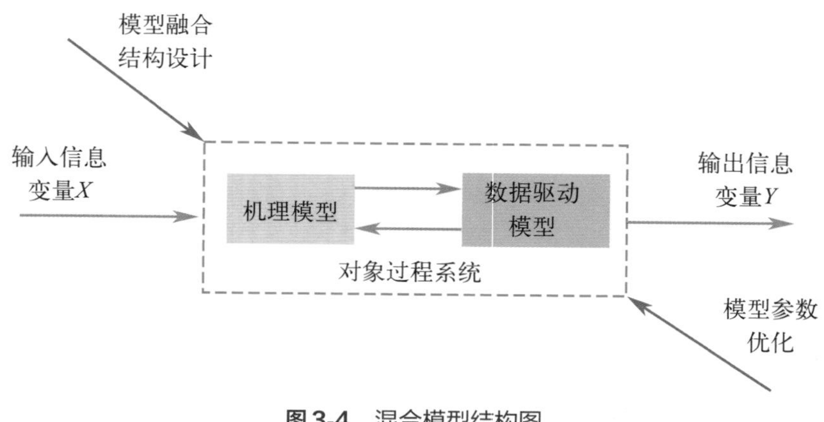

图3-4 混合模型结构图

混合模型是机理模型和数据驱动模型两者有效融合共同完成的模型构建。在构建混合模型时，首先要考虑模型整体结构设计。根据模型结构形式的不同，混合建模方法可分为串联型和并联型两种结构，分别如图3-5和图3-6所示。在串联型结构中，利用数据驱动模型估计未知的机理过程参数，并将参数估计值输入至机理模型，机理模型作为整体部分计算得到混合模型的输出。在并联型结构中，按照一定规则形式融合基于不同类型知识的机理模型与数据驱动模型，集成输出混合模型的计算值。

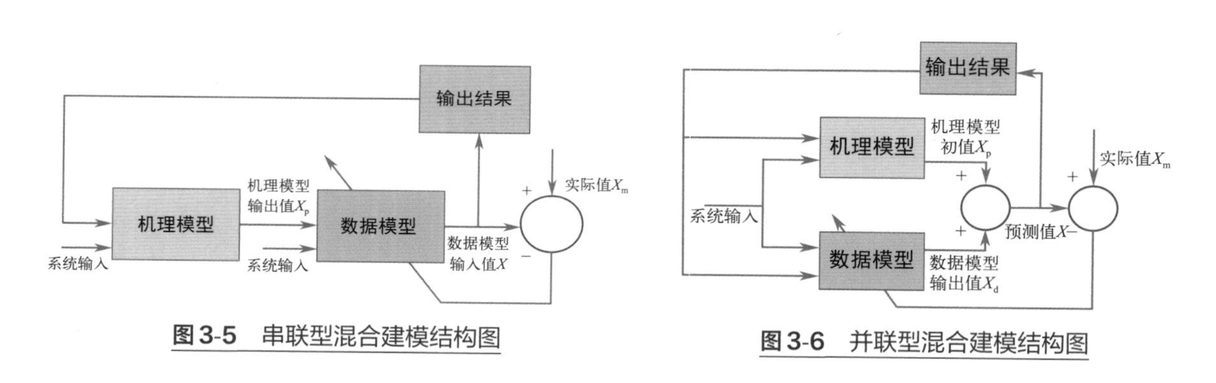

图3-5 串联型混合建模结构图

图3-6 并联型混合建模结构图

① 串联型混合建模

采用机理建模方法建立过程软测量模型的过程中，由于无法掌握全部过程机理知识，从而存在一些难以采用机理分析形式进行描述的过程参数，或者虽然能用机理分析形式描述该过程参数，但显著提高了软测量模型结构的复杂性。针对上述问题，可通过对这些过程参数进行黑箱化处理，即采用数据驱动建模方法建立过程参数的数据驱动模型，并将该模型融入整体机理模型结构中，从而建立一种串联型结构混合建模方法。采用该建模方法建立流程工业软测量模型，可显著降低模型的整体复杂性和提高模型的训练效率。

基于串联结构的软测量模型中的未知参数有些无法在线测量得到，从而增加了数据驱动模型的辨识难度。一般有两种数据驱动模型辨识方法：一种是直接法，即首先假设机理模型中的其他参数已知，然后根据过程测量数据估计未知参数，最后通过训练输入输出样本数据建立数据驱动模型；另一种方法是非直接法，也称为灵敏度法，不以待估计的未知参数作为优化目标，而是以软测量的主导变量作为优化目标进行数据驱动模型辨识。

采用串联型结构混合建模方法建立软测量模型，首先需要建立较完善的机理模型框架，因此该建模方法不适用于机理较为复杂的流程工业过程。为了建立具有良好性能的混合模型，需要通过训练大量高质量样本数据来建立数据驱动模型，当样本数据噪声较大且数据量较少时，如何保证数据驱动模型能提供可靠的估计是串联型结构混合建模方法的实施难点。

② 并联型混合建模

机理建模通常需要基于某些假设条件，若直接将该模型应用于实际过程中，难免存在模型预测误差。此外，因机理的复杂性以及各种扰动的不可预测性，机理模型有时也会存在难以描述的地方。为了提高整体模型的预测性能，可采用并联型结构混合建模方法。该建模方法的主要设计思路为：首先通过机理分析方法建立过程的机理模型，然后采用数据驱动模型表示过程中的未知部分，最后通过有效结合两种模型从而建立过程软测量模型。

采用并联型结构混合建模，由于引入了数据驱动建模方法，所以既降低了对机理模型结构的完整性要求，又保证了模型在某一范围内的预测精度，但也同时增加了模型的不确定性和不稳定性。采用数据驱动模型来解决机理模型误差补偿问题，具有较强的经验性，未能对机理模型误差做出合理解释。由于机理模型本身的偏差及过程数据的局限性，导致并联型结构混合模型的外推能力仍需进一步考察。

3.3.2　工艺模型

如前所述，由于数字化技术的长足进步，用计算机建立虚拟工厂的数学模拟来描述实际物理工厂，不但是当前进行系统研究的普适化方法，而且已成为生产操作运行的辅助方法。建立数学模型的目的是要找到尽可能简单的数学描述方法，使之能足够精确地描述所研究的工艺过程特性。对过程系统进行模拟，首先需要建立能够描述该过程系统性能的工艺数学模型。

在复杂的化工生产过程中，稳态过程只是相对的、暂时的，而实际过程总是存在各种各样的波动、干扰以及条件的变化。化工过程的动态变化是必须的，引起波动的因素主要有以下几类：①计划内的变更，如原料批次变化，计划内的高负荷生产或减负荷操作，设备的定期切换等；②事物本身的不稳定性，如同一批原料性质上的差异和波动，冷却水温度随季节的变化，随生产时间的延长而引起催化剂活性的降低，设备的结垢等；③意外事故，设备故障，人为的误操作等；④装置的开停车。所以，立足于物料及能量平衡的稳态模拟无论从设计上、培训上，还是生产运行上，许多方面均无法满足要求，必须借助于动态模拟。总的来说，稳态模拟是在装置的所有工艺条件都不随时间而变化的情况下进行的模拟；而动态模拟是用来预测当某个干扰出现时，系统的各工艺参数如何随时间而变化。就模拟系统构成而言，它们之间的比较见表3-1。

表3-1　稳态模拟和动态模拟的比较

稳态模拟	动态模拟	稳态模拟	动态模拟
仅有代数方程	同时有微分方程和代数方程	严格的热力学方法	严格的热力学方法
物料平衡用代数方法描述	物料平衡用微分方程描述	无水力学限制	有水力学限制
能量平衡用代数方法描述	能量平衡用微分方程描述	无控制器	有控制器

化工过程系统可能涉及各种不同类型的单元过程，将每个单元分别建立动态数学模型后，再将其组合成为一个工艺系统。一般动态模拟和稳态模拟选用的数学模型大致相同，区别在于对累积项的处理。

（1）基本模型

化工虚拟工厂模型层中工艺模型所涉及的基本模型主要有物性数据和热力学模型、反应动力学模型和传递过程模型等。现对以上所述模型进行简要概述。

① 物性数据和热力学模型

化工过程区别于其他工业过程（如机械的、电子的等）的重要一点是其中物料会发生种种状态的变化和组成的变化。为了进行这方面的分析，必然需要有这些物料的各种物性数据和相平衡数据。在实际的流程模拟计算过程中，涉及物性数据和相平衡数据的计算占有相当大的比重，有时甚至是整个计算过程的关键步骤。物性数据的来源及物性估算方法的详细内容可扫码阅读本书附录R-1。

由于存放在物性数据库中的往往是最基础的物性（如分子量、沸点、临界温度、临界压力、临界体积、偏心因子等），而流程模拟计算中用到的物性则是特定温度和压力下的性质，因此需要依靠物性计算的热力学模型来解决。在进行流程模拟时必须选择合适的热力学模型。流程模拟中几乎所有的单元操作模型都需要热力学性质的计算，迄今为止，还没有一个热力学模型能适用于所有的物系和过程。流程模拟中要用到多个热力学模型，热力学模型的恰当选择和正确使用决定着计算结果的准确性、可靠性和模拟成功与否。

根据液相混合物逸度计算方法的不同，气液相平衡的热力学模型可以分为两大类：状态方程模型和活度系数模型。状态方程模型使用状态方程来计算气相及液相的逸度，而活度系数模型则使用状态方程计算气相逸度，通过活度系数来计算液相的逸度。

在化工热力学中，状态方程（equation of state，EOS）具有非常重要的价值，它不仅可表示在较广的范围内p、V、T之间的函数关系，而且可用于计算不能直接从实验测得的其他热力学性质。了解状态方程的分类及主要特点可扫码阅读本书附录R-2。

虽然大多数状态方程对烃类溶液（属正规溶液，与理想溶液偏离较小）可同时应用于气、液相逸度计算，但对另一类生产中常见的极性溶液和电解质溶液，则由于其液相的非理想性较强，一般状态方程并不适用，该类溶液中各组分的逸度常通过活度系数模型来计算。活度系数模型的分类及主要特点可扫码阅读本书附录R-2。

② 反应动力学模型

反应动力学是研究化学反应速率以及各种因素对化学反应速率影响的学科。绝大多数化学反应并不是按化学计量式一步完成的，而是由多个具有一定程序的基元反应（一种或几种反应组分经过一步直接转化为其他反应组分的反应，或称简单反应）所构成。反应进行的这种实际历程称为反应机理。但由于化工过程种类繁多，有些过程（如物化反应，生化反应等）非常复杂，要想根据机理来建立准确、可靠的数学模型是非常困难的。一般来说，由化学反应机理方法得到数学模型后，还有一些问题亟待解决：首先，模型的形式一般比较复杂，往往具有非线性，或阶数很高，要将其用于控制实践，需加以简化或降阶，这样一来模型的精度往往很难保证。其次，对于某些特别复杂的过程，人们对其结构和支配其运动的机理只有某种程度的了解，甚至还很不了解，用机理方法建模会遇到很大的困难，因此机理模型的适用范围受到了一定的限制。最后，机理分析总是基于很多简化和假设之上，这就使得机理建模与实际过程之间有一定的误差。

按化学反应的不同特点和不同的应用要求，常用的动力学模型有：

a.基元反应模型。根据对反应体系的了解，拟定若干个基元反应，以描述一个复杂反应（由若干个基元反应组成的反应）。按照拟定的机理写出反应速率方程，然后通过实验来检验拟定的动力学模型，估计模型参数。这样得到的动力学模型称为基元反应模型。

b.集总反应模型。对于有成千上万种组分参加的复杂反应过程（如石油炼制中的催化裂化），建立反应动力学模型描述每种组分在反应过程中的变化是不可能的。近年来发展了集总动力学方法，将反应系统中的所有组分归并成数目有限的集总组分，所假设的反应必须足以反映反应系统的主要特征。根据集总组分的化学计量方程式，按标准形式（幂函数型或双曲线型）写出每个反应的速率方程，建立集总组分的动力学模型。再根据等温（或不等温）动力学实验的数据，估计模型参数。这种方法已被成功地用于某些比较复杂的反应过程，例如催化裂化、催化重整、加氢裂化等石油炼制过程。

c.经验模型。经验模型主要从实用角度出发，不涉及反应机理，以较简单的数学方程式对实验数据进行拟合，通常用幂函数表示，但是这种模型不能描述过程的内在规律，往往只能在实测范围内有效，外推性较差。

③ 传递过程模型

传递现象是自然界中普遍存在的现象。通常所说的平衡状态，是对物系内具有强度性质的物理量如温度、组分浓度等不存在梯度而言的。对于任何处于不平衡状态的物系，一定会有某些物理量由高强度区向低强度区转移。物理量向平衡状态转移的过程即为传递过程。在传递过程中所传递的物理量一般为质量、能量和动量等。质量传递是指物系中一个或几个组分由高浓度区向低浓度区的转移；能量传递是指热量由高温度区向低温度区的转移。由此可见，质量、热量与动量传递之所以发生，是由于物系内部存在浓度、温度和速度梯度。

在化工过程中，传递过程大多是在流体流动的状态下进行的，因此，流体流动与动量、热量和质量传递有非常密切的关系。动量、热量和质量传递是一种探讨速率的科学，三者之间具有许多类似之处，它们不但可用类似的数学模型描述，而且描述三者的一些物理量之间还存在着某些定量关系，这些类似关系和定量关系会使研究这三类传递过程的问题得以简化。

传递过程规律的研究常采用衡算方法，即依据质量守恒、能量守恒（热力学第一定律）和动量守恒（牛顿第二运动定律）原理，在运动的流体中选择一特定的空间范围进行质量、能量和动量衡算，导出有关的衡算方程来解决传递过程规律问题。

描述传递过程基本规律的数学模型就是传递过程模型。在传递过程中，对单组分流体流动系统或不考虑组分浓度变化的多组分流体流动系统进行微分质量衡算所导出的方程称为连续性方程，对流体流动系统进行微分能量衡算所导出的方程称为微分能量衡算方程或简称能量方程，对流体流动系统进行微分动量衡算所导出的方程称为运动方程，对组分浓度变化的多组分流体流动系统中某一组分进行微分质量衡算所导出的方程称为微分质量衡算方程或对流扩散方程。

依据守恒原理运用微分衡算方法所导出的连续性方程、能量方程、运动方程和对流扩散方程统称为变化方程。描述分子传递的现象方程即牛顿黏性定律、傅里叶定律和菲克定律又称本构方程。变化方程和本构方程是动量、热量和质量传递过程理论计算的基本模型方程。

传递过程模型的详细推导过程可扫码阅读本书附录R-3。

（2）稳态单元模型

过程系统是由各种单元操作组成的，因此各种化工过程单元操作的模型是过程系统模型的基础。在任何类型、任何做法的模拟中，单元模型方程必不可少，因此单元模型方程是最主要的一类方程。由于单元的种类很多，又涉及物性数据，因此这一类方程多数相当复杂，具体形式多种多样，数量也通常很多。一个稍微复杂的过程系统模型，所涉及的单元模型方程动辄成百上千，甚至更多。单元模型方程大体上可分为以下几类。

① 物料衡算方程：直接表达物料守恒关系的方程。

② 能量衡算方程：直接表达能量关系即热力学第一定律的方程。

③ 设备约束方程：每个单元作为一项特定的化工设备，其中进行的过程都将受到具体设备的约束，而使物料通过时按照特定的关系发生变化。表达这方面关系的方程，就是设备约束方程。这类方程中时常含有某些设备参数。例如分流器模型中，根据分流率（分流器的设备参数）计算两股（或多股）出口物流流量的方程，就属于设备约束方程。在推导这类方程时有时也要用到物料守恒或能量守恒的关系，但它们主要还是反映具体设备中的过程特点，这就是这类方程同前两类方程的主要区别。

④ 其他方程：如混合物中各组分的摩尔分数之和必须等于1的关系（又称作摩尔分数约束方程）等。如果物性关联式被写进方程组中，也可归入此类。

流程模拟过程中常用的设备单元包括：①钝性流体设备，如流股混合器和流股分割器等；②活性分离设备，如精馏塔、吸收塔、萃取塔等；③单级平衡级设备，如闪蒸器（等温闪蒸、绝热闪蒸等）；④压力变化设备，如泵、压缩机、膨胀机和节流阀等；⑤温度变化设备，如换热器、再沸器、冷凝器等；⑥化学反应器，如转化率反应器、化学计量反应器、平衡反应器等。

下面以反应器模型中全混流模型的构建过程为例，简单描述如何构建单元过程的模型方程。其他常见的单元模型如混合器、精馏塔、闪蒸过程、压缩机、换热器可扫码阅读本书附录R-4。

由于反应器的容积有限，物料在反应器中停留时间不长，不可能达到化学平衡，因此需要考虑化学反应速率。化学反应速率可用单位时间、单位体积内任一参加反应的物质的量来表示：

$$r_i = \pm \frac{\mathrm{d}n_i}{V\,\mathrm{d}\tau} \tag{3-1}$$

式中，n_i为组分的物质的量；V为系统体积；τ为时间。

若反应在恒容条件下进行，可用浓度c表示：

$$r_i = \pm \frac{\mathrm{d}c_i}{\mathrm{d}\tau} \tag{3-2}$$

式中，当反应物浓度降低时取负号，当反应物浓度增大时取正号。反应速率总是正值。

根据各反应速率方程的不同以及反应器结构形式的不同，可采用不同的方式对过程反应器进行模拟计算。

单个连续搅拌槽反应器的模型如图3-7所示。

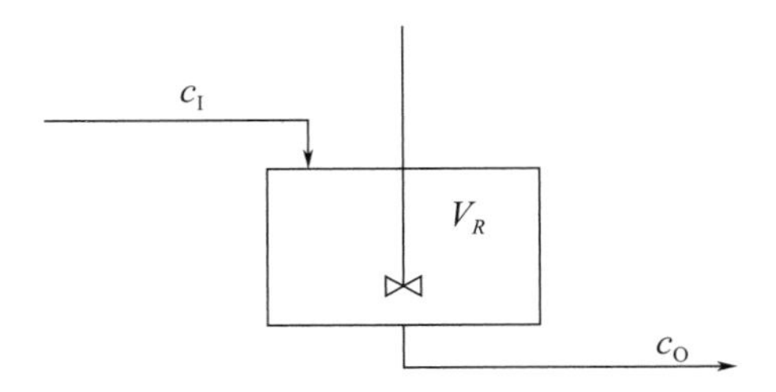

图3-7　连续搅拌槽反应器模型示意图

假定在反应器内混合均匀，进料流量及出料流量均为F（m^3/s），反应器体积为V_R（m^3），则反应器的停留时间τ为：

$$\tau = \frac{V_R}{F} \tag{3-3}$$

若反应体系共有R个反应，选组分k为参照组分，每个反应的速率相对k组分为r_{ik}，则对于每一组分的物料衡算方程为：

$$c_{Oj} = c_{Ij} + \tau \sum_{i=1}^{R} \frac{v_{ij}}{v_{ik}} r_{ik}, j = 1,2,3,\cdots,C \tag{3-4}$$

式中，c_{Ij}和c_{Oj}分别为组分j在反应器入口处和出口处的摩尔浓度，mol/m^3；c为反应体系中涉及的组分数。

将反应速率的表达式r_{ik}代入式（3-4）即可求出各组分的浓度c_{Oj}。令：

$$f(c_{Oj}) = \tau \sum_{i=1}^{R} \frac{v_{ij}}{v_{ik}} r_{ik} - c_{Oj} + c_{Ij}, j = 1,2,3,\cdots,C \tag{3-5}$$

以上方程可采用牛顿法求解。

（3）动态单元模型

动态单元模型与稳态单元模型的最大区别在于累积项的处理。下面以连续搅拌反应罐模型的构建为例，介绍动态单元模型的建立过程。其他单元过程动态模型的建立可扫码阅读本书附录R-5。

对于连续搅拌反应罐，假定反应罐内处于分子级理想混合，且为液相均相反应，因此可以认为反应混合物的温度和组成在反应区里是均匀的。如果进一步假定反应区的容积不随时间变化，则加料与排料的流量也可以认为是近似相等的，即$F_{in}=F_{out}=F$。对于一个包含M个组分和N个反应的系统，可以分别写出每一个组分的质量守恒和反应区的能量守恒式，如：

i组分质量守恒

$$V\frac{dc_i}{dt} = F\left(c_{i,f} - c_i\right) + Vr_i \quad , \quad i = 1,2,\cdots,M \tag{3-6}$$

能量守恒

$$V\rho C_p \frac{\mathrm{d}T}{\mathrm{d}t} = F\rho C_p\left(T_{\mathrm{f}} - T\right) - UA\left(T - T_{\mathrm{c}}\right) + V\sum_{j}^{N} r_j\left(-\Delta H_j\right), \ j = 1,2,\cdots,N \tag{3-7}$$

在t=0时

$$c_i = c_{i,0}, T = T_0 \tag{3-8}$$

式中，V、F分别为反应区容积和加料容积流量；c_i、$c_{i,\mathrm{f}}$分别为反应器内和加料中第i组分的浓度；t为时间；T、T_{f}分别为反应区内和加料混合物的温度；U为反应液体与冷却剂之间热交换的总传热系数；A为反应液体与冷却剂之间的总传热面积；T_{c}为冷却剂平均温度；ρ为反应混合物的平均密度；C_p为反应混合物的比热容；（－ΔH_j）为第j个反应的热效应；r_j为第j个反应的速率；r_i为因化学反应引起的第i个组分浓度的变化速率，并且有

$$r_i = \sum_{j} \mu_{i,j} r_j \tag{3-9}$$

式中，$\mu_{i,j}$为第j个反应计量式中i组分的系数。

（4）流程结构模型

流程结构模型表达了系统中各个局部之间的连接关系，描述了组成系统的拓扑结构。其用途通常是解决全流程计算时的顺序问题和连接上下游设备间的物流的取值问题。流程结构模型是从全局的角度描述系统中各个局部之间的关系。对于比较简单的系统，只要掌握了各个子系统的数学模型，即使不使用典型的流程结构模型也能通过直观分析、人工手算解决全流程的计算问题。但化工虚拟工厂处理的流程都涉及较多的设备与物流，设备及物流的连接方式也极为复杂，因此流程结构模型用于求解大系统的作用是无法替代的。

流程结构模型一般有三类表达形式：图形形式、矩阵形式和代数形式。三种形式各有用途，难以相互代替。可以说，三种不同形式代表了三种不同的层次。图形形式为最外层，是最接近实际系统的、便于由人工处理的层次。代数形式为最内层，是最适于计算机中运行的算法处理的层次。而矩阵形式介于二者之间。通常，在进行全流程模拟时，首先根据系统特点先利用图形方式描述其结构，再进一步用矩阵描述，最后再转化为代数形式从而使计算机能够正确地计算。流程结构模型三类表达形式的详细内容可扫码阅读本书附录R-6。

3.3.3 控制模型

在实际生产流程中，为确保产品生产的质量，需要做好过程控制，尽可能提高生产有效性。过程控制的内容就是研究对流程工业生产过程的描述、仿真、设计、控制和管理等，目的是进一步改善工艺操作、提高自动化水平、优化生产过程、加强生产管理等，最终显著地增加经济效益或产生其他效益。

在过程控制中要弄清楚对象的输出参数对输入参数的响应关系，表达这种响应关系的动态方程式就是控制数学模型。用于控制的数学模型一般是在工艺流程和设备尺寸等都已确定的情况下，研究对象的输入变量是如何影响输出变量的，即对象的某些工艺变量（如温度、压力、流量等）变化以后是如何影响另一些工艺变量的（一般是指被控变量），研究的目的

是使所涉及的控制系统达到更好的控制效果。

在经典控制理论中，人们往往不需要确切了解对象过程的数学模型，而假定其输入输出关系大致符合常规的（比例积分微分PID）控制规律。但在现代控制技术中，过程的数学模型可以说是重要基础，没有数学模型就无法进行控制系统的动态特性分析和设计。数学模型的表达形式主要有两大类：一类是非参量形式，称为非参量模型；另一类是参量形式，称为参量模型。

当数学模型是采用数学方程式来描述时，称为参量模型。对象的参量模型可以用描述对象输入、输出关系的微分方程式、偏微分方程式、状态方程、差分方程等形式来表示。这种模型可以通过机理建模的方式得到。应用这种方法建立的数学模型，其最大优点是具有非常明确的物理意义，所得到的模型具有很大的适应性，便于对模型参数进行调整。但是，由于化工对象较为复杂，某些物理、化学的变化的机理还不完全了解，而且线性的并不多，加上分布参数元件又特别多（即参数同时是位置与时间的函数），所以对于某些对象，事实上很难写出它们的数学表达式，或者表达式中的某些系数还难以确定。

当数学模型是采用曲线或数据表格等来表示时，称为非参量模型。非参量模型可以通过记录实验结果来得到，有时也可以通过计算来得到，它的特点是形象、清晰，比较容易看出其定性的特征。但是，由于它们缺乏数学方程的解析性质，要直接利用它们来进行系统的分析和设计往往比较困难，必要时，可以对它们进行一定的数学处理来得到参量模型的形式。

下面介绍几种比较常见的控制器模型。

（1）连续PID控制器模型

PID控制技术在自动控制技术发展历史上具有举足轻重的意义，它对被控对象进行控制的被控量是将给定值与反馈值之间的偏差的比例（P）、积分（I）和微分（D）通过线性组合而成的。

$$u(t)=K_{\mathrm{p}}\left[e(t)+\frac{1}{T_{\mathrm{i}}}\int_{0}^{t}e(t)\,\mathrm{d}t+T_{\mathrm{d}}\frac{\mathrm{d}e(t)}{\mathrm{d}t}\right] \tag{3-10}$$

式中，$K_{\mathrm{pe(t)}}$为比例作用部分，K_{p}为比例系数；$K_{\mathrm{p}}\frac{1}{T_{\mathrm{i}}}\int_{0}^{t}e(t)\,\mathrm{d}t$为积分作用部分，$T_{\mathrm{i}}$为积分时间常数；$K_{\mathrm{p}}T_{\mathrm{d}}\frac{\mathrm{d}e(t)}{\mathrm{d}t}$为积分作用部分，$T_{\mathrm{d}}$为微分时间常数。积分控制作用的加入，虽然可以消除净差，但是以降低响应速度作为代价的。为了加快控制过程，有必要在偏差出现和变化的瞬间，对偏差的变化率作出反应，或者说按偏差变化的趋势进行控制，使偏差消除在萌芽状态。具有这一功效的是微分作用，因为微分具有超前特性。显然，微分作用与偏差的变化速度呈正比。加上微分作用后，即使偏差很小，只要出现变化的趋势，便马上产生控制作用，以调节系统的输出，阻止偏差变化，故微分作用也称为“超前”控制作用。偏差变化越快，微分作用项越大，控制量就越大，故微分作用的加入有助于减小超调、克服振荡，有助于系统稳定。它加快了系统的动作速度，缩短了调整时间，从而改善了系统的动态性能。

（2）离散PID控制器模型

PID控制是过程控制中应用最早、最广泛的一种控制规律。多年实践表明，这种控制规律对于相当多的工业对象能够得到较满意的结果。在计算机进入到控制领域后，这种控制规律的应用不但没有受到影响，而且有了新的发展，它是当今工业过程计算机控制系统中应用最广泛的一种。由于计算机控制是一种采样控制，它只能根据采样得到的偏差值来计算控制量，而采样是一拍一拍进行的，所以在计算机控制系统中，不能直接采用式（3-10）的PID模拟运算形式，必须进行离散化处理，求得数字式的PID控制算法。

① 位置式PID控制算法

令T为采样周期，以一系列采样时刻点kT代替连续时间t，以和式（加和的形式）代替积分，以增量代替微分，对式（3-10）作如下近似变换：

$$\begin{aligned} &t = kT, k = 0,1,2,\cdots\cdots \\ &\int_0^t e(t)\mathrm{d}t \approx T\sum_{j=0}^{k} e(jT) \\ &\frac{\mathrm{d}e(t)}{\mathrm{d}t} \approx \frac{e(kT) - e[(k-1)T]}{T} \end{aligned} \tag{3-11}$$

则有

$$\begin{aligned} u(k) &= K_\mathrm{p}\left\{e(k) + \frac{T}{T_\mathrm{i}}\sum_{j=0}^{k} e(j) + \frac{T_\mathrm{d}}{T}\left[e(k) - e(k-1)\right]\right\} \\ &= K_\mathrm{p}e(k) + K_\mathrm{i}\sum_{j=0}^{k} e(j) + K_\mathrm{d}\left[e(k) - e(k-1)\right] \end{aligned} \tag{3-12}$$

式中，k为采样序号，k=0,1,2,……；$e(k)$为第k次采样测得的偏差值；$e(k-1)$为第$k-1$次采样测得的偏差值；$u(k)$为PID控制器第k次输出值；K_p为比例系数；$K_\mathrm{i} = \frac{K_\mathrm{p}T}{T_\mathrm{i}}$，为积分系数；$K_\mathrm{d} = \frac{K_\mathrm{p}T_\mathrm{d}}{T}$，为微分系数。为了书写的方便，将$e(kT)$简化为$e(k)$，即省去了$T$。

由于控制器输出的$u(k)$直接去控制执行机构（如阀门），$u(k)$的值和执行机构的位置（如阀门开度）是一一对应的，所以，通常称式（3-12）为位置式PID控制算法。

由于计算机输出的$u(k)$与执行机构的实际位置一一对应，一旦计算机出现故障，$u(k)$的大幅度变化会引起执行机构位置的大幅度变化，这种情况往往是生产中不允许出现的。在某些场合，还可能造成重大的生产事故。此外，位置式PID控制算法的输出不仅与本次偏差有关，而且与历次测量偏差值有关，计算时要对$e(k)$累加，计算机运算量大。

② 增量式PID控制算法

为了克服上述位置式PID控制算法的不足，人们提出了一种增量式PID控制算法。

由式（3-12）可得$k-1$时刻的控制量$u(k-1)$为：

$$u(k-1) = K_\mathrm{p}e(k-1) + K_\mathrm{i}\sum_{j=0}^{k-1} e(j) + K_\mathrm{d}\left[e(k-1) - e(k-2)\right] \tag{3-13}$$

则

$$
\begin{aligned}
\Delta u(k) &= u(k) - u(k-1) \\
&= K_p\left[e(k) - e(k-1)\right] + K_i e(k) + K_d\left[e(k) - 2e(k-1) + e(k-2)\right]
\end{aligned} \tag{3-14}
$$

由于式（3-14）中 $\Delta u(k)$ 为第 k 次相对于第 $k-1$ 次的控制量的增量，故称为增量式PID控制算法。

由式（3-14）可见，控制器的输出仅与最近3次的偏差值有关。由于计算机控制系统采用恒定的采样周期T，这样，在确定了K_p、K_i、K_d之后，根据最近3次的偏差值即可求出控制增量。

为了编程方便，也可将式（3-14）改写为：

$$
\Delta u(k) = Ae(k) - Be(k-1) + Ce(k-2) \tag{3-15}
$$

式中，$A = K_p + K_i + K_d = K_p\left(1 + \frac{T}{T_i} + \frac{T_d}{T}\right)$；$B = K_p + 2K_d = K_p\left(1 + 2\frac{T_d}{T}\right)$，$C = K_d = K_p\frac{T_d}{T}$。

采用增量式PID控制算法时，计算机输出的控制增量 $\Delta u(k)$ 对应的是本次执行机构位置（如阀门开度）的增量，对应阀门实际位置的控制量是通过累积历次控制增量形成的，常用的累积元件有步进电动机等。若采用步进电动机，应将 $\Delta u(k)$ 变换成驱动脉冲，驱动步进电动机从历史位置正转或反转若干度，实现 $\Delta u(k)$ 的累积。

增量式PID控制算法只是在算法上做了一点改进，它与位置式PID控制算法并无本质区别，但与位置式PID控制算法比较，它有以下优点：

a.计算机发生故障时，影响范围小。由于它每次只输出控制增量，即对应执行机构位置的变化量，输出变化范围不大（$0 \sim \Delta u_{max}$），所以，当计算机发生故障时，不会严重影响生产过程。

b.手动-自动切换时冲击小。由于它每次输出的最大幅度为Δu_{max}，所以，当控制方式从手动切换到自动时，可做到无扰动，即可实现无扰动切换。

c.计算工作量小。算式中不需要累加，且只用到两个历史数据$e(k-1)$、$e(k-2)$。这两个历史数据也很容易获得。通常采用平移法保存这两个数据，即在 $\Delta u(k)$ 计算完后，首先将$e(k-1)$存入$e(k-2)$单元，再将$e(k)$存入$e(k-1)$单元，这样就为下一次计算做好了准备。

在实际应用中，增量式PID控制算法由于具有上述优点而比位置式PID控制算法用得更为广泛。

（3）智能控制模型

随着科学技术和生产的迅速发展，对大型、复杂和不确定性系统实行自动控制的要求不断提高，使得现代控制理论的局限性日益明显。一般说来，实际工业过程常具有非线性、时变性和不确定性，且大多数工业过程是多变量的，难以建立其精确的数学模型，即使一些对象能够建立起数学模型，其结构也往往十分复杂，难以设计并实现有效控制。从20世纪70年代以来，广大科学工作者、工程技术人员不断探索新的理论与方法。人工智能理论和技术的发展，使智能控制理论逐渐成为一个新型的学科领域，模糊控制理论、人工神经元网络和专家系统在过程控制中的应用随之越来越广泛。下面介绍两种常用的智能控制方法。

① 模糊控制

模糊控制是智能控制的主要方法之一，它是以模糊控制理论为基础的一种控制方式。它与一般工业控制的根本区别是模糊控制并不需要建立控制过程精确的数学模型，而是完全凭人的经验知识“直观”地控制。模糊控制是控制领域中非常有发展前途的一个分支，具有许多传统控制无法比拟的优点：a.模糊控制不需要掌握过程的数学模型，使用语言方法，是一种很方便的近似；b.采用模糊控制，过程的动态品质优于常规PID控制，并对过程参数的变化具有较强的适应性；c.对于具有一定操作经验、而非控制专业的操作人员，模糊控制方法易于掌握。

② 神经元网络控制

神经元网络控制是指在控制系统中采用神经元网络这一工具，对难以精确描述的复杂的非线性对象进行建模，或充当控制器，或作优化计算，或进行推理，或作故障诊断等。神经元网络是一种基本上不依赖于模型的控制方法，它比较适用于那些具有不确定性或高度非线性的控制对象，并具有较强的适应和学习功能。由于神经元网络具有许多优异特征，这决定了它在控制系统中应用的多样性和灵活性。

3.3.4 经济模型

随着我国从计划经济向市场经济的转变，如何应用化工技术经济学的基本原理和方法，研究化工工业发展中的规划、科研、设计、建设和生产各方面与各阶段的经济效益问题，将化工技术与经济有机地结合和统一，以取得最佳的经济效益，逐渐受到人们的重视。

化工虚拟工厂模型层中的经济模型主要包括设备投资模型和总成本费用模型，它们与工艺模型直接相关。以经济效益为优化目标，假设计算年度经济效益，则经济模型的目标函数可写成：

$$f_{\mathrm{ECO}} = w_{\mathrm{p}} m_{\mathrm{PO}} - w_{\mathrm{m}} m_{\mathrm{TI}} - \sum_{i=1}^{n} C_i \tag{3-16}$$

式中，w_{p}为单位产品的价值；m_{PO}为年产产品量；w_{m}为单位原料所消耗成本费用；m_{TI}为年消耗的原料的总和；C_i为第i种设备的费用；n为过程全部的设备类型数。

（1）设备投资成本模型

确定了物流的流量和温度以后，就可以计算设备的尺寸，然后确定设备的投资价格。从精度有限的快速计算到比较精确但很费时的详细计算，有许多种方法来估算设备的投资费用。下面将分别介绍几种常用的计算方法。

① 单位生产能力估算法

如果拟建的工厂与已建成的工厂产品品种和生产工艺相同，可用已知工厂单位生产能力的投资费用为基础，估算拟建工厂的投资额。其估算公式为：

$$I_1 = \frac{I_2}{Q_2} Q_1 \tag{3-17}$$

式中，I_1为拟建工厂投资额；I_2为现有工厂投资额；Q_1为拟建工厂生产能力；Q_2为现有工厂生产能力。

若拟建工厂的生产能力是已知同类工厂的两倍以上或不到其二分之一，这种方法不宜采用。另外，地区的差别也不能忽略。厂址位于未开发地区，其投资费可能比已开发地区多25%～40%，而在现有厂址基础上扩建，投资额则可能比全部新建少20%～30%。此外，由于通货膨胀的影响，不同年份的投资额应按物价变动率做适当的修正。

② 装置能力指数法

拟建工厂与已知工厂的生产工艺相同，也可用下式估算拟建工厂的投资：

$$I_1 = I_2\left(\frac{Q_1}{Q_2}\right)^n \tag{3-18}$$

式中，n为规模系数，是一个经验数据。在没有文献可参考时，一般对于靠增加装置设备尺寸扩大生产能力的，可取n=0.6～0.7；靠增加装置设备数量扩大生产能力的，可取n=0.8～1.0；石油化工项目，通常取n=0.6。同时，也不能忽略物价变动的影响。

③ 费用系数法

费用系数法是以方案的设备投资为依据，分别采用不同的系数，估算建筑工程费、安装费、工艺管路费以及其他费用等。其计算式为：

$$K_{固}=\left[K_{设备}\left(1+R_1+R_2+R_3+R_4\right)\right]\times 1.15 \tag{3-19}$$

式中，$K_{固}$为建设项目固定资产投资额；$K_{设备}$为设备投资额；R_1、R_2、R_3、R_4分别为建筑工程费用系数、安装工程费用系数、工艺管路费用系数、其他费用系数，分别表示该项费用额相对于设备投资额的比值；1.15为综合系数。

④ 编制预算法

编制预算法就是根据建设项目的初步设计文件内容，采用概算定额或概算指标、现行费用标准等资料，以单位工程为对象，按编制概算的有关规则和要求，分单项工程测算投资，最后汇总形成项目固定资产总投资。编制预算法的计算依据较为详细、准确，是一种较精确的投资测算方法，应用最为广泛。

（2）总成本费用模型

总成本费用是指建设项目在一定时期（一年）为生产和销售产品支出的全部成本和费用，其计算式为：

$$\begin{aligned}总成本费用 = &原材料费+燃料及动力费+直接工资+\\&其他直接支出费用+制造费用-副产品收入+\\&管理费用+财务费用+销售费用\end{aligned} \tag{3-20}$$

① 直接材料费

直接材料费包括原材料费和燃料及动力费。

原材料费可按下式计算：

$$C_M = \sum_i^n Q_i P_i \tag{3-21}$$

式中，C_M为原材料费；Q_i为第i种原材料消耗定额；P_i为第i种原材料单价；n为原材料种类数。

燃料及动力费的计算与原材料费类似，即：

$$C_P = \sum_{i}^{n} Q_i P_i \tag{3-22}$$

式中，C_P为燃料及动力费；Q_i为第i种燃料及动力的消耗定额；P_i为第i种燃料及动力的单价；n为燃料及动力的种类数。

② 直接工资

直接工资包括直接从事产品生产人员的工资、津贴及奖金等附加费，可按下式计算：

$$C_W = \frac{C}{Q} N \tag{3-23}$$

式中，C_W为生产工人工资及附加费；C为生产工人年平均工资和附加费；Q为产品年产量；N为工人定员。

③ 其他直接支出费用

其他直接支出费用是福利费，按有关现行规定，可按直接工资总额的14%计取。其计算式为：

$$C_F = 14\% \times C_W \tag{3-24}$$

④ 制造费用

制造费用类似原来所指的车间经费，一般由基本折旧费、维修费和其他费用构成。为简化计算，制造费用可按直接材料费、直接工资及其他直接支出费用总额的一定比例计取。通常该比例为15%～20%，即

制造费用＝（直接材料费＋直接工资＋其他直接支出费）×（15%～20%）＝（$C_{M+}C_{P+}C_{W+}C_F$）×（15%～20%）　　（3-25）

⑤ 副产品收入

化工副产品的净收入应在主产品成本中扣除，其净收入可按下式估算：

副产品收入（S_F）＝销售收入－税金－销售费用　　（3-26）

⑥ 管理费用

管理费用的多少，与企业组织管理形式、水平等有关。对于化工企业，可按下式估算：

管理费用＝制造费用×（6%～9%）　　（3-27）

⑦ 财务费用

对建设项目，财务费用主要是贷款利息，因而财务费用可用贷款利息来估算。

⑧ 销售费用

销售费用各行业可能相差较大，对大多数化工企业，其销售费用可按销售收入的一定比例估算。例如：

$$销售费用=销售收入\times(1\%\sim3\%) \tag{3-28}$$

分别计算以上费用后，产品的总成本费用即可计算。

3.3.5　能耗模型

对于化工生产中的设备装置进行能耗分析是优化节能措施的前提。通过对于化工设备的能耗进行分析，可以找出能耗高的设备，并对其进行改造或优化，从而降低能耗。同时，还可以找出能源利用低下的环节，进一步优化生产流程。

化工生产的总能耗包括两个部分，一是加工能耗，二是产品构成能耗。加工能耗一般指生产过程中所消耗的能源（燃料、电能和各种等级蒸汽等）的直接能耗，以及耗能工质（循环冷却水、脱盐水、冷剂、污水处理、工业空气、仪表空气、氮气、工业水等）的间接能耗。产品构成能耗是指生产过程中使用的原料所含燃料热值。

（1）化工装置能耗计算公式

$$E=\sum_{i}^{n}M_iR_i+\sum_{j}^{n}Q_j \tag{3-29}$$

式中，E为化工装置能耗，kgoe（1kgoe＝4.19×10^4kJ）；M_i为输入的第i种燃料或输入、输出的第i种蒸汽、电、耗能工质实物量（t、kW・h、m^3），输入实物量为正值，输出计为负值；R_i为输入的第i种燃料或输入、输出的第i种蒸汽、电、耗能工质能耗折算值［kgoe/t、kgoe/(kW・h)、kgoe/m^3］；Q_j为装置与外界交换的第j种能量，kgoe，向装置输入的消耗为正值，输出能量计为负值。

（2）燃料、蒸汽、电和耗能工质的能源折算值

① 燃料、电和耗能工质的能源折算值见表3-2。

表3-2　燃料、电和耗能工质折算值

序号	项目	折算值/kgoe	折算值/MJ	备注
1	标准油/t	1000	41868	
2	标煤/t	700	29308	
3	工业焦碳/t	800	33494	
4	甲醇/t	470	19678	
5	汽油/t	1030	43124	
6	煤油/t	1030	43124	
7	柴油/t	1020	42705	
8	燃料油/t	1000	41868	
9	液化石油气/t	1100	46060	
10	油田天然气/m^3	0.93	38.94	
11	气田天然气/m^3	0.85	35.59	
12	炼厂燃料气/t	950	39775	
13	回收火炬气/t	700	29308	
14	甲烷氢/t	1200	50242	用于乙烯装置
15	电[a]/(kW·h)	0.223	9.32	

续表

序号	项目	折算值/kgoe	折算值/MJ	备注
16	新鲜水/t	0.15	7.12	
17	循环水/t	0.06	4.19	
18	软化水/t	0.20	10.47	
19	除盐水/t	1.0	96.30	
20	低压除氧水/t	9.20	385.19	106 ℃
21	高压除氧水/t	13.20	552.66	148 ℃
22	凝气透平凝结水/t	3.65	152.81	
23	加热设备凝结水/t	7.65	320.29	
24	净化压缩空气/m^3	0.038	1.59	
25	非净化压缩空气/m^3	0.028	1.17	
26	氮气/m^3	0.15	6.28	

注：a值按2014年全国供电标准煤耗值318g标煤/(kW·h)折算。

② 蒸汽的能源折算值见表3-3。

表3-3 蒸汽的能源折算值

序号	蒸汽压力/MPa	折算值/kgoe	折算值/MJ	范围/MPa
1	10.0	92	3852	$p \geqslant 7.0$
2	5.0	90	3768	$4.5 \leqslant p < 7.0$
3	3.5	88	3684	$3.0 \leqslant p < 4.5$
4	2.5	85	3559	$2.0 \leqslant p < 3.0$
5	1.5	80	3349	$1.2 \leqslant p < 2.0$
6	1.0	76	3182	$0.8 \leqslant p < 1.2$
7	0.7	72	3014	$0.6 \leqslant p < 0.8$
8	0.3	66	2763	$0.3 \leqslant p < 0.6$
9	<0.3	55	2303	$p < 0.3$

（3）蒸汽能源折算值的计算方法

图3-8和表3-4给出了国内外工程公司、咨询公司和GB/T 50441—2007的7种蒸汽能源折算值。图3-8中，曲线1～曲线5为焓法，曲线6~曲线8为㶲（有效能）法，曲线9（虚线）是曲线3高压段向低压段的自然延伸，说明曲线3和曲线4、曲线5的相似性，它们之间的数值差异源自基准温度取值的不同。

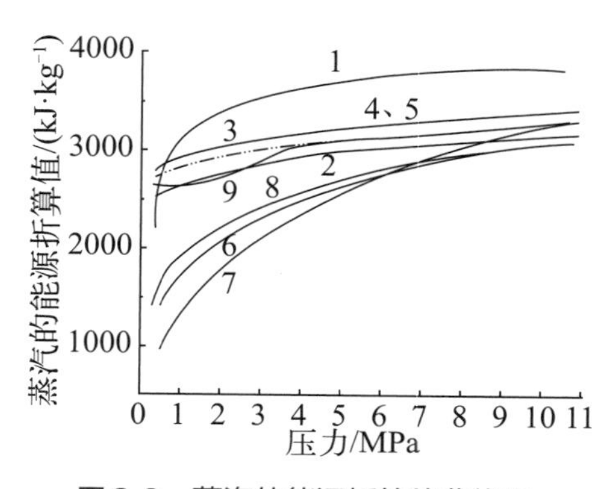

图3-8 蒸汽的能源折算值曲线图

表3-4 不同方法下的蒸汽能源折算值kg/t（以标油计）

蒸汽压力/MPa	温度/℃	曲线1 GB/T 50441—2007	曲线2 锅炉热平衡法（王松权）	曲线3 锅炉热平衡法（国外咨询公司）	曲线4、曲线5 热力参数法（国外专利商和堵祖荫）	曲线6 㶲法（国外专利商）	曲线7 㶲法（国外专利商）	曲线8 㶲法（堵祖荫）
11.00	510	92	76	79	81	73	76	74
4.00	390	88	70	74	76	57	54	62
1.60	290	80	65	64	72	47	39	50
1.00	260	76	64	64	71	42	34	46
0.35	210	66	62	63	69	34	24	39
0.25	180	55	60	53	67	33	23	35

按蒸汽热力学性质——焓和㶲来确定不同蒸汽等级的取值，可分为焓法和㶲法两类。

按定值的计算方法分为4种取值方法。

① 锅炉热平衡法（焓法计算模型——曲线2、曲线3）。用锅炉热平衡法确定超高压蒸汽的能源折算值作为基准，以各级蒸汽的焓值和超高压蒸汽焓值的比值决定各级蒸汽的能源折算值。由于所采用的技术参数（如锅炉热效率、排污率等）不同，曲线2、曲线3存在一定的差异。

② 锅炉热平衡法（㶲法计算模型——曲线6～曲线8）。采用和锅炉热平衡法中焓法一样的方法确定超高压蒸汽的能源折算值作为基准，以各级蒸汽的㶲值和超高压蒸汽㶲值的比值决定各级蒸汽的能源折算值。由于所采用的技术参数（如锅炉热效率、排污率和蒸汽透平效率等）不同，各曲线间的能源折算值也存在一定的差异。

③ GB/T 50441—2007的蒸汽能源折算值取值法（焓法计算模型——曲线1）。该法具有焓法属性，但它用锅炉-蒸汽透平发电机的热电厂二元计算模型来确定蒸汽能源折算值，且其锅炉和蒸汽透平发电机的效率取值偏低，因而蒸汽能源折算值要比其他焓值法（曲线2～曲线5）约高4～600kJ/kg。

④ 热力参数法（焓法计算模型——曲线4～曲线5）。各种蒸汽按其温度、压力参数直接从水蒸气热力性质图表读取水蒸气焓值作为蒸汽能耗折算值，以曲线4、曲线5为例，两者数据出于同源，故数据完全相同，且和曲线2、曲线3相比，相差仅100～200kJ/kg，接近等价。

3.3.6 环境模型

化工工业生产的新模式应该是基于可持续发展战略的，需要将预防和治理污染贯穿于整个生产过程，因此需要综合考虑过程给环境带来的影响，尽量不产生或少产生废弃物，以期对人类和环境不产生或产生最小的负面影响。

（1）环境的评价方法

环境的评价方法可以概括为三类。第一类方法是数据直接加和法。直接把排放物的量加和，作为筛选流程的判据。因不考虑各种化学物种固有性质对环境的影响，因而不表征任何对环境潜在的影响，故在应用中有很大局限性。第二类方法是影响归一化。把一些环境指标或法定指标作为基准，比如环境限制值、环境质量目标或排放标准，对排放物进行折算并加和。它设计了对技术、经济、社会因素的考虑，在应用上受到影响。第三类方法是登记和评分法。文献介绍的该类方法是以化学物种等级和排放为标准开发的，它考虑了相关化学物种的毒性、持久性和暴露参数等固有的影响。这一类是目前常用的方法。

（2）化合物潜在的环境评估模型

化合物影响潜值包括化学性污染影响、物理性污染影响和生物性污染影响等。化学性污染影响可再分为温室效应、臭氧层损害、光氧化烟雾、酸雨、富营养化、人体摄入毒性、人体暴露毒性、陆生态毒性和水生态毒性等9个类别。物理性污染影响包括噪声、电磁辐射、热污染（冷却水水温排放、裂解炉热辐射）。生物性污染影响包括生化过程中的菌流失、污水病毒等。在概念设计阶段，主要考虑化学性污染影响，忽略物理性和生物性污染的影响。

化合物潜在环境影响的量化是十分复杂繁冗的。为了成功地实施过程环境性能评估，应该有一套有条不紊的实施程序，使得评估流程条理化、系统化，特别是环境的量化过程更应该加以详细说明。整个过程可以分成六个步骤：①确定系统边界和目标；②过程影响源的辨识；③消耗量和排放量的计算；④分类和特征化；⑤赋值；⑥综合评估。

化工过程产生的环境影响是多种多样的。为了能够综合评估，如何权衡这些影响的相对重要性，求出相对重要性权值是很必要的。权衡是运用以数值判断为基础的数值因子来转化指标结果的过程，从而确定研究系统各个指标之间的相对重要性。

AHP是美国运筹学家Saaty在20世纪70年代中期创立的一种多目标决策方法，是系统工程中对非定量事件做定量分析的一种简便方法，也是对人们的主观判断做客观描述的一种有效方法。它将各种影响因素划分为不同的层次进行研究，在模糊评价中作为定权方法，其最终结果是根据被评价对象的组合权重确定被评价对象的重要性次序。

用层次分析法做系统分析，首先要把问题层次化。根据问题的性质和要达到的总目标，将问题分解为不同的组成因素，并按照因素间的相互关联影响以及隶属关系将因素按不同层次聚集组合，形成一个多层次的分析结构模型，并最终把系统分析归结为最底层（供决策的方案、措施等）相对于最高层（总目标）的相对重要性权值的确定或完成相对优劣次序的排序问题。

在排序计算中每一层次的因素相对于上一层次某一因素的单排序问题又简化为一系列承兑因素的判断比较。为了将判断比较定量化，层次分析法引入1~9比率标度法，并写成比较判断矩阵形式，即构成所谓的判断矩阵，形成判断矩阵后，即可通过计算判断矩阵的最大特征根λ_{max}及其对应的特征向量$\boldsymbol{\omega}$，计算出某一元素相对于上一层次某一个元素的相对重要性权值。决策者可根据对系统的这种数量分析，进行决策、政策评价、选择方案、制定和修改计划。这种将思维过程数学化的方法，不仅简化了系统分析和计算，还有助于决策者保持其思维过程的一致性。

AHP法的执行大体分为四步：①建立层次结构模型；②构造判断矩阵；③层次排序；④层次排序的一致性检验。该法采用成对因素两两比较的度量方法，特别适用于那些难以完全定量分析的复杂问题。

（3）能量与危害物质的折算

在化工流程中，大气污染物质，如CO_2、NO_x、SO_x等化合物的排放主要由能量供给系统产生并排放，因此应当计算与需要能量有关的大气污染物质的排放量。该危害物质排放量的估算与燃烧类型、燃料类型等因素有关，根据美国环境保护署的研究成果，危害物质排放量为：

$$E=\frac{(\mathrm{ED})(\mathrm{EF})}{(\mathrm{FV})(\mathrm{BE})} \tag{3-30}$$

式中，E为排放量；ED为化工过程所需能量；EF为某燃料类型的化合物排放因子；FV为热值；BE为锅炉效率（可假定为0.7~0.9）。油类燃烧和天然气燃烧的危害物质释放因子分别如表3-5和表3-6所示，典型燃料的热值如表3-7所示。对于由电力系统提供的能量，其相应的危害物质排放可利用下式计算：

$$E=\frac{(\mathrm{ED})(\mathrm{EF})}{(\mathrm{ME})(\mathrm{GE})} \tag{3-31}$$

式中，E为排放量；ED为化工过程所需能量；EF为某燃料类型的化合物释放因子；ME为设备效率，取0.75～0.95；GE为电力生成效率，取0.35。危害物质的排放因子参考表3-8。

表3-5　油类燃烧危害物质排放因子

设备	SO_2 /(kg/m³)	SO_3 /(kg/m³)	NO_x /(kg/m³)	CO /(kg/m³)	CO_2 /(kg/m³)
公用燃烧炉					
6#石油，正常燃烧	19	0.69	8	0.6	2159.05
5#石油，正常燃烧	19	0.69	8	0.6	2159.05
4#石油，正常燃烧	18	0.69	8	0.6	2159.05
工业燃烧炉					
6#石油，正常燃烧	19	0.24	6.6	0.6	2159.05
5#石油，正常燃烧	19	0.24	6.6	0.6	2159.05
石油馏分	17	0.24	2.4	0.6	2159.05
4#石油，正常燃烧	18	0.24	2.4	0.6	2159.05

表3-6　天然气燃烧危害物质排放因子

燃烧类型	SO_x	NO_x	CO	CO_2
大型工业炉	kg/(10⁶m³)			
无控制	9.6	8800	64	1.9
低NO_x控制	9.6	1300	—	1.9
循环控制	9.6	650	—	1.9
小型工业炉	kg/(10⁶m³)			
无控制	9.6	2240	560	1.9
低NO_x控制	9.6	1300	980	1.9
循环控制	9.6	480	590	1.9

表3-7　固体、液体、气体的典型热值

燃料	热值/（kJ/m³）	燃料	热值（kJ/m³）
1#油	3.9×10^8	丙烷	2.61×10^8
2#油	3.98×10^8	天然气	3.86×10^4
4#油	4.13×10^8	含沥青	2.78×10^4
5#油	4.24×10^8	亚烟煤	2.09×10^4
6#油	4.34×10^8	褐煤	1.62×10^4

表3-8　电力系统的危害物质排放因子

排放因子	煤炭燃烧	石油燃烧	天然气燃烧
CO_2/[kg/(kW·h)]	8.63×10^{-4}	7.05×10^{-4}	5.30×10^{-4}
SO_2/[kg/(kW·h)]	8.13×10^{-6}	5.12×10^{-6}	3.38×10^{-9}
NO_2/[kg/(kW·h)]	3.96×10^{-6}	1.67×10^{-6}	2.03×10^{-6}

（4）化工过程的环境影响计算模型

与质量平衡方程和能量平衡方程类似，对化工过程系统可提出环境污染平衡方程，有

$$\text{输入污染}+\text{产生污染}=\text{输出污染}+\text{污染积累} \tag{3-32}$$

化工流程中包括物质流和能量流，通常仅仅对物质流潜在环境影响进行处理，但在能量流对环境影响较大时，也必须考虑能量流对环境造成的影响。下面分别对物质流和能量流两种情况进行了描述。

① 物质流对环境的影响

流程的质量平衡方程为：

$$\frac{\mathrm{d}M_{\text{sys}}}{\mathrm{d}t}=M_{\text{in}}+M_{\text{gen}}-M_{\text{out}} \tag{3-33}$$

$$M_{\text{in}}=\sum_{j}^{\text{in}}M_j\sum_{k}x_{j,k} \tag{3-34}$$

$$M_{\text{out}}=\sum_{j}^{\text{out}}M_j\sum_{k}x_{j,k} \tag{3-35}$$

式中，M为质量，下标in、out、gen、sys分别表示进料、出料、生成和系统积累；k表示流股j中的化合物；x表示化合物的质量分数。将方程中不同化合物的质量换为环境影响量，物流质量平衡方程可转化为环境影响平衡方程，即：

$$\frac{\mathrm{d}I_{\text{sys}}}{\mathrm{d}t}=I_{\text{in}}+I_{\text{gen}}-I_{\text{out}} \tag{3-36}$$

$$I_{\text{in}}=\sum_{j}^{\text{in}}M_j\sum_{k}x_{j,k}\varphi_k \tag{3-37}$$

$$M_{out} = \sum_j^{out} M_j \sum_k x_{j,k} \varphi_k \quad (3\text{-}38)$$

式中，I为影响量，下标in、out、gen、sys分别表示进料、出料、生成和系统积累；k表示流股j中的化合物；x为化合物的质量分数；φ为化合物的影响潜值。当系统处于稳态时，$\frac{dI_{sys}}{dt}=0$，方程式（3-36）转化为：

$$I_{in} + I_{gen} - I_{out} = 0 \quad (3\text{-}39)$$

式中，I_{in}为系统输入的潜在环境影响；I_{out}为系统排出的潜在环境影响；I_{gen}为系统产生的潜在环境影响。

② 考虑能量流的影响

化工过程系统中能量流对环境的影响包括废热影响和生成能量所造成的危害物质排放两种情况。废热对局部的环境有一定的影响，但对全局环境造成的影响较小，可忽略。能量供给系统燃烧燃料的排放物，如SO_x、NO_x、CO_2等，可造成温室效应、臭氧层损害、酸雨等影响，导致环境恶化。因此，能量流影响应当转化为能量供给系统排放物质的影响。化工过程能量流对环境造成的影响为：

$$I_e = \sum_k^{veni} M_k \varphi_k \quad (3\text{-}40)$$

式中，I_e为排放危害化合物的环境影响；M为排放化合物的质量，下标k表示排放的危害化合物。

③ 总环境影响。综合物质流和能量流对环境造成的影响，总的输出环境影响表达式为：

$$f_{ENV}^{out} = I_{out}^{flow} + I_{vent}^{energy} \quad (3\text{-}41)$$

总的过程产生的影响如下：

$$f_{out}^{process} = f_{ENV}^{out} - f_{ENV}^{in} \quad (3\text{-}42)$$

式中，f_{ENV}^{out}为总输出的环境影响量；$f_{out}^{process}$为化工过程输出的总环境影响量；I_{out}^{flow}为输出物流对环境造成的影响量；I_{vent}^{energy}为公用工程在产生能量的同时排放的危害化合物所造成的影响量。

3.3.7　优化模型

最优化是化工虚拟工厂模型层最核心的内容之一。化工虚拟工厂所涉及的最优化问题最多，从层次和规模方面考虑有：单元设备、装置、工厂、企业、供应链及工业生态园区等不同层次和规模。从应用目的方面考虑有：规划与设计，如工厂选址、运输网布局、供应链优化、设备布局、流程设计等；综合与集成，如换热网络综合、分离序列综合、反应器网络综合、能量集成、质量集成、水系统集成等；计划与调度，如多产品厂生产计划、设备与资源调度、催化剂和设备的最佳更换（清洗）、多周期操作等；操作与控制，如优化温度、压力、流量与配比等操作参数，使经济和技术指标达到最优。也就是说，最优化贯穿于过程系统的设计、操作、控制和管理的各个环节或阶段，通过最优化优选出最佳方案，作出最优决策，从而实现化工虚拟工厂的优化设计、优化操作、优化控制和优化管理。本节主要介绍用以建立和解决优化问题的方法，以及在优化过程中常见的一些问题。

（1）最优化问题的基本概念

一般情况下，一个最优化问题通常表述为在规定的约束条件（等式或不等式）下，使系统的目标函数达到极值，即最大值或最小值。由于目标函数z的最小值就是$-z$的最大值，即：

$$\min z = \max[-z] \tag{3-43}$$

所以求最小值的方法完全可以用于求解最大值问题，由此得到最优化问题的通用数学表达式：

$$\begin{aligned} & \min z = f(\boldsymbol{x}) \\ & \text{s. t.} \quad \begin{cases} \boldsymbol{g}(\boldsymbol{x}) \leqslant 0 \\ \boldsymbol{g}(\boldsymbol{x}) = 0 \end{cases} \end{aligned} \tag{3-44}$$

式中，$f(\boldsymbol{x})$是目标函数；$\boldsymbol{x}$是决策变量；$\boldsymbol{g}(\boldsymbol{x})$为不等式约束条件；$\boldsymbol{h}(\boldsymbol{x})$是等式约束条件。

由此可见，最优化问题通常由下列几个基本要素组成：目标函数、决策变量、约束条件。关于最优化问题三个基本要素的分析可参见本书附录R-7。根据最优化问题的三要素特征的不同，可以对最优化问题进行分类。针对不同的要素或要素之间的组合，有不同的分类方法，以下是最优化问题的几种分类方法。

① 无约束最优化与有约束最优化。如果根据约束条件的类型进行分类，当m=0且p=0时，称为有无约束优化问题，相反则称为有约束优化问题。

② 线性规划和非线性规划。当约束条件中所有的约束函数均为线性函数且$\boldsymbol{x}$连续时，称为线性规划问题。当目标函数和约束中的任意一个变量为非线性函数时，这种最优化问题称为非线性规划。

③ 一维最优化和多维最优化。最优化问题根据设计变量的特征进行分类，其中一种方式是按照设计变量的维数进行分类，如果一个最优化问题仅含有一个设计变量，则称为一维优化问题，如果含有四个设计变量，则称为四维优化问题，依此类推。

④ 单目标最优化和多目标最优化。如果根据目标函数的类型进行分类，那么只有一个目标的优化问题称为单目标优化，存在两个或两个以上目标函数的优化问题，称为多目标优化问题。目标函数越多评价越周全，计算越复杂。

⑤ 离散最优化和连续最优化。最优化问题根据设计变量的特征进行分类，另一种方式是根据设计变量的取值是离散的还是连续的进行分类，分为离散最优化和连续最优化，离散最优化又称为组合最优化，如整数规划就是典型的离散最优化问题。

⑥ 静态最优化问题和动态最优化问题。除了根据三要素分类之外，还可以根据最优化问题的解是否随时间变化来分类。如果最优化问题的解不随时间而变化，则称为静态优化问

题或参数优化问题；如果最优化问题的解随时间而变化，则称为动态最优化问题。

（2）线性规划问题

线性规划是运筹学中研究较早、发展较快、应用广泛、方法较成熟的一个重要分支，是辅助人们进行科学管理的一种数学方法，是研究线性约束条件下线性目标函数的极值问题的数学理论和方法。线性规划研究的是：在一定的条件下，合理安排人力、物力等资源，使经济效果达到最好。由于问题的性质不同，线性规划的模型有不同的形式，但线性规划问题一般表达如下：

$$
\begin{aligned}
&\max(\min)\ (c_1x_1+c_2x_2+\cdots+c_nx_n)\\
\text{s. t.}\ &a_{11}x_1+a_{12}x_2+\cdots+a_{1n}x_n\leqslant(=,\geqslant)b_1\\
&a_{21}x_1+a_{22}x_2+\cdots+a_{2n}x_n\leqslant(=,\geqslant)b_2\\
&\cdots\cdots\\
&a_{m1}x_1+a_{m2}x_2+\cdots+a_{mn}x_n\leqslant(=,\geqslant)b_m\\
&x_1,x_2,\cdots,x_n\geqslant 0
\end{aligned}
\tag{3-45}
$$

式中，x_1，x_2，…，x_n为决策变量；c_1，c_2，…，c_n为价值系数；a_{11}，a_{12}，…，a_{mn}为消耗系数；b_1，b_2，…，b_m为资源限制系数。

为了方便求解线性规划问题，线性规划模型需要转换成如下标准形式：

$$
\begin{aligned}
&\max f=c_1x_1+c_2x_2+\cdots+c_nx_n\\
&\text{s. t.}\begin{cases}
a_{11}x_1+a_{12}x_2+\cdots+a_{1n}x_n=b_1\\
a_{21}x_1+a_{22}x_2+\cdots+a_{2n}x_n=b_2\\
\cdots\cdots\\
a_{m1}x_1+a_{m2}x_2+\cdots+a_{mn}x_n=b_m\\
x_i\geqslant 0\qquad (i=1,2,\ldots,n)
\end{cases}
\end{aligned}
\tag{3-46}
$$

式中，$c_i(i=1,2,\cdots,n)$，$a_{ji}(j=1,2,\cdots,m;i=1,2,\cdots,n)$，$b_j(j=1,2,\cdots,m)$均为给定的常数。可以看出，线性规划的标准形式有如下四个特点：目标最大化、约束为等式、决策变量均非负、右端项非负。因此，线性规划是求一组非负变量，这些变量在满足一定的线性约束条件下，使一个线性函数达到极小或极大。

线性规划是求一组非负变量，这些变量在满足一定的线性约束条件下，使一个线性函数达到极小或极大。

根据实际应用问题建立的线性规划模型在形式上未必是标准型，对于不同类型的非标准型，可以采用相应的方法，通过以下方式将线性规划问题的一般模型转化为标准形式。

① 求解线性规划的图解法

图解法是借助几何图形来求解线性规划的一种方法。这种方法通常只适用于求解两个变量的线性规划问题，因此它不是线性规划问题的通常算法。但是线性规划的图解法有助于直观地了解线性规划的基本性质以及线性规划的通用算法——单纯形法的基本思想。两个变量的线性规划问题可以在二维直角坐标平面上作图表示线性规划问题的有关概念，并求解。图解法求解线性规划问题的步骤如下所述。

a. 分别取决策变量x_1、x_2为坐标向量建立直角坐标系。

b. 对每个约束（包括非负约束）条件，先取其等式在坐标系中作出直线，通过判断确定不等式所决定的半平面。各约束半平面交出来的区域（存在或不存在），若存在，其中的点表示的解称为线性规划的可行解。这些符合约束限制的点集合，称为可行集或可行域。然后进行c。否则该线性规划问题无可行解。

c. 任意给定目标函数一个值作一条目标函数的等值线，并确定该等值线平移后值增加的方向，平移此目标函数的等值线，使其达到既与可行域有交点又不可能使值再增加的位置（有时交于无穷远处，此时称无有限最优解）。若有交点时，此目标函数等值线与可行域的交点即为最优解（一个或多个），此目标函数的值即为最优值。线性规划图解法的基本求解步骤可参见本书附录R-8。

② 求解线性规划的单纯形法

在一般情况下，由于图解法无法解决三个变量以上的线性规划问题，对于n个变量的线性规划问题，必须用解方程的办法来求得可行域的极点。如果有有限最优值，则目标函数的最优值必在某一基本可行解处达到，因而只需在基本可行解中寻求最优解。这就有可能用穷举法来求得线性规划问题的最优解，但当变量很多时计算量很大，有时行不通。一般线性规划问题的解法，常用的是单纯形法。

单纯形法的基本思想就是先找到一个基本可行解，检验是否为最优解或判断问题是否无解。否则，再转换到另一个使目标函数值最小的基本可行解上，重复上述过程，直到求到问题的最优解或指出问题无解为止。

对于线性规划的一个基，当非基变量确定以后，基变量和目标函数的值也随之确定。因此，一个基本可行解向另一个基本可行解的移动，以及移动时基变量和目标函数值的变化，可以分别由基变量和目标函数用非基变量的表达式来表示。同时，当可行解从可行域的一个极点沿着可行域的边界移动到一个相邻的极点的过程中，所有非基变量中只有一个变量的值从0开始增加，而其他非基变量的值都保持0不变。单纯形法的基本步骤可参见本书附录R-9。

（3）非线性规划问题

当目标函数和/或约束条件为非线性时，则必须将优化问题作为非线性规划（non-linear program，NLP）问题求解。在数学规划问题中，若目标函数或约束条件中至少有一个是非线性函数，则称这类问题为非线性规划问题。

例如一连续搅拌槽式反应器（图3-9）进行化学反应：2A→B，已知单位体积的液相反应速率方程为：

$$-r_A=-\frac{\mathrm{d}c_A}{\mathrm{d}t}=2.0c_A^2=2.0c_{A0}^2(1-x_A)^2$$

式中，c_A为反应器中物料A的浓度，mol/L；c_{A0}为进料中物料A的浓度，mol/L；x_A为转化率。

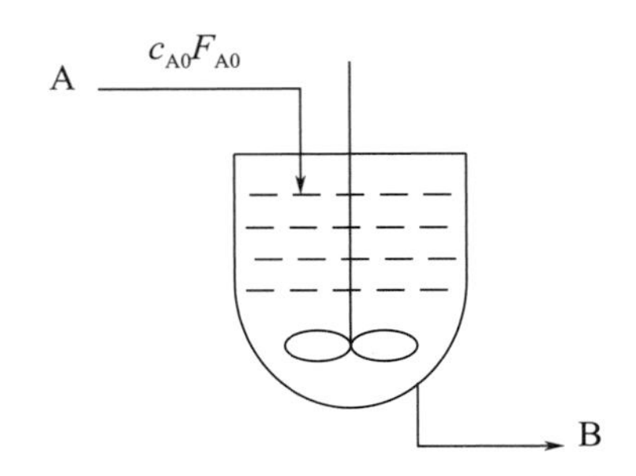

图3-9　连续搅拌槽式反应器示意图

假定进料中A的浓度在一个连续的范围内变化，且其单位成本由经验公式确定为：

$$C_1 = 5.0c_{A0}^{1.5} \quad （元/L）$$

反应器及有关辅助设备的折旧费用、操作人员工资、公用工程费用假定为：

$$C_2 = 0.35V_R^{0.65} \quad （元/L）$$

式中，V_R为反应器体积，为简化起见，反应物料的体积近似等于V。根据预测，当产品B的产量为50mol/h时，就足以满足市场需求。试确定物料的进料量F_{A0}、浓度c_{A0}、反应器的体积V和转化率x_A各为多大，使得每小时总消耗费用为最小。

显然，本题所要追求的是

$$C_1F_{A0} + C_2 = 5.0c_{A0}^{1.5}F_{A0} + 0.35V_R^{0.65} \to \min$$

且需要同时满足以下方程：

原料A的物料平衡

$$F_{A0}c_{A0} = -r_AV + F_{A0}c_{A0}(1 - x_A)$$

产物B的生成速率

$$F_B = \frac{1}{2}F_{A0}c_{A0}x_A \leqslant 50$$

反应物A的限制

$$F_{A0} \leqslant 600$$

为此，该问题可以写成：

$$\begin{aligned}
\min \quad & 5.0c_{A0}^{1.5}F_{A0} + 0.35V^{0.65} \\
\text{s. t.} \quad & -r_A = 2.0c_{A0}^2(1 - x_A)^2 \\
& F_{A0}c_{A0} = -r_AV + F_{A0}c_{A0}(1 - x_A) \\
& \frac{1}{2}F_{A0}c_{A0}x_A \leqslant 50 \\
& F_{A0} \leqslant 600
\end{aligned}$$

这一问题的特点是有一个求极小的且为非线性的目标函数$f(\boldsymbol{x})$和多变量（x_i，i=1，2，3，4）的取值受限制，且这些限制条件有的是线性的，有的是非线性的。

同线性规划问题的数学模型一样，非线性规划问题的数学模型可以具有不同的形式，但不同形式之间往往可以转换，因此非线性规划问题一般形式可表示为：

$$\begin{aligned}&\min f(\boldsymbol{x}), x\in \boldsymbol{E}^n\\&\text{s. t.}\begin{cases}\boldsymbol{h}_i(\boldsymbol{x})=0 & (i=1,2,\cdots,m)\\ \boldsymbol{g}_j(\boldsymbol{x})\leqslant 0 & (j=1,2,\cdots,l)\end{cases}\end{aligned} \tag{3-47}$$

式中，$\boldsymbol{x}=[x_1,x_2,\cdots,x_n]^{\mathrm{T}}$称为模型的决策变量，$f$为目标函数；$\boldsymbol{h}_i(\boldsymbol{x})$和$\boldsymbol{g}_j(\boldsymbol{x})$称为约束函数，$\boldsymbol{h}_i(\boldsymbol{x})$称为等式约束，$\boldsymbol{g}_j(\boldsymbol{x})$称为不等式约束。

① 非线性规划问题的图解法。现以求解下述非线性规划问题为例子进行说明。

$$\begin{aligned}&\min f(x_1,x_2)=(x_1-2)^2+(x_2-2)^2\\&\text{s.t. } h(x_1,x_2)=x_1+x_2-6=0\end{aligned}$$

若令其目标函数$f(x_1,x_2)=c$，目标函数成为一条曲线或一张曲面，通常称为等值线或等值面。此例，若设$f(x_1,x_2)=2$和$f(x_1,x_2)=4$可得两个圆形等值线，如图3-10所示。

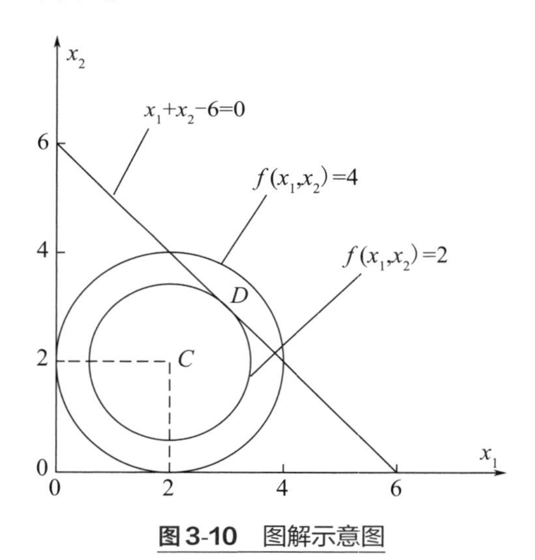

图3-10　图解示意图

由图3-10可见，等值线$f(x_1,x_2)=2$和约束条件直线6—6相切，切点D即为此问题的最优解，$(x_1,x_2)^*$=（3，3），其目标函数值$f(x_1,x_2)=2$。

在此例中，约束$h(x_1,x_2)=x_1+x_2-6=0$对最优解发生了影响，若以

$$h(x_1,x_2)=x_1+x_2-6\leqslant 0$$

代替原来的约束$h(x_1,x_2)=x_1+x_2-6=0$，则新的非线性规划的最优解变为$(x_1, x_2)^*$=（2，2），即图3-10中的C点，此时$f(x_1, x_2)=0$。由于此最优点位于可行域的内部，故事实上约束并未发挥作用，问题相当于一个无约束极值问题。

需要注意的是，若线性规划存在最优解，则最优解只能在其可行域的边界上（通常是在可行域的顶点上）得到；而非线性规划的最优解（如果存在）则可能在可行域的任意一点上得到，并非仅局限在可行域的边界上。

② 非线性规划问题的一维搜索方法

如果目标函数是单个变量x的函数，则目标函数$f(x)$可以相对于x进行微分，得到$f'(x)$。然后可以找到$f(x)$中的任何驻点作为$f'(x)=0$的解。如果目标函数在某驻点处的二阶导数的值大于零，则该驻点是一个局部极小值；如果二阶函数的值小于零，则该驻点是一个局部极大值；如果二阶函数的值等于零，则该驻点为鞍点。如果x是有约束的，那么我们还必须检查目标函数在上限和下限约束的值。类似地，如果$f(x)$是不连续的，则还应检查不连续的任意一侧的$f(x)$的值。此过程可以概括为以下算法：

$$\begin{aligned} &\text{min. } z=f(x) \\ &\text{s.t.} \quad x \geqslant x_L \\ &\qquad\ \ x \leqslant x_U \end{aligned} \tag{3-48}$$

a. 求解$f' = \dfrac{\mathrm{d}f(x)}{\mathrm{d}x} = 0$以得到方程的根xs。

b. 对于每个x_s的值，计算$f'' = \dfrac{\mathrm{d}^2 f(x)}{\mathrm{d}x^2}$的值。如果$f''>0$，那么$x_S$就是对应的局部最小值。

c. 计算$f(x_S)$、$f(x_L)$和$f(x_U)$的值。

d. 如果目标函数是不连续的，那么估计任一侧$f(x)$在x_{D1}和x_{D2}的值。

e. 最优值就是从一系列（$x_L, x_S, x_{D1}, x_{D2}, x_U$）中选择的$f(x)$的最小值。

图3-11（a）说明了连续目标函数的情况。如图3-11（a）所示，即使在x_{S1}处存在局部最小值，x_L仍是最优点。图3-11（b）则说明了目标函数不连续的情况。不连续函数在工程设计中非常普遍，例如，当温度或pH值的变化引起冶金学变化时，就会出现这种情况。如图3-11（b）所示，即使在x_S处存在局部最小值，目标函数的最优值仍然在x_{D1}处。

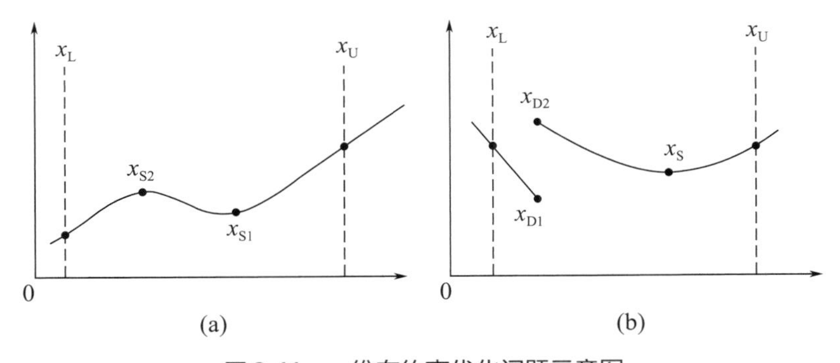

图3-11　一维有约束优化问题示意图

如果目标函数可以表示为可微分方程，则很容易作出如图3-11所示的图，并快速确定最优点是在驻点上还是在约束边界上。但是，对于大多数的最优化问题来说，目标函数通常并不能很容易地就写成可微分的简单方程式。特别是对于目标函数是比较复杂的模型，可能需要使用几个不同的程序并且花费几分钟、几小时或几天的时间来收敛得到最优解。在这种情况下，我们需要使用一定的搜索方法以找到最优解。

对于一维优化问题来说，搜索方法的概念最容易解释，同时一维搜索方法也是多维优化问题求解算法的核心。有一点需要注意的是，本节中讨论的所有方法最适合单峰函数，即在有界范围内最大或最小值不超过一个的函数。

a.无界搜索。如果决策变量不受约束，则第一步是确定最优解所在的范围。在无约束的搜索过程中，我们首先给出x的初始猜测值，并假设步长为h。然后分别计算$z_1 = f(x)$、$z_2 = f(x+h)$、$z_3 = f(x-h)$的大小。根据z_1、z_2和z_3的值，便可以确定目标函数值的搜索方向。当然这具体取决于是最大化还是最小化目标函数的值。然后以h的步长继续增加或减少x，直到获得最优解。在某些情况下，也可以加快搜索过程。这时，每一步的步长可以翻倍，这样就得到了$f(x+h)$、$f(x+3h)$、$f(x+7h)$、$f(x+15h)$等搜索序列。

无界搜索是一种为不受约束的优化问题限定最优解的相对简单的方法。但是在工程设计问题中，每个参数都设置有上限或下限，因此无界搜索在优化设计中的应用并不是很广泛。

一旦确定了包含最优解的限制范围，就可以使用限制范围搜索方法。这些方法大致可以分为直接方法和间接方法，直接方法通过消除不存在最优解的区域来找到最优值，而间接方法是通过对$f'(x)$进行近似估计来找到最优值。

b.常规搜索（三点区间搜索）。三点区间搜索首先计算上限x_L、下限x_U以及中心点$(x_L + x_U)/2$处的值。如图3-12所示，然后在边界和中心点之间的中点添加两个新点，分别为$(3x_L + x_U)/4$和$(x_L + 3x_U)/4$。然后使用具有$f(x)$最小值（或最大化问题的最大值）的点的三个相邻点来定义下一个搜索范围。

在每个步骤中消除四个点中的两个点，这个过程每循环一步将搜索范围减小一半。因此，要将范围减小到初始范围的一小部分，需要n个周期，其中$\varepsilon = 0.5^n$。由于每个循环需要计算额外两个点的$f(x)$的值，因此计算总数为$2n = 2\lg\varepsilon / \lg 0.5$。

当搜索范围被充分缩小到能达到理想的最佳精度时，过程将被终止。对于设计问题来说，通常不必高精度地确定决策变量的最优解，因此ε通常不是一个很小的数。

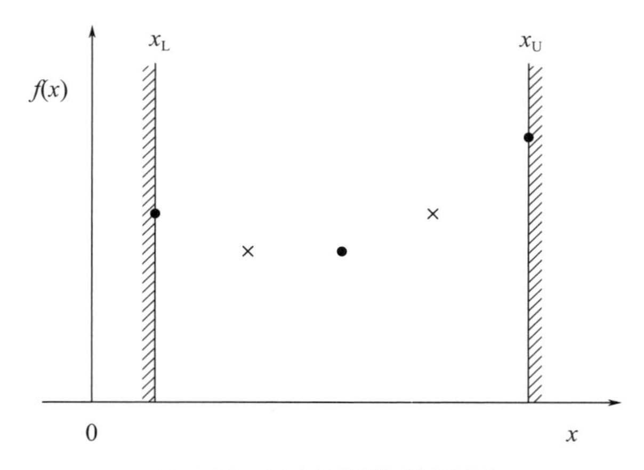

图3-12　三点区间搜索示意图

c.黄金分割搜索。黄金分割搜索有时也称为黄金均值搜索，与常规搜索一样易于实现，但是如果$\varepsilon < 0.29$，则计算效率更高。在黄金分割搜索中，每个循环仅需添加一个新点。如图3-13给出了黄金分割方法的示意图。首先计算限制范围的上界和下界（图中标记为A和B）对应的$f(x_L)$和$f(x_U)$的值。然后，我们添加两个新点（标记为C和D），这两个新点分别与

边界A点和B点相距ωAB，即分别位于$x_L+\omega(x_U-x_L)$和$x_U-\omega(x_U-x_L)$处。对于最小化问题来说，需要消除给出$f(x)$最大值的点。如图3-13所示，这个点记为点B。这样需要添加一个新点E，以使新点集$AECD$与旧点集$ACDB$相对称。

为了使新点集与旧点集相对称，$AE=CD=\omega \cdot AD$。但是我们知道$DB=\omega \cdot AB$，所以$AD=(1-\omega)AB$并且$CD=(1-2\omega)AB$，所以：

$$(1-2\omega)=\omega(1-\omega)$$

$$\omega=\frac{3\pm\sqrt{5}}{2}$$

每个新点将搜索范围缩小到原始范围的$(1-\omega)=0.618$。因此为了将搜索范围减小到初始范围的ε，需要进行$n=\lg\varepsilon/\lg 0.618$次循环。

数字$(1-\omega)$被称为黄金分割。这个数字的重要性自古以来就为人所知。

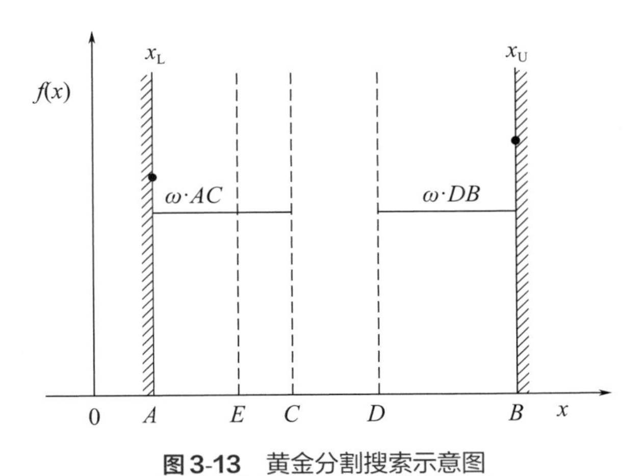

图3-13 黄金分割搜索示意图

d.拟牛顿法。拟牛顿法是一种通过求解$f'(x)$和$f''(x)$并搜索$f'(x)=0$的解来寻求最优解的超线性间接搜索方法。

第k+1步的x的值可根据如下公式从第k步的x的值获得：

$$x_{k+1}=x_k-\frac{f'(x_k)}{f''(x_k)} \tag{3-49}$$

重复该过程，直到$x_{k+1}-x_k$的绝对值小于收敛标准或容差ε。

如果没有关于$f'(x)$和$f''(x)$的明确公式，则可以对其进行有限差分近似：

$$x_{k+1}=x_k-\frac{\left[f\left(x_k+h\right)-f\left(x_k-h\right)\right]/2h}{\left[f\left(x_k+h\right)-2f(x_k)+f\left(x_k-h\right)\right]/h^2} \tag{3-50}$$

在设置步长h和收敛容差ε时需要格外小心。拟牛顿法的收敛速度比较快，除了$f''(x)$接近零的情况。因为在$f''(x)$接近零的情况下，拟牛顿法的收敛性很差。

③ 非线性规划问题的多维搜索方法

化工系统工程遇到的实际问题一般比较复杂，经常为多变量的优化问题，而且有时变量数目巨大。要想找到过程系统全局最优方案难度极大，甚至可以说是不可能。为了得到过程系统的最优解，需要对过程系统反复进行模拟计算，而优化目标往往是用隐函数形式表达的。大型多变量优化问题的求解过程是运筹学领域的核心问题。这种类型的优化问题，通常称作多维搜索。

（4）现代智能优化算法

随着优化理论的发展，智能算法得到了迅速发展和广泛应用，成为解决传统优化问题的新方法，如遗传算法、蚁群算法、粒子群算法等。这些算法大大丰富了现代优化技术，也为具有非线性、多极值等特点的复杂函数及组合优化问题提供了切实可行的解决方案。现代智能优化算法主要包括：遗传算法、模拟退火算法、粒子群算法、蚁群算法等。这些优化算法都是通过模拟自然现象和过程来实现，其优点和机制的独特，引起了国内外专家学者的高度重视。以下对几种常用的现代智能优化算法作简要的概述。

① 遗传算法

遗传算法（genetic algorithm，GA）是模拟生物体内染色体群体的遗传进化过程的一种高效搜索算法，它是美国学者Holland于1975年首先提出来的。它摒弃了传统的搜索方式，模拟自然界生物进化过程，采用人工进化的方式对目标空间进行随机化搜索（概率搜索）。它将问题域中的可能解看作是群体的一个个体或染色体，并将每一个体编码成符号的操作（遗传、交叉和变异），根据预定的目标适应度函数对每个个体进行评价，根据适者生存、优胜劣汰的进化规则，不断得到更优的群体，同时以全局并行搜索方式来搜索优化群体中的最优个体，求得满足要求的最优解。

由于遗传算法的整体搜索策略和优化搜索方法在计算时不依赖于梯度信息或其他辅助知识，而只影响搜索方向的目标函数和相应的适应度函数，所以遗传算法提供了一种求解复杂系统问题的通用框架，它不依赖于问题的具体领域，对问题的种类有很强的鲁棒性，所以广泛应用于许多科学研究。可使用遗传算法解决标准优化算法无法解决或很难解决的优化问题。例如，当优化问题的目标函数是离散的、不可微的、随机的或高度非线性优化时，使用遗传算法会比前面小节中介绍的优化方法更有效、更方便。

② 模拟退火算法

模拟退火（simulated annealing，SA）算法是一种通用概率算法，用来在一个大的搜寻空间内寻命题的最优解。该算法是源于对热力学中退火过程的模拟，在某一给定初温下，通过缓慢下降温度参数，使算法能够在多项式时间内给出一个近似最优解。其与冶金学上的退火相似，而与冶金学的淬火有很大区别，前者是温度缓慢下降，后者是温度迅速下降。它模拟了固体退火过程中系统内原子群体趋向能量最低的基态的过程。

模拟退火的原理为：将热力学的理论套用到统计学上，将搜寻空间内每一点想象成空气内的分子，分子的能量就是它本身的动能，而搜寻空间内的每一点，也像空气分子一样带有能量，以表示该点对命题的合适程度。算法先以搜寻空间内一个任意点作起始，每一步先选择一个邻居，然后再计算从现有位置到达邻居的概率。

模拟退火算法的实验性能具有质量高、初值鲁棒性强、通用易实现的优点，编程最容易，理论最完善。但是，为了寻求最优解，算法通常要求较高的初温、较慢的降温速率、较低的终止温度以及各温度下足够多次的抽样，因此模拟退火算法往往优化过程较长，这也是模拟退火算法最大的缺点。

③ 粒子群算法

粒子群算法（particle swarm optimization，PSO）是通过模拟鸟群觅食行为而发展起来的一种基于群体协作的随机搜索算法。一群鸟在随机搜索食物，在这个区域里只有一块食物，所有的鸟都不知道食物在哪里，但是它们知道当前的位置离食物还有多远。找到食物的最优策略是搜寻离食物最近的鸟的周围区域。在PSO中，每个优化问题的解都是搜索空间中的一只鸟。我们称为粒子。所有的粒子都有一个被优化的函数决定的适应值（fitness value），每个粒子还有一个速度决定它们飞翔的方向和距离。然后粒子们就追随当前的最优粒子在解空间中搜索。PSO初始化为一群随机粒子（随机解），然后通过迭代找到最优解，在每一次迭代中，粒子通过跟踪两个极值来更新自己。第一个就是粒子本身所找到的最优解，这个解叫作个体极值pBest，另一个极值是整个种群找到的最优解，这个极值是全局极值gBest。另外也可以不用整个种群而只是用其中一部分最优粒子的邻居，那么在所有邻居中的极值就是局部极值。

PSO属于进化算法的一种与遗传算法相似，它也是从随机解出发，通过迭代寻找最优解，通过适应度来评价解的品质，但它比遗传算法规则更为简单，它没有遗传算法的“交叉”和“变异”操作，它通过追随当前搜索到的最优值来寻找全局最优。这种算法以其实现容易、精度高、收敛快等优点引起了学术界的重视，并且在解决实际问题中展示了其优越性。但PSO的初始化过程是随机的，这虽然可保证初始解群分布均匀，但个体的质量不能保证。其次，粒子利用自身、个体及全局信息来更新自己的速度和位置，这是一个正反馈过程，当自身信息及个体信息占优势时，算法易陷入局部最优。

④ 蚁群算法

蚁群算法（ant colony optimization，ACO）是一种群智能算法，它是由一群无智能或有轻微智能的个体（agent）通过相互协作而表现出智能行为，从而为求解复杂问题提供了一个新的可能性。蚁群算法最早是由意大利学者Colorni A., Dorigo M.等于1991年提出。蚁群算法用来模拟真实蚁群的行为，建立食物源与蚁巢之间的最短路径。当蚂蚁寻找食物时，它会在自己所经过的路径上释放出一种信息素，其他的蚂蚁可以被该信息素吸引而选择这个路径，当越来越多的蚂蚁通过这条路径时，会导致更多的信息素沉积在该路径上，也会吸引更多的蚂蚁继续选择该路径。因为蚂蚁根据信息素数量的多少来抉择将要移动的路径，信息素在路径上沉积得越多，也就越有可能吸引更多的蚂蚁来选择该路径。因此，蚂蚁们依据该原理构造出从巢穴到食物来源并返回的最短路径。

蚁群算法的特点是不仅能够智能搜索、全局优化，而且具有稳健性（鲁棒性）、正反馈、分布式计算、易与其他算法结合等特点。

3.3.8　模型解算方法

化工系统的数学模型通常是一个大型非线性方程组，原则上可以运用数学上关于大型非线性方程组的通用算法求解，但由于化工系统多变量、严重的非线性，尤其是严重的不适定型造成的复杂性和特殊性，照搬通用算法一般并不有效。化学工程师在大量的计算实践中摸索出了一套行之有效的解决方案，开发出适合化工系统特点的算法。20世纪50年代末，电子数字计算机的发展，为过程系统的整体研究提供了技术手段。

（1）稳态模型求解方法

根据对稳态系统数学模型的求解方法，可以将流程模拟分为三类：序贯模块法（sequential modual method）、联立方程法（equation modular method）、联立模块法（simultaneously modular method）。下面仅简单介绍这三种求解方法的主要思想，其他详细内容可参见本书附录R-10~R-12。

① 序贯模块法

序贯模块法于20世纪60年代开发成功，是开发最早、发展最成熟、应用最广的过程系统模拟方法。目前大多数的过程系统模拟软件（如ASPEN、PRO/Ⅱ）都属于这一类。序贯模块法的基础是单元模块，单元模块是依据相应过程单元的数学模型和求解算法编制而成的子程序。序贯模块法的基本思想是：给定系统的输入物流变量，按照物流流动的方向，依次由单元模块的输入物流变量计算出输出物流变量，最终计算出系统的输出物流变量。由此计算得出过程系统中所有的物流变量值，即状态变量值。

序贯模块法的求解与过程系统的结构有关。当涉及的系统为无反馈联结（无再循环流）的树形结构时，系统的模拟计算顺序与过程单元的排列顺序是完全一致的。但是，具有反馈联结的系统（不可分割子系统），其中至少存在这样一个单元，其某个输入物流是后面某个单元的输出物流，这时就不能直接实施序贯的求解计算。

用序贯模块法模拟计算具有再循环物流的系统时，采用的方法是断裂和收敛技术。通过断裂技术打开回路，以便序贯地对模块进行求解。对于复杂系统，收敛单元设置的位置不同，其效果亦不同。究竟设置在何处为好，这要通过断裂技术去解决。此外，如何保证计算收敛，如何加快收敛，这都取决于收敛算法。

采用序贯模块法进行模拟计算，通常有如下步骤：a.将整个系统分隔成若干个相互之间不存在循环流的独立子系统；b.确定各子系统的计算顺序；c.对包含循环流的子系统，确定断裂流股；d.确定循环流子系统内部各单元的计算顺序。

序贯模块法的优点是：与实际过程的直观联系强；模拟系统软件的建立、维护和扩充都很方便，易于通用化；计算机出错时易于诊断出错位置。其缺点是计算效率较低，尤其是解决设计和优化问题时计算效率更低。计算效率低是由于序贯模块法本身的特点所决定的。对于单元模块来说，信息的流动方向是固定的，只能根据模块的输入物流信息计算输出物流信息，而且在进行系统模拟过程中，对物料、单元模块计算、断裂物流收敛计算等，将进行三重嵌套迭代，虽然如此，序贯模块法仍不失为一种优秀的方法，但在处理过程设计和优化问题时，由于其循环迭代嵌套甚至可高达五层，以致求解效率很低。

② 联立方程法

用序贯模块法进行过程系统模拟计算，由于具有收敛计算的循环圈以致大大增加了计算量。对于过程系统的设计计算问题和参数优化问题，情况将更为严重，甚至不能用序贯模块法去求解。联立方程法的基本思想是将描述过程系统的所有方程组织起来，形成一个大型非线性方程组，进行联立求解。非线性方程组可表示如下：

$$\boldsymbol{f}(\boldsymbol{x},\boldsymbol{u})=0 \tag{3-51}$$

式中，$\boldsymbol{x}$为状态变量向量；$\boldsymbol{u}$为设计变量（或决策变量）向量；$\boldsymbol{f}$为系统模型方程组，其中包括：物性方程，物料、能量、化学平衡方程，过程单元间的联结方程，设计规定方程等。

对于过程系统模型方程组而言，设计变量和状态变量的地位是等同的。设计变量可以在求解前根据问题的求解目的的不同人为指定。从这一角度看，可以认为联立方程法在求解一般模拟问题和设计问题是没有差别的。

过程系统方程组的特点是稀疏性。所谓稀疏性是指方程组中，每个方程含有少数几个非零元素，即一个方程组中只出现少数几个变量。基于过程系统方程组的稀疏性特点，人们提出了许多求解方法，归纳起来大致可分两类：第一类为降维求解法，根据过程系统的方程组存在稀疏性的特点，可将方程组分解成若干较小的非线性方程组，进行降维求解。第二类为线性化法，将过程系统的非线性方程组拟线性化，进行迭代计算，用线性方程组的解逐渐逼近非线性方程组的解。

联立方程法主要有以下几点优势：第一，联立方程法对模拟型、设计型、优化型问题而言，只是给定方程，其处理方法都是相同的。因此，对设计型问题和优化型问题不需采取专门的方法。第二，联立方程法避免了序贯模块法中多层次的迭代计算，故计算效率高。特别是对设计型问题和优化型问题效果更加明显。因此，联立模块法成为流程模拟的发展趋势，现已出现成熟的商业化软件，并在实时优化中得到应用。第三，因为此时用户不需要考虑解算方法，只要写出定义模型方程组（以及相关约束方程）即可，可以很方便地增加模块。第四，易于实现稳态模拟与动态模拟结合，并在二者之间进行平滑切换。

然而，联立方程法也存在一些不足和需要解决的问题，概括如下：正确建立庞大方程组较困难；不能继承已开发的大量单元模块；实现较困难；初值估计较困难；设计变量选择要求高；求解时错误诊断困难；内存需求大；缺少高效的非线性方程组求解算法等。然而这些不足主要是过去研究较少，计算机硬件限制等造成的，并不是联立方程法本身的问题。随着计算机技术和计算技术的飞速发展，这些所谓的不足部分已不存在或已得到解决。

③ 联立模块法

序贯模块法和联立方程法各有所长，但都存在一些缺陷，从表3-9的比较不难看出，这两种方法的优缺点是互补的。联立模块法是集序贯模块法和联立方程法两者之所长而提出的一种求解方法。

表3-9　序贯模块法和联立方程法的比较

内容	序贯模块法	联立方程法	内容	序贯模块法	联立方程法
占用存储空间	小	大	对初值要求	低	高
迭代循环圈	多	少	计算错误诊断	易	难
计算效率	低	高	编制、修改程序	较易	较难
指定设计变量	不灵活	灵活			

联立模块法是将整个计算分成两个层次。第一个层次是单元模块层次，第二个层次是流

程系统层次，其基本思想如图3-14所示。首先，在模块水平层次上利用严格单元模块产生相应的简化模型方程，即用简化模型来逼近严格单元模块的输入与输出的关系。然后，在流程系统层次上，对所有单元的简化模型进行联立求解，得到系统的状态变量。如果在系统水平上未达到规定的精度要求，则必须返回到第一个层次上重新计算。经过多次迭代，直至收敛至原问题的解。

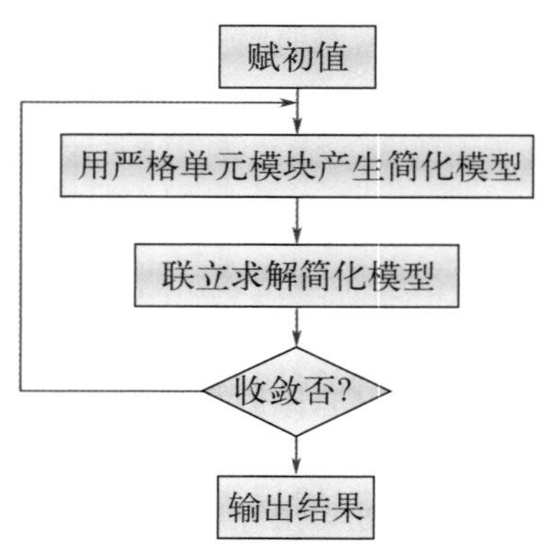

图3-14　联立模块法原理图

联立模块法具有如下特点：

a. 把序贯模块法中最费时、收敛最慢的回路迭代计算，用简化模型组成的方程组的联解替代，从而使计算加速，尤其是处理有多重再循环流或有设计规定要求的问题时，具有较好的收敛行为。因此，联立模块法计算效率较高。

b. 由于单元模块数比过程方程数要少得多，所以简化模型方程组的维数比系统方程组的维数小得多，因而，求解起来也容易得多。

c. 能利用大量原有丰富的序贯模块软件。可在原有序贯模块模拟器上修改得到联立模块模拟器。

（2）动态模型求解方法

动态过程的数学模型通常是由常微分方程或/和偏微分方程所组成，除了个别简单动态过程可以用解析方法求解外，都要借助电子计算机采用数值算法求数值解，如欧拉法、四阶龙格-库塔法、显式及隐式积分法等。下面以欧拉法为例，简单介绍动态模型求解的一些方法，其他方法可参见本书附录R-13。

欧拉法是一种最简单的数值积分法。虽然它的精度较差，但能说明基本概念。对于一个一阶微分方程

$$\frac{\mathrm{d}x}{\mathrm{d}t}=f(x,t) \tag{3-52}$$

为了以后表述方便，将x变量对t的一阶导数表述为$\dot{x}(t)$，于是上式变成：

$$\frac{\mathrm{d}x}{\mathrm{d}t}=\dot{x}(t)=f(x,t) \tag{3-53}$$

已知初值t_0=0时有x（t_0）=x_0，因此可得：

$$\dot{x}(t_0)=f(t_0,x_0) \tag{3-54}$$

设$t_1=h$是足够小的时间间隔，称h为步长，用差商代替微商，则有近似关系：

$$\frac{x(t_1)-x(t_0)}{h}\approx\dot{x}(t_0)=f(t_0,x_0) \tag{3-55}$$

整理上式则有：

$$x(t_1)=x(t_0)+hf(t_0,x_0) \tag{3-56}$$

即从x（t_0）递推出x（t_1）的近似值。利用x（t_1）及f（t_1,x_1）又可以递推出x（t_2）$=x$（$2h$）的近似值：

$$x(t_2)=x(t_1)+hf(t_1,x_1) \tag{3-57}$$

可以得到在任一点$t_{n+1}=$（$n+1$）h处x（$t_n=1$）近似值的一般表达式：

$$x(t_{n+1})=x(t_n)+hf(t_n,x_n) \tag{3-58}$$

欧拉法的几何意义如图3-15所示。

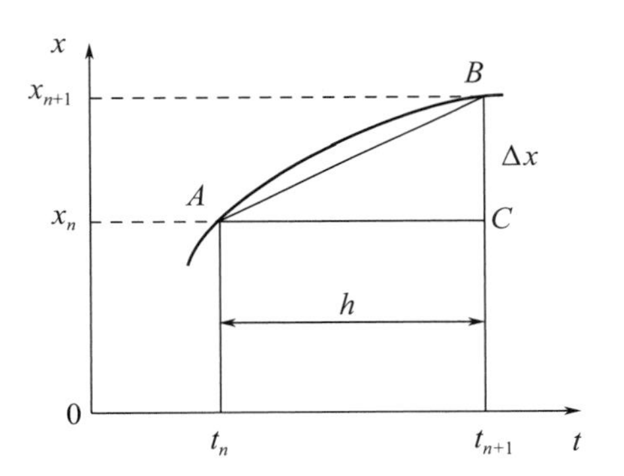

图3-15　欧拉法的几何意义示意图

图3-15中线段的斜率即为导数：

$$\dot{x}_n=f(t_n,x_n)=\frac{\Delta x}{h} \tag{3-59}$$

于是

$$\Delta x=hf(t_n,x_n) \tag{3-60}$$

由x_n估计x_{n+1}的值，可以通过x_n加上一个校正量Δx来近似，则

$$x_{n+1}=x_n+\Delta x=x_n+hf(t_n,x_n) \tag{3-61}$$

由欧拉法可知，数值积分都是在离散点上进行的，即把时间变量划分为许多小段，第一段的间隔h称为时间步长。如果$x(t)$称为状态，那么求解问题描述为：已知前一时刻的状态，

设法递推估计出下一时刻的状态，直至把全部离散点上的状态求出就可以最终得到瞬态响应的数值表。递推估计有很多种方法，也就导致了各种各样的数值积分方法出现。

3.4 应用层

应用层中的不同功能可通过对不同模型多层级的模型关系组合的方式实现。参照工厂运行和维护阶段产品生命周期的主要功能，应用层可依次划分为设计仿真、工艺流程规划、生产测试、产品交付4个阶段。模型层中的层级组合、关联组合、对等组合等多层级模型关系可以实现对信息模型的组合。通过信息模型的各种组合，应用层可提供不同的虚拟工厂业务功能。

3.4.1 设计仿真

设计仿真是基于产品原型库、设计机理库等设计基础信息，构建产品设计、仿真方面的虚拟模型的映射和迭代关系建立产品的虚拟模型，包括产品设计三维模型，以及围绕模型建立的不同产品、不同部件之间的关联模型等，进一步将产品的虚拟模型在设备生产能力、设备生产环境的虚拟工厂运行环境中进行模拟生产，并测试产品设计的合理性、可靠性，提升产品研发效率。

3.4.2 工艺流程规划

工艺流程规划是基于工艺知识库、设备布局信息、仓储情况等工艺流程规划基础信息，完成产品工艺流程规划。工艺流程规划阶段业务功能包括构建产品工艺、流程规划方面的物理资源与虚拟模型的映射和迭代关系，以及产品工艺规划模型、工艺仿真数据库、工艺调用、虚拟生产测试模型等，将包括工艺信息的产品虚拟模型在虚拟工厂的生产规划中进行流程模拟，并测试产品工艺规划和流程规划的合理性、可靠性，提升工艺流程规划效率。

3.4.3 生产测试

生产测试是基于设备布局信息、设备运行信息等基础信息及包括工艺信息和生产信息的产品虚拟模型，对产品的生产环节进行模拟测试，构建产品生产方面与虚拟模型的映射和迭代关系，以及结合不同工艺的生产制造模型库、生产规则库、产品质量控制模型、数据服务总线、数据可视化服务、数据分析服务等，并测试产品设计、工艺规划及生产流程的合理性和可靠性，提升产品设计成功率和测试效率。

3.4.4 产品交付

产品交付分为实体产品交付和产品虚拟模型交付两部分。其中产品虚拟模型应包括产品的外观信息、功能信息、工艺信息等内容，可适当提前以实体产品提供给用户，以满足用户提前进行模拟测试的需求。该阶段业务功能包括构建产品交付方面的物理资源与虚拟模型的映射和迭代关系，以及客户需求建立的产品质量追溯模型、售后维护机理模型等。

思考题

3-1　试计算简单精馏塔的稳态模拟方程组维数、变量数以及自由度。注：简单精馏塔为一股进料、两股出料（分别为塔顶、塔顶出料）、无中间抽出和中间换热的分离器械。

3-2　试计算管壳式换热器的稳态模拟方程组维数、变量数以及自由度（如3-2附）所示。

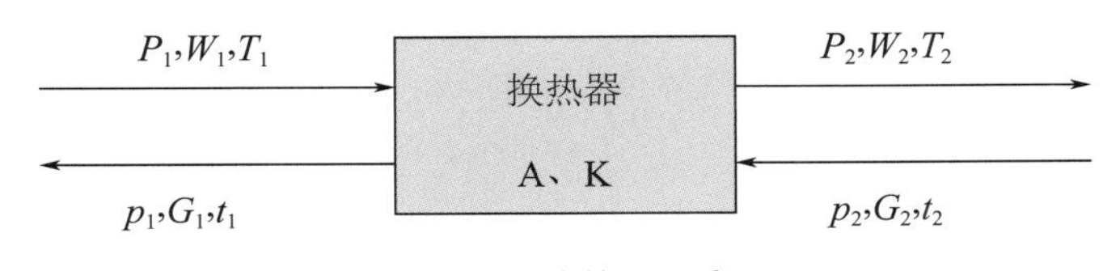

3-2 附图　换热器示意图

3-3　乙醇在反应器中通过发酵得到，在这个理想流程中，通过发酵可以将2kg的谷物转化为1kg水和1kg乙醇。已知，进料流率为100kg/min，其中谷物占20%（质量分数），水占80%（质量分数）。反应器效率为E=0.25。发酵产物经过滤后，乙醇-水溶液作为产品采出，剩余为浆液。在浆液中，每10kg的谷物中仍含1kg的乙醇-水溶液。5%（质量分数）的浆液排放掉，其余浆液返回发酵罐再进行发酵。试分别使用序贯模块法和联立方程法求系统中所有流股的状态（包括流量、各组分摩尔分率）。

3-4　请分别用直接迭代法、部分迭代法和Wegstein法求解下列方程，并比较这几种算法的收敛特性。

$$x=2(1-x)^3, x^{(0)}=0.5$$

3-5　求解方程组

$$\begin{cases}0.1x_1^2-x_1+0.1x_2+1=0\\0.1x_1^2-x_2+0.1x_2^2+2=0\end{cases}$$

3-6　求解方程组

$$\begin{cases}-x_1+0.05x_2^2+99=0\\0.05x_1^2-x_2-198=0\end{cases}$$

的解，取初值$x_1=x_2=1$。

3-7　用一维搜索求解

$$\min \quad y=2.35+\sin x+1.2x^2$$

3-8　求解最优化问题

$$\begin{aligned}&\min \quad f(\boldsymbol{X})=(x_1+x_2-x_3-1)^2+\left(x_1+x_2\right)^2+5x_1^2\\&\text{s.t.} \quad 2x_1+x_3=0\end{aligned}$$

3-9　求解最优化问题

$$\begin{aligned}&\min \quad f(\boldsymbol{X})=2x_1^2-2x_1x_2+2x_2^2-6x_1\\&\text{s.t.} \quad 3x_1+4x_2\leqslant 6\\&\qquad\ -x_1+4x_2\leqslant 2\end{aligned}$$

第4章 化工智能工厂

内容提要

化工智能工厂是在第2章化工数字工厂建设的基础上，通过现场智能仪表采集生产数据，利用物联网技术和监控技术加强信息管理服务，提高生产过程可控性、减少生产线人工干预，以及合理计划排程，构建高效、节能、绿色、环保、舒适的人性化工厂。

本章旨在阐述智能工厂所应具备的功能及其实现技术，并将这些技术按照智能工厂的技术架构进行逐一阐述。首先，我们探讨由工业现场设备所构成的智能设备感知控制层，该层主要负责采集工业现场的生产数据，为化工智能工厂奠定数据基础；接着，通过边缘数据处理层，对采集到的数据进行清理、集成、变换以及边缘计算等操作；最后，将处理好的数据通过智能生产运营管理平台的各种管理APP，实现柔性化、网络化、智能化生产和管理。

化工行业是典型的流程制造工业，其特点是管道式物料输送、生产连续性强、流程相对规范、工艺柔性比较小、产品较为单一、原料比较稳定。由于其原材料在整个物质转化过程中进行的是物理化学过程，实现数字化转变难度大，工序的连续性使得上一个工序对下一个工序的影响具有传导作用，即如果第一道工序的原料有问题，就会影响第二道工序。因此，化工等流程型制造业智能工厂建设的重点在于实现生产工艺和生产全流程的智能优化，即智能感知生产条件变化、自主决策系统控制指令、自动控制设备，在出现异常工况时，即时预测和进行自愈控制，排除异常，实现安全优化运行。在当前5G+工业互联网等信息技术快速发展的背景下，新一代智能制造对推动化工企业实现快速市场响应、资源柔性配置、缩短产品研制周期、提升生产效率和产品质量、降低成本、促进能源高效转化、提高员工生产力、优化销售和供应链，乃至整个化工行业转型升级，即敏捷化、精益化、绿色化发展均具有十分重要的时代意义。

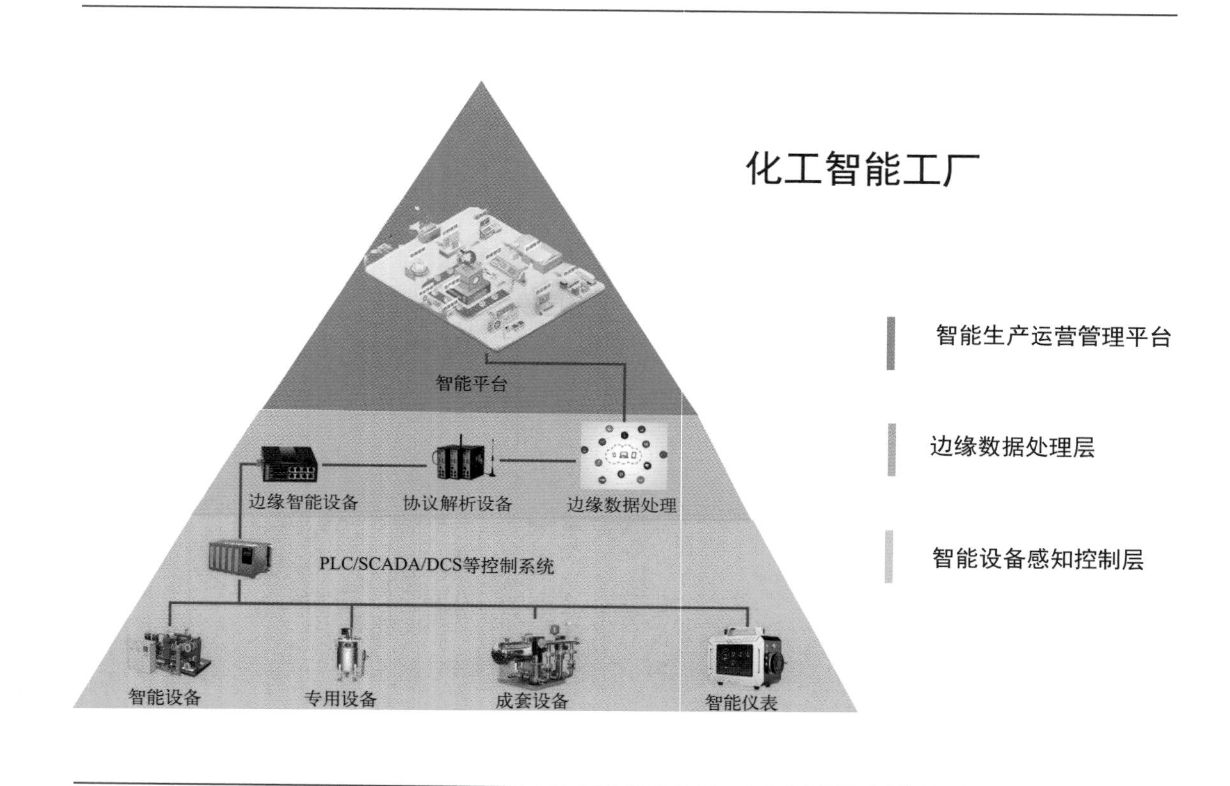

4.1 化工智能工厂架构

化工智能工厂架构是指利用物联网技术，借助移动终端设备、数字监控系统等数字化设备，以工艺过程在线闭环控制、全流程界面协同优化等关键技术突破为先决条件，保障生产数据的准确和及时反馈，利用大数据技术，分析内外部数据，合理编排生产计划与生产进度，实现化工全流程物质流、能量流和信息流协同优化，实现一体化计划调度、全流程质量管控、生产能环协同调配和资产全生命周期管理的建设，从而形成高效能、低耗散、自组织、动态有序、连续运行的生产模式。由于化工等流程行业智能工厂的建设较为复杂，实施难度较高，可将化工智能工厂的体系构架划分为功能架构和技术架构两个模块。

4.1.1 功能架构

围绕化工产品全生命周期，智能工厂在功能架构上包括智能设计、智能生产、智能运营服务三个部分。

（1）智能设计

这里所指的设计是基于化工专业软件的工程设计，狭义地说，可以认为是基于数字化交付的化工设计。常用的化工设计软件有英国AVEVA公司的AVEVAE3D和INTERGRAPH公司的Intergraph Smart®3D。这两个软件的介绍请参见本书2.2.4节的“(3)工厂三维建模软件”部分。

（2）智能生产

智能生产是以智能设计输出的内容为基础，通过应用自动化、信息化、智能化技术手段，提升产品质量、降低生产成本、缩短产品交期。智能生产包括设计、加工、销售、服务、管理等全生命周期过程的优化。智能工厂是智能生产的主要载体。智能工厂追求的目标是生产过程的优化，大幅度提升生产系统的性能、功能、质量和效益。智能生产包括以下八个方面的内容：

① 数字孪生工厂方面，在工厂设计、设备三维模型基础上集成生产、设备、能耗、环境等实时运行参数，实现物理制造与数字模型间的信息实时互联和精准映射。

② 计划与调度方面，基于先进排程调度算法模型，自动给出满足多种约束条件的优化排产方案，形成优化的详细生产作业计划，同时实施监控各生产要素，实现对异常情况的自动决策和优化调度。

③ 生产管理方面，根据生产作业计划，自动将生产程序、运行参数或生产指令下发到数字化设备，构建模型实现生产作业数据的在线分析，优化生产工艺参数、设备参数、生产资源配置等。

④ 质量管理方面，基于在线监测的质量数据，建立质量数据算法模型预测生产过程异常、实时预警，实时采集产品原料、生产过程数据，实现对产品质量的精准追溯，并通过数

据分析和知识库的运用进行产品的缺陷分析，提出改进方案。

⑤ 设备管理方面，基于设备运行模型和设备故障知识库，自动给出预测性维护解决方案，基于设备综合效率的分析，自动驱动工艺优化和生产作业计划优化。

⑥ 厂内物流方面，通过数字化储运设备与信息系统集成，依据实际生产状态实时拉动物料配送，建立仓储模型和配送模型，实现库存和路径的优化，根据储罐状态实时数据进行趋势预测，结合知识库自动给出纠正和预防措施。

⑦ 安环管理方面，基于安全作业、风险管控等数据的分析，实现危险源的动态识别、评审和治理，实现环保监测数据和生产作业数据的集成应用，建立数据分析模型，开展排放分析及预测预警。

⑧ 能源管理方面，建立节能模型，实现能流的精细化和可视化管理，根据能效评估结果及时对高能耗设备进行技术改造和更新。

（3）智能运营服务

智能运营包括智能研发、采购、产销、供应链、财务、办公、能环等。智能运营为智能生产服务，通过对供应链的协同管理，以客户和市场为中心的产品开发、销售管理，以财务、办公、能环等综合管理为生产保障，实现制造企业的产销供一体化管理。

智能运营涵盖计划智能调度、设备智能诊断、生产智能协同、产品质量溯源和能环在线评估等多个方面。计划智能调度具有生产调度计划、智能识别与定位、物流实时跟踪、物流运行分析等多方面的功能；设备智能诊断包括设备信息管理、设备维修管理、设备保养管理、设备运行分析等方面；生产智能协同包括生产计划管理、工艺管理、生产过程管理、生产运行管理等方面；产品质量溯源包括质量标准管理、检验实绩管理、检测实绩管理和产品质量数据分析等方面；能环在线评估包括能源实绩管理、能源数据分析、环境实绩管理、环境数据分析等方面。通过智能管理系统，可实现对产品全生命周期的管理。

智能运营的关键要素在于：在企业研发、生产、经营的数字化、信息化、网络化的基础上，应用虚拟仿真、人工智能、大数据分析、云计算等技术，对企业的采购、销售、资产、能源、安全、环保和健康，以及产品设计、生产、物流等管理模块进行信息化提升、系统化集成及精益化协同，并形成可迭代、可优化、具有智能特征、面向全局的管理系统，为企业各管理层的智能决策提供支撑。

新一代人工智能技术的应用催生制造业产业模式的根本性转变，产业模式将从以产品为中心向以用户为中心转变，产业形态从生产型制造向服务型制造转变。智能服务包含设备智能管理与维护、智能工业运营服务、敏捷产品智能服务等。设备智能管理与维护可提供数据驱动的设备运营类APPs等应用服务集，智能工业运营服务可提供产线集成与测试类APPs等应用服务集，敏捷产品智能服务可提供多专业/多学科的数字化应用类APPs等应用服务集。

4.1.2 技术架构

化学工业是以连续生产方式为主要特征的流程型生产行业，其智能工厂的技术架构以传统制造体系的层级划分为基础，适度考虑未来基于产业的协同组织，分为智能设备感知控制层、边缘数据处理层、智能生产运营管理层三个层级，如图4-1所示。

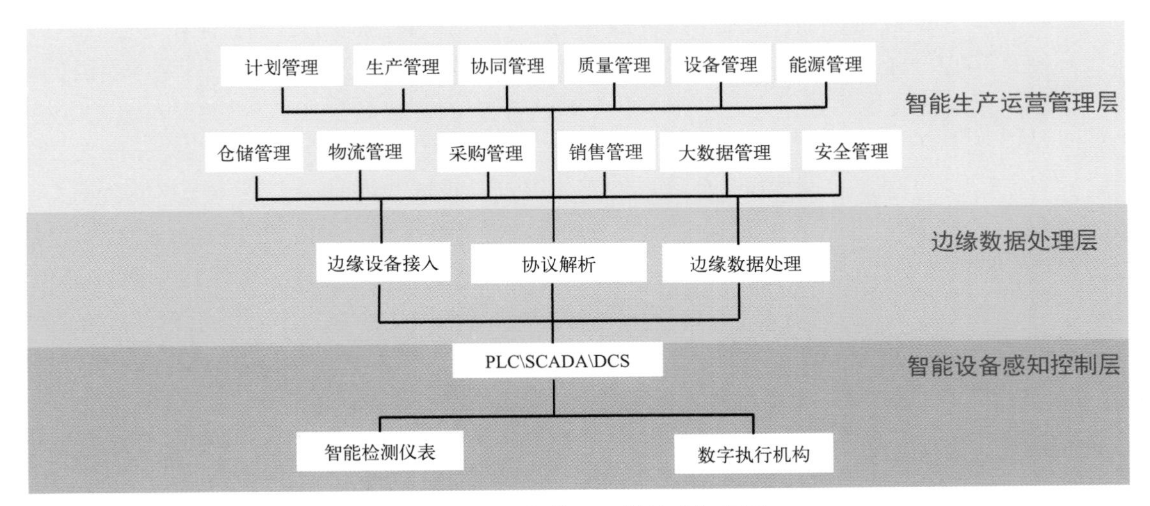

图4-1　化工智能工厂的技术架构图

智能设备感知控制层对应工业现场设备，用于实现设备层信息全感知、自执行、自动控制功能，从而构建化工智能工厂的数据基础；边缘数据处理层要完成数据清理、数据集成、数据规约和数据变换以及对应的边缘计算和云计算；智能生产运营管理层可分为智能生产运营层和智能经营管理层两部分，智能生产运营层通过各种生产管理APP，实现柔性化、网络化、智能化生产；智能经营管理层关注采购、销售、资产、项目等订单计划、绩效优化、供应链协同、资源配置等。

4.2　智能设备感知控制层

智能设备感知控制层也称为智能装备层，是实现智能工厂的基础。其主要任务是实现对工厂内人、机、料、法、能、环等生产要素的联网和数据采集，通过全面感知与互联互通形成泛在的工业环境，实现厂内物料、产品、设备、环境和人员的全感知、自执行、自动控制，通过大范围、深层次的数据采集，构建化工智能工厂的数据基础。

由于感知层所采集的数据是工业原始数据，原始数据的特点是实时、有效以及准确。在正常情况下，这些从感知层采集来的数据需要被智能工厂的运营管理平台充分利用，才能体现其价值。因此，由感知层的感知节点获取的数据质量将极大地影响智能决策的最终结果。

4.2.1　感知层的关键技术

智能设备感知层可以应用的技术包括智能卡、RFID电子标签、识别码、传感器等。从现阶段来看，物联网发展的瓶颈就在感知层。感知层的关键技术包括射频识别技术

（RFID）、传感器技术、二维码技术、智能嵌入技术等。

（1）射频识别技术

射频识别（radio frequency identification，RFID）技术又称为电子标签技术，是20世纪90年代开始兴起的一种无线非接触式自动识别技术，该技术通过射频信号等一些先进手段自动识别目标对象并获取相关数据，主要用来为智能工厂中的各物品建立唯一的身份标识。射频识别系统通常由电子标签和阅读器组成。电子标签技术具有一定的优势：能够轻易嵌入或附着，并对所附着的物体进行追踪定位；读取距离更远，存取数据时间更短；标签的数据存取有密码保护，安全性更高。RFID目前有很多频段，集中在13.56MHz频段和900MHz频段的无源射频识别标签应用最为常见。短距离应用方面通常采用13.56MHzHF频段；而900MHz频段多用于远距离识别，如车辆管理、产品防伪等领域。阅读器与电子标签可按通信协议互传信息，即阅读器向电子标签发送命令，电子标签根据命令将内存的标识性数据回传给阅读器。RFID技术与互联网、通信等技术相结合，可实现全球范围内物品跟踪与信息共享。但其技术发展过程中也遇到了一些问题，主要是芯片成本，其他的如FRID反碰撞防冲突、RFID天线研究、工作频率的选择及安全隐私等问题，都一定程度上制约了该技术的发展。

（2）传感器技术

传感器技术同计算机技术与通信技术一起称为信息技术的三大支柱。传感器技术主要研究关于从自然信源获取信息，并对之进行处理（变换）和识别的一门多学科交叉的现代科学与工程技术。传感器技术的核心即传感器，它是负责实现物联网中物与人信息交互的必要组成部分。目前无线传感器网络的大部分应用集中在简单、低复杂度的信息获取上，只能获取和处理物理世界的标量信息，然而这些标量信息无法刻画丰富多彩的物理世界，难以实现真正意义上的人与物理世界的沟通。为了克服这一缺陷，既能获取标量信息，又能获取视频、音频和图像等矢量信息的无线多媒体传感器网络应运而生。作为一种全新的信息获取和处理技术，利用压缩、识别、融合和重建等多种方法来处理信息，以满足无线多媒体传感器网络多样化应用的需求。

（3）二维码技术

二维码技术是通过黑白相间的图形按照特定的规律分布在二维平面上，用这些与二进制相对应的几何形体来表示文字数值信息，这些图形与计算机中的二进制数相对应，因此可以通过对应的光电识别设备就能将二维码输入计算机进行数据的识别和处理。

（4）智能嵌入技术

智能嵌入技术是以应用为中心，以计算机技术为基础，并且软硬件可裁剪，适用于应用系统对功能、可靠性、成本、体积、功耗有严格要求的专用计算机系统。它一般由嵌入式微处理器、外围硬件设备、嵌入式操作系统以及用户的应用程序等四个部分组成，用于实现对其他设备的控制、监视或管理等功能。

4.2.2 化工过程智能检测仪表

智能检测仪表包含传感、传输和分析系统，是智能设备感知层的核心。智能检测仪表是指对质量管理层面的在线、离线装备的生产参数、检测数据等，对成本、能环管理层面的计量数据，对物料管理层面的识别、跟踪数据，对设备管理层面的设备状态数据和维护数据等实现全感知；通过RFID传感器、适配器、声光电等传感器/设备、条码/二维码、温湿度传感器等智能感知单元和智能网关等接入设备，实现生产过程检测、物料监测、动环监控、工业设备、工业产品的感知和接入；对多类型异构传感器进行管理，实现资源的主动感知。

总体来说，智能检测仪表一般由智能传感器和智能测量变送器两部分组成。智能传感器是一种能够对被测对象的某一信息具有感受、检出的功能，能学习、推理判断处理信号，并具有通信及管理功能的一类新型传感器。智能传感器具有自动校零、标定、补偿、采集数据等能力。智能测量变送器一般使用HART通信协议。不仅能输出电流信号，还在电流信号的基础上传输双向数字通信信号，实现远距离传输数据。模拟、数字两种信号方式同时使用一对电缆，通过手持操作器，可以非常方便地对千米之内的现场变送器进行各种工作参数的设定、量程调整以及向变送器加入信息数据。智能检测仪表可通过RS485总线方式轻松接入互联网或者智能网关，还可采用GPRS/CDMA作为通信方式，保证无线通信的高稳定性。智能检测仪表具有自修正、自补偿、自诊断、错误方式及超限报警等多种功能，大大提高了变送器的精确度，简化了调整、校准与维护过程，通过通信使变送器与计算机控制系统直接组态。

举例来说，图4-2为智能压力传感器的电路原理图，检测元件为采用惠斯通电桥方式连接的四个压敏电阻。惠斯通电桥是由四个电阻组成的电桥电路，这四个电阻分别叫作电桥的桥臂，惠斯通电桥利用电阻的变化来测量压力的变化。惠斯通电桥的输出信号太小，故采用AD620高精度放大器进行放大，该芯片具有高精度、低失调的特点，它还具有低噪声、低输入偏置电流和低功耗特性，是精密数据采集系统的理想之选。放大后的模拟信号输入到模数转换模块ADC中，进行模数转换，其中，ADC模块的模拟电压由AD705芯片提供。AD705是电压跟随器，为AD620和ADC提供稳定的参考电压。转化为数字量的信号传送到MCU处理器中，MCU计算出相应的压力变化，并执行数据处理、显示、数据通信等后续工作。

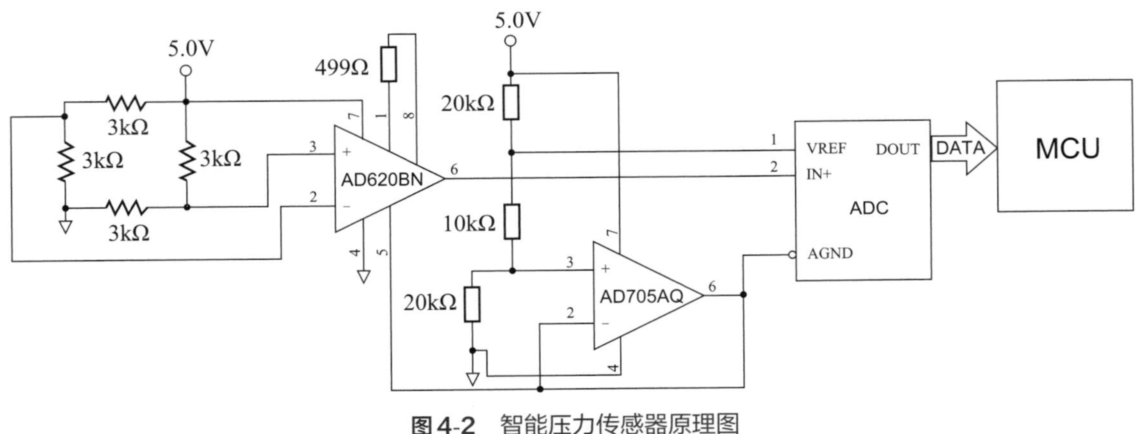

图4-2　智能压力传感器原理图

图4-3为智能变送器的电路原理图，具有显示功能、RS232通信和HART通信功能。显示功能采用LCD模块实现，实时显示需要的检测数据。RS232是常用的串行通信接口标准之一，具有信号线少、波特率选择灵活、抗干扰能力强等优点，被广泛应用。HART通信模块由HT2012、波形整形电路及带通滤波器组成，将整形后的HT2012发出的电压信号输入到

AD421的开关电流源和滤波器功能块中，可实现HART电压信号向±0.5mA电流信号的转换。HART电流信号转换为HART电压信号，经HT2012解调，再送入单片机串行通信接口中，从而完成数据的接收任务。AD421是专为HART协议智能仪表设计的，包括4～20mA电流环的16位D/A转换器。AD421除完成4～20mA电流信号输出及HART通信外，还为系统提供电源及参考电压。

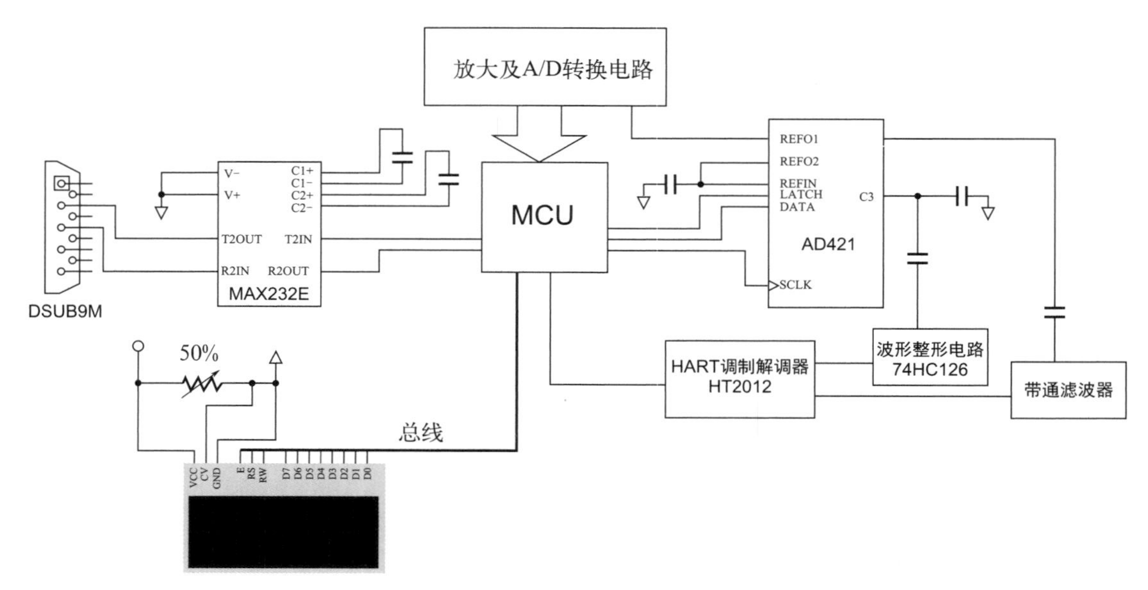

图4-3 智能变送器原理图

4.2.3 化工过程智能执行器

智能执行仪表是指通过进一步改善、规范基础自动化执行设备，把微处理器装在执行机构或阀门定位器内而具有强大计算能力的阀门。它通过数字通信与网络双向传递有关信息，如阀门开度、动作次数、动作速度、输出力矩等，并可远程设定阀门的开度范围、改变阀特性、调整死区及远程调校等。有的智能执行器将PID调节功能直接下放到阀门中，在现场实现控制功能，大大降低了控制器的负荷和控制的风险。这些智能阀门需要相应的数字化总线和控制系统软件完成以上功能，从而进一步实现工序的少人化、无人化，提升工序的自执行能力。

（1）智能流量控制阀

随着工业互联网的不断渗透，阀门的小型化、数字化、多功能和系统化变得非常重要，开发具有调节精度高、响应速度快、参数反馈准确、远程操作方便、故障即时在线诊断、具有故障安全保障能力的智能阀门已不断出现。当阀门在高温和高压环境中，智能流量控制的重要性大大增加。

与一般的控制阀不同，智能流量控制阀将控制阀与流量计结合在一起，主要由五个主要部件组成：一个传统阀门（可以是球阀、闸阀等）、一个嵌入式控制器、一个流量计（体积流量计或质量流量计），以及在进口和出口的传感器（可以是温度传感器或压力传感器等）。智能阀门特性不是固定的，可根据需要选择其特性为等百分比模式或线性模式。嵌入式控制器用于收集输出温度、输出压力、管道内介质流量、控制阀开度、输入信号等数据。通过系统设置参数后，将输出信号传输到阀门进行现场实际控制。匹配的温度和压力传感器与嵌入式系统的A/D转换器一起工作，在预设的增量温度和压力条件下自主调节流量，可以避免由于流量调节不当而引起的流体温度或压力的过度变化。在温度和压力保护条件下，智能阀门使用控制程序输出直接调节流量，满足AI控制要求。图4-4展示了智能阀门的特性以及智能阀门与传统阀门的区别，传统阀门一般调节的是阀门开度，而智能阀门可直接调节介质流量。

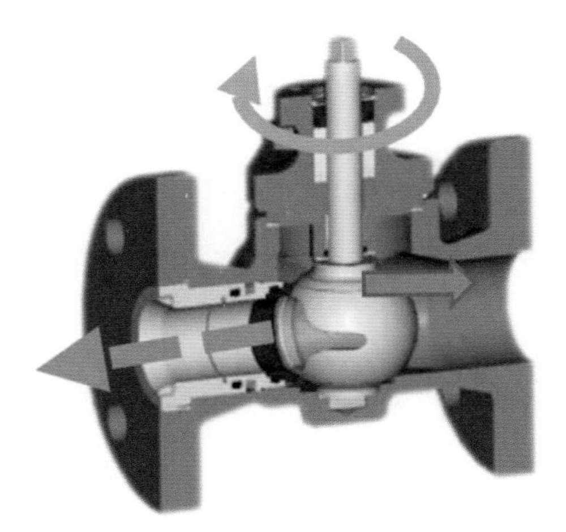

(a)传统阀门

(b)智能阀门

图4-4 传统阀门与智能阀门对比图

智能动态平衡调节阀是一款解决电动调节阀、实现压力、压差、温度、流量智能化控制的仪表，不仅能实现智能化开度控制，还可实现流量、压力、压差、温度的显示与控制，其一体化结构提高了效率，并节约了成本，而且有数字通信RS485/GPRS/ROLA/NB-IOT可选远程上传和控制。通过传感、测量和内嵌的人工智能算法，实现了低压损的压力无关型平衡调节功能，可根据实际需求设定阀门特性曲线和可调比，改变阀特性、调整死区等。通过RS485接口、Modbus-RTU协议，参数可实现上下行传输和远程设定阀门的开度范围、远程调校、监测与控制。有的产品将PID调节功能直接下放到阀门中,在现场实现控制功能，大大降低了控制器的负荷和控制的风险。

（2）智能阀门定位器

智能阀门定位器是以微处理器技术为基础，采用数字化技术进行数据处理、决策生成双向通信的智能过程控制仪表，不需要人工调校，可以自动检测调节阀零点、满程、摩擦系数，自动设置控制参数。智能阀门定位器的控制信号为4～20mA，这个信号通常来自PLC系统、DCS系统、PID调节器或手操器。智能阀门定位器由信号调理部分、微处理器、电-气转换控制部分和阀位检测反馈装置等部分组成，如图4-5所示。输入信号可以是4～20mA信号或数字信号。

信号调理部分将输入信号和阀位反馈信号转换成微处理器所能接受的数字信号。微处理器将这两路数字信号进行处理、比较，判断阀门开度是否与输入信号相对应，并输出控制电

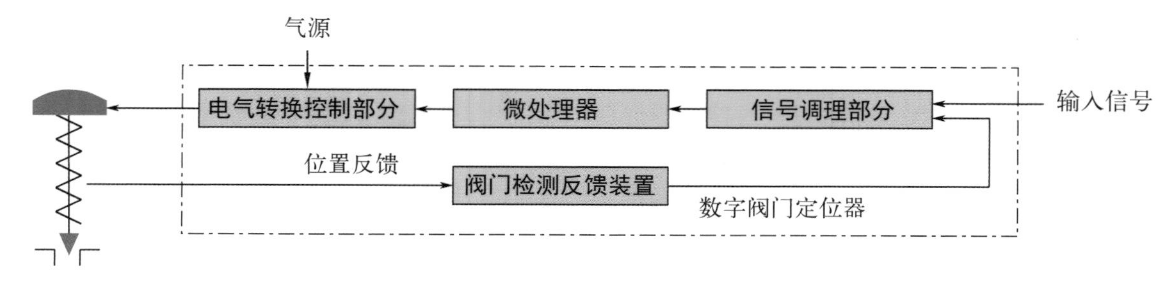

图4-5　智能阀门定位器原理框图

信号给电-气转换控制部分，转换为气压信号至气动执行器，推动调节器动作。阀位检测反馈装置检测执行器的阀杆位移并转换为电信号反馈至信号调理电路。智能阀门定位器通常都有液晶显示器和手动操作按钮，显示器用于显示阀门定位器的各种状态信息，手动操作按钮用于输入组态数据和手动操作。

智能阀门定位器以微处理器为核心，与许多模拟式阀门定位器相比，具有以下几个优点：

智能阀门定位器机械可动部件少，输入信号、反馈信号的比较是数字比较，不易受环境影响，工作稳定性好，不存在机械误差造成的死区影响，因此定位精度和可靠性高。

智能阀门定位器一般都包含有常用的直线、对数和快开特性功能模块，可以通过按钮或上位机、手持式数据设定器直接设定，因此流量特性修改方便。

零点调整与量程调整互不影响，因此调整过程简单快捷。许多类型的智能式阀门定位器不但可以自动进行零点与量程的调整，而且能自动识别所配装的执行器规格，如气室容积、作用形式等，并自动进行调整，从而使调节阀处于最佳的工作状态。

除一般的自诊断功能之外，智能阀门定位器能输出与调节阀实际动作相对应的反馈信号，可用于远距离监控调节阀的工作状态，并以此接受数字信号的智能方式。阀门定位器，具有双向的通信能力，可以就地或远距离地利用上位机或手持式操作器进行阀门定位器的组态、调试、诊断。

4.2.4　化工过程控制系统

化工过程控制是运用控制理论、仪器仪表、计算机和其他信息技术，对化工生产过程实现检测、控制、优化、调度、管理和决策，达到增加产量、提高质量、降低消耗、确保安全等目的的综合性技术。化工过程控制系统大致可分为三类，简单控制系统、复杂控制系统和先进控制系统。

（1）简单控制系统

简单控制系统是生产过程中最常见、应用最广泛的控制系统，通常是由一个测量元件（或变送器）、一个控制器、一个控制阀（或其他执行机构）和一个被控对象所构成的单闭环控制系统，其方框图如图4-6所示。

简单控制系统功能单一，对滞后较大、时间常数较大、干扰多而剧烈、内部存在相互关联的对象，其控制质量较差。因此为了克服简单控制系统存在的问题，在简单控制的基础上又发展了众多的复杂控制系统。

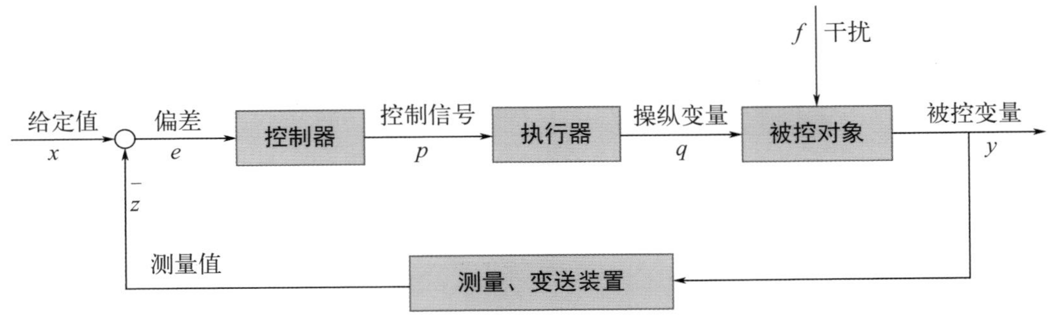

图4-6 简单控制系统方框图

(2)复杂控制系统

复杂控制系统是为了解决某个特殊矛盾或实现特殊控制要求，在单回路控制系统的基础上，增加测量环节、控制环节或者其他环节的控制系统。常用的复杂控制系统有串级控制系统、比值控制系统、选择性控制系统、前馈-反馈控制系统、分程控制系统等。

① 串级控制系统

串级控制系统由两个被控对象、两个测量变送器、一个控制阀、两个控制器组成，主控制器的输出作为副控制器的设定，当控制系统的滞后较大，干扰比较剧烈、频繁时，可考虑采用串级控制系统。串级控制系统原理如图4-7所示，其特点是：

a.在系统结构上，它是由两个串接工作的控制器构成的双闭环控制系统；

b.系统的目的在于通过设置副变量来提高对主变量的控制质量；

c.由于副回路的存在，对进入副回路的干扰有超前控制的作用，因而减少了干扰对主变量的影响，改善了对象特性，提高了工作频率；

d.系统在负荷改变时有一定的自适应能力。

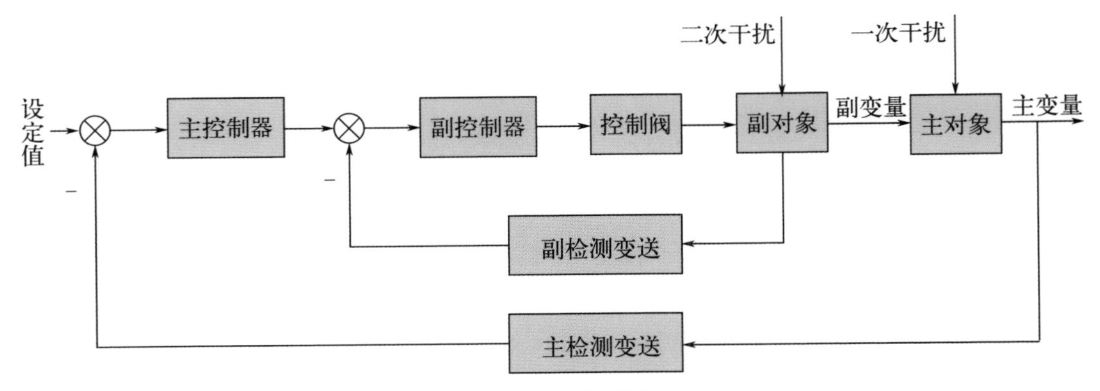

图4-7 串级控制系统方框图

② 比值控制系统

比值控制系统是指在化工生产过程中，将两种或两种以上的物料按一定比例混合后进行化学反应的控制系统。在需要保持比值关系的两种物料中，必有一种物料处于主导地位，这种物料称为主物料，表征这种物料的参数称为主动量，另一个物料流量需要跟随主物料流量变化的参数称为从动量。常见的比值系统分为单闭环比值控制系统、双闭环比值控制系统和变比值控制系统。图4-8为单闭环比值控制系统方框图，图4-9为双闭环比值控制系统方框图。

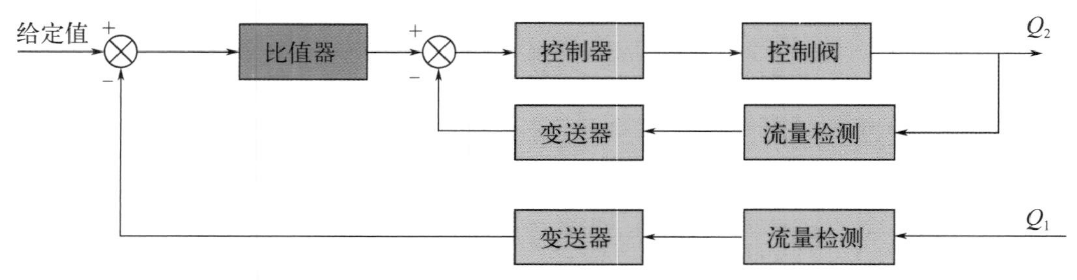

图4-8　单闭环比值控制系统方框图

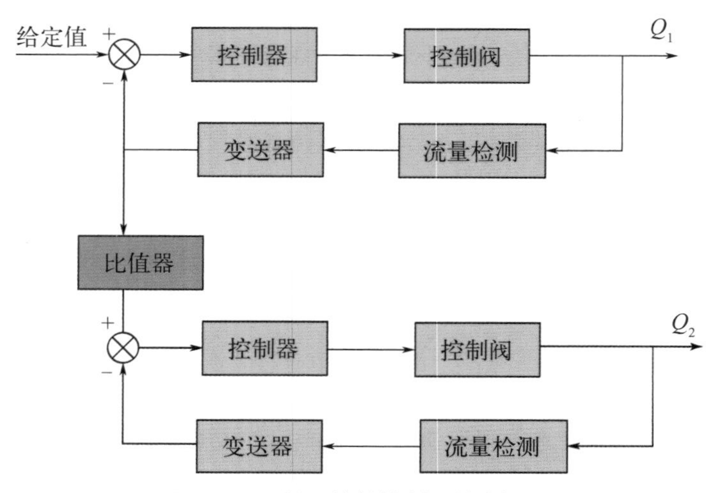

图4-9　双闭环比值控制系统方框图

③ 选择性控制系统

选择性控制系统是把生产过程中的限制条件所构成的逻辑关系，叠加到正常的自动控制系统上的一种组合控制方法，也就是系统中设有两个（或两个以上的）调节器或变送器，通过（高、低值）信号选择器选出能适应生产安全状况的控制信号，实现对生产过程的自动控制，其系统方框图如图4-10所示。正常情况下当生产过程趋近于危险极限区，但还未进入危险区时，一个用于控制不安全情况的控制方案通过高值自动信号选择器、低值自动信号选择器将取代正常生产情况下工作的控制方案（正常调节器处于开环状态），用取代调节器代替正常调节器，直至使生产过程重新恢复正常。然后，又通过选择器使原来的控制方案重新恢复工作，用正常调节器代替取代调节器。因而这种选择性控制系统又称为自动保护系统或称为软保护系统。

从上述过程可见，设计选择性控制系统的关键环节是采用了信号选择器。信号选择器可以接在两个或多个调节器的输出端，对控制信号进行选择；或者接在几个变送器的输出端，对测量信号进行选择，以适应不同生产过程的需要。

④ 前馈-反馈控制系统

前馈-反馈控制系统方框图如图4-11所示。前馈控制系统能够预测输入信号变化并基于这些预测调整系统的输出，其重要特点是能够快速响应输入信号的变化，但其无法完全消除

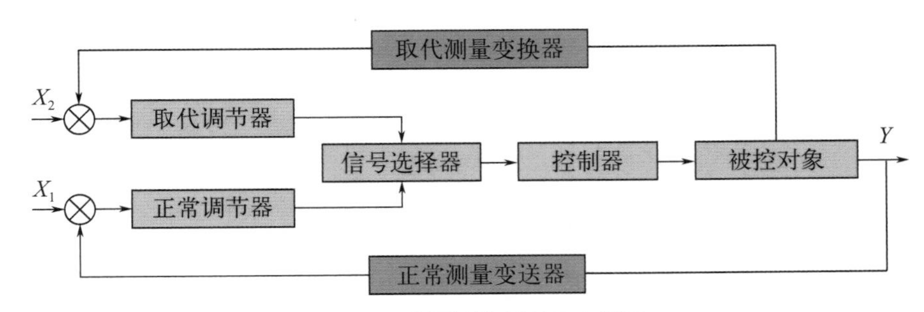

图4-10　选择性控制系统方框图

干扰的影响，而反馈控制则是在干扰作用下，系统能够及时采取纠正措施的控制系统。因此，开环前馈控制直接根据扰动量的大小进行工作，及时迅速地克服主要干扰对被控变量的影响，对于其余次要干扰，则利用反馈控制回路予以克服，使控制系统在稳态时能准确地使被控变量控制在给定值上，从而大大提高控制质量。

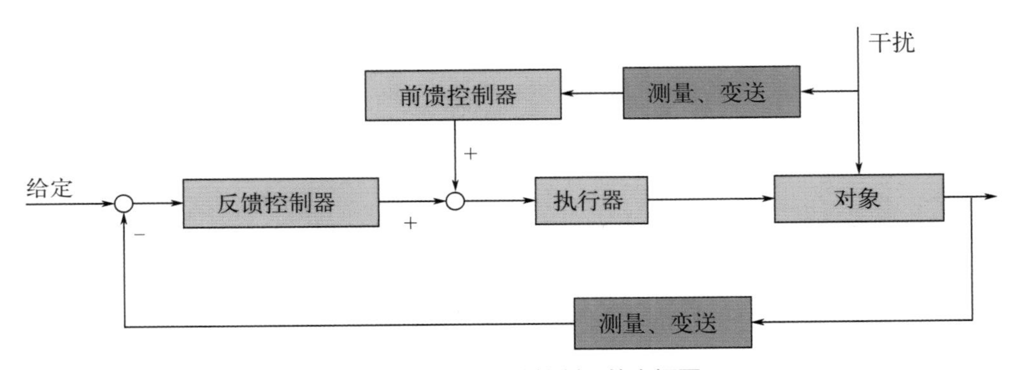

图4-11　前馈-反馈控制系统方框图

⑤ 分程控制系统

不同于简单控制系统里的一个调节器的输出只带动一个调节阀动作，分程控制系统则是一个调节器的输出同时控制几个工作范围不同的调节阀。一般可根据工艺要求选择同向或异向规律的调节阀。同向规律的调节阀，即随着调节阀输入信号的增加，两个阀门都开大或关小，如图4-12（a）和（b）所示；异向规律的调节阀，即随着调节阀输入信号的增加，一个阀门关闭，而另一个阀门开大，或者相反，如图4-12（c）和（d）所示。分程控制系统中，在两只调节阀的分程点上，调节阀的流量特性会产生突变，这在大、小阀并联时更为突出。如果大阀的泄漏量过大，小阀将不能正常发挥作用，调节阀的流量可调范围仍然得不到增加。当分程控制系统中两只调节阀分别控制两个操纵变量时，这两只阀所对应的通道特性可能差异很大，即广义对象特性差异很大。这时，整定调节器参数必须注意，需要兼顾两种情况，选取一组合适的调节器参数。

（3）先进控制系统

传统的控制技术往往需要应用精确的数学模型来实现生产过程的自动化控制，这导致其应用范围受到限制，而先进控制系统（APC）则不受这一因素的限制，可以在对研究对象模型知之甚少甚至不知道的前提下，实现大时滞、多变量耦合等复杂的多变量过程控制，被控变量和控制变量之间存在各种约束条件，可以有效地解决传统控制理论难以解决的高度非线

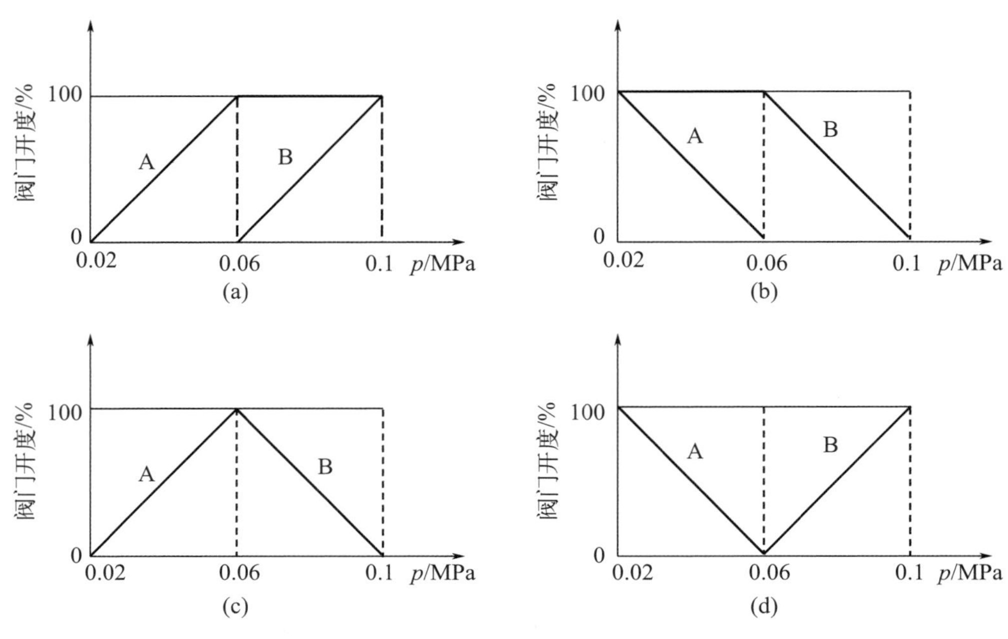

图4-12 分程控制调节阀规律图

性问题、动态协调约束控制。先进控制技术具有自适应、自组织、自学习、自协调、补偿及自修复能力和判断决策能力。

先进控制一般都是基于模型的控制策略。数学模型是用字母、数字和其他数学符号构成的等式或不等式，或用图表、图像、框图、数理逻辑等来描述系统的特征及其内部联系或与外界的联系，它是研究和掌握系统规律的有力工具，是分析、设计、预报或预测、控制实际系统的基础，是真实系统的一种抽象。常见的先进控制策略有模型预测控制（model predictive control，MPC）、实时优化（RTO）、自适应控制、专家控制、人工神经网络控制、模糊控制、最优控制、非线性控制以及鲁棒控制等。

① 模型预测控制（MPC）

MPC能够根据系统当前时刻的控制输入以及过程的历史信息，预测过程输出的未来值。模型预测控制方框图如图4-13所示，由预测模型、在线校正、参考轨迹和滚动优化四部分组成。

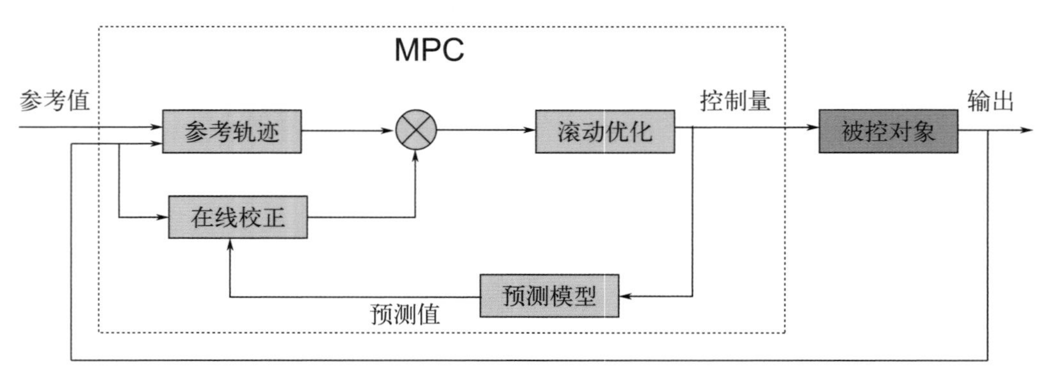

图4-13 模型预测控制方框图

预测模型：预测模型是模型预测控制的基础，它能够根据系统的现时刻的控制输入以及过程的历史信息，预测过程输出的未来值。预测模型的形式没有确定的形式要求，可以是状态空间方程、传递函数也可以是阶跃响应模型、脉冲响应模型、模糊模型等。

在线校正：因为预测控制求解的是一个开环优化的问题，采用预测模型进行过程输出值的预估只是一种理想的方式，对于实际过程，由于存在非线性、时变、模型失配和干扰等不确定因素，使基于模型的预测不可能准确地与实际相符。在线校正是指通过输出的测量值与模型的预估值进行在线比较，得出模型的预测误差，再利用模型预测误差来校正模型的预测值，从而得到更为准确的将来输出的预测值。这种由模型加反馈校正的过程，使预测控制具有很强的抗干扰和克服系统不确定的能力。不断根据系统的实际输出对预测输出做出修正，使滚动优化不但基于模型，而且利用反馈信息，构成闭环优化控制。

参考轨迹：在预测控制中，考虑到过程的动态特性，为了使过程避免出现输入和输出的急剧变化，往往要求过程输出沿着一条期望的、平缓的曲线达到设定参考值。这条曲线通常称为参考轨迹，它是设定值经过在线“柔化”后的产物。

滚动优化：预测控制中的优化与通常的离散最优控制算法不同，不是采用一个不变的全局最优目标，而是采用滚动式的有限时域优化策略。在每一采样时刻，根据该时刻的优化性能指标，求解该时刻起有限时段的最优控制值。计算得到的控制作用序列也只有当前值是实际执行的，在下一个采样时刻又重新求取最优控制值。也就是说，优化过程不是一次离线完成的，而是反复在线进行的，即在每一采样时刻，优化性能指标只涉及从该时刻起到未来有限的时间，而到下一个采样时刻，这一优化时段会同时向前推移。通过滚动优化策略，始终在实际的基础上建立新的优化目标，兼顾了对未来有限时域内的理想优化和实际不确定性的影响。

② 实时优化（RTO）

实时优化是全价值链优化中的一项关键技术，对于化工等流程工业节能降耗和提高经济效益具有重要意义。实时优化根据严格的非线性稳态模型，按照规定的经济性能指标求解优化问题，得到系统的最优工作点，传送给预测控制器，作为预测控制器的设定点，如图4-14所示。RTO问题的模型在每一优化周期内都要更新，来减小模型和真实对象之间的偏差。模型更新的过程是通过调整模型参数（如化工过程中的蒸馏效率、传热系数等）来实现的，一旦模型得到更新，优化问题就开始求解。如果求解过程收敛，则最终得到的最优解被传送给MPC作为其设定点。预测控制器采用一个线性的数学模型根据对象的历史信息和未来输入，预测系统未来的输出，以最小化未来系统状态和设定点之间的误差为目标，求解当前时刻的控制量。尽管RTO依赖的是稳态模型，但是当它与MPC联合起来时，得到的系统是动态的。

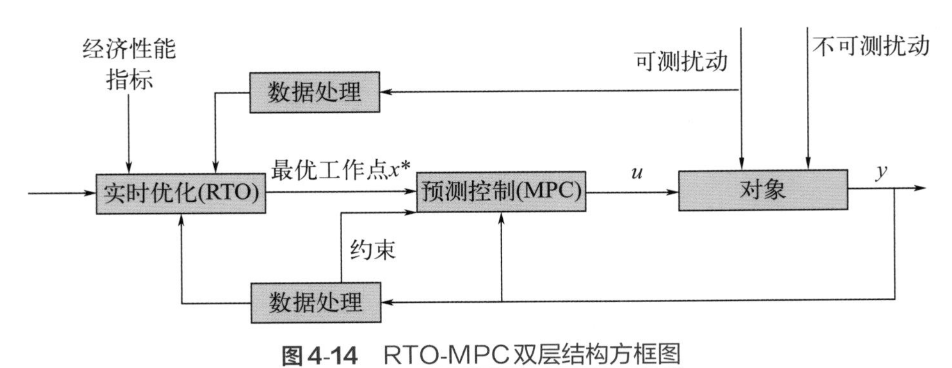

图4-14　RTO-MPC双层结构方框图

③ 自适应控制（adaptive control）：指在没有人的干预下，随着运行环境改变而自动调节自身控制参数，以达到最优控制的系统。自适应控制的种类很多，包括：增益自适应控制、模型参考自适应控制（model reference adaptive control，MRAC）、自校正控制（STC）、直接优化目标函数自适应控制、模糊自适应控制、多模型自适应控制、自适应逆控制等。其中最常用的是模型参考自适应控制（MRAC）和自校正控制。

模型参考自适应控制（MRAC）的目标是设计自适应控制器，使得系统的实际输出能够渐进地跟踪给定的参考模型输出，具体结构如图4-15所示。它由两个环路组成，内环由调节器与被控对象组成可调系统，外环由参考模型与自适应机构组成。当参考模型输出y_r与被控对象输出y之间存在偏差时，自适应机构将通过自适应律调节内环调节器参数，使系统输出与参考输出相一致。MRAC控制的关键问题是如何设计自适应机构的自适应算法，以确保系统有足够的稳定性，同时消除控制误差。

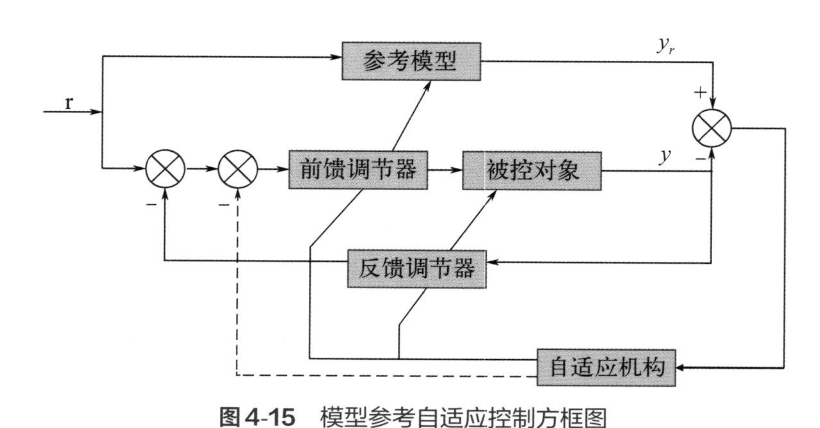

图4-15 模型参考自适应控制方框图

4.3 边缘数据处理层

边缘数据处理层是通过大范围、深层次的数据采集，以及异构数据的协议转换与边缘处理，构建工业互联网平台的数据基础。其核心功能是数据采集，主要采集智能产品运行时关键指标数据，包括但不限于如工作电流、电压、功耗、电池电量、内部资源消耗、通信状态、通信流量等。一是通过各类通信手段接入不同设备、系统和产品，采集海量数据；二是依托协议转换技术实现多源异构数据的归一化和边缘集成；三是利用边缘计算设备实现底层数据的汇聚处理，并实现数据向云端平台的集成。因此，其功能包含三个方面：①边缘设备接入；②协议解析；③边缘数据处理，如图4-16所示。

4.3.1 边缘设备接入

边缘设备接入是指通过工业以太网、现场总线、工业光纤网络、低时延网络、NB-IoT、5G等各类有线和无线通信技术，接入各种工业现场设备、智能产品/装备，采集工业数据。

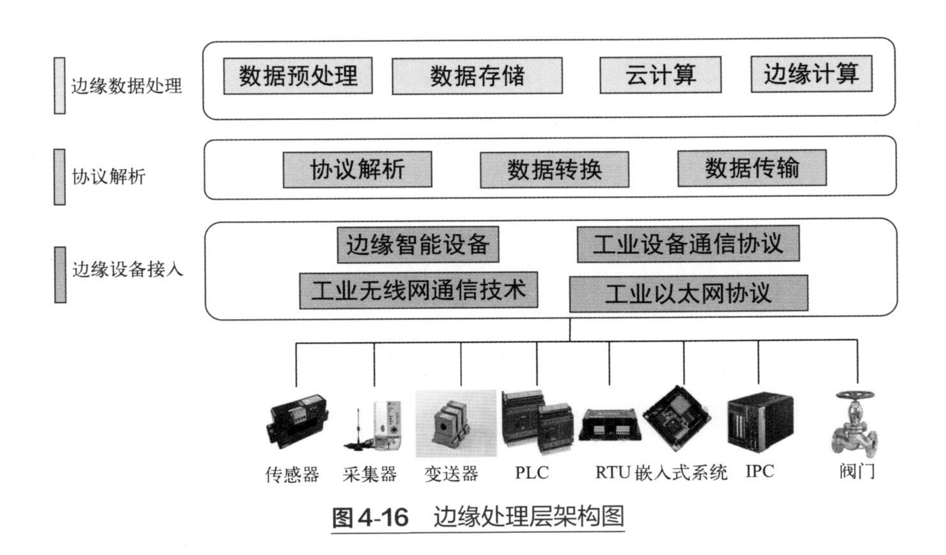

图4-16 边缘处理层架构图

工业以太网应用于工业环境中的自动化控制及过程控制，能够使企业的信息网络和控制网络实现统一；现场总线是自动化领域中底层数据通信网络，应用于生产现场，连接智能现场设备和自动化测量控制系统的数字式、双向传输、分支结构的通信网络，目前应用较多的有Profibus（process field bus）、CAN、LonWorks、HART、Modbus等；工业光纤网络是采用无源光网络（passive optical network，PON）技术，具有不受电磁干扰、部署灵活、传输距离远、高安全性的特点，在工业互联网体系架构中处于车间级网络位置；低时延网络（TSN）是为解决工业领域中的互操作性孕育而生的标准协议，是基于以太网标准的确定性实时通信机制，定义了极其准确、极易预测的网络时间，具备高数据量传输与优先权设定功能等优势；NB-IoT支持海量连接、有深度覆盖能力且功耗低，适合用于传感、计量、监控等工业数据采集应用；5G拥有超高速、高可靠、低时延的特性，适合工业通信场景，可以取代WiFi、Zigbee和Wireless HART等无线通信网络技术。

（1）工业以太网协议

工业以太网是基于IEEE 802.3（Ethernet）的强大的区域和单元网络，以其高通信速率和强大共享能力，成为自动化和控制系统的首选网络架构。工业数据通信发生在其传感器层、路由层和控制层——传感器层负责输入目前检测到的数据，路由层负责控制端到端通信的路径选择和一定程度的差错控制，控制层主要做控制指令数据的传输以及差错控制。为满足其各个层级数据通信的需要，工业以太网通过封装在以太网协议中的特殊工业协议，确保在需要执行特定操作的时间和位置发送，以及接收正确信息。

目前，主要有4种工业以太网协议可以支持工厂的各种通信要求——Modbus TCP/IP、EtherCAT、EtherNet/IP和Profinet，其信息对比如图4-17所示。

① Modbus TCP/IP

Modbus TCP/IP是首个推出的工业以太网协议，它本质上是一种传统的Modbus通信，在以太网传输层协议中压缩，用于在控制设备之间传输离散数据。它利用简单的主从通信，其中“从”节点在没有来自“主”节点请求的情况下不会发送数据，因此其不被视为真正的实时协议。

工业以太网协议对比图		
以太网名称	兼容总线	通信方式
Modbus TCP/IP	Modbus TCP/IP	主从通信其中“从”节点在没有来自“主”节点的请求的情况下不会发送数据，因此其不被视为真正的实时协议
EtherCAT	无	主从通信主站从站之间通过线缆进行通信，主站将以太网图数据帧依次发送出至各个从站，各个从站在数据帧中抽取出数据或者将从站数据插入至数据帧，实时性好
EtherNet/IP	ControlNet和DeviceNet的协议和信息协议	信息协议（CIP）应用层协议。通过工业协议（CIP）可以在 TCP/IP 和 UDP/IP 上变换
Profinet	PROFIBUS	要求不严格的通信通过以太网 TCP/IP 被用于智能设备之间时间。所有时间要求严格的实时数据都是通过标准的 PROFIBUS DP 技术传输，数据可以从 PROFIBUS DP 网络通过代理集成到 PROFINET 系统

图 4-17　工业以太网的信息对比图

② EtherCAT

EtherCAT的关键要素是所有联网从机都能够从数据包中仅提取所需的相关信息，并在向下游传输时将数据插入帧中。EtherCAT协议本身决定了它无须接收以太网数据包，将其解码，之后再将过程数据复制到各个设备。它具有主从数据交换原理，需要主站和从站配合完成工作，因而，EtherCAT非常适合主从控制器之间的通信。它提高了系统实时性能和拓扑灵活性的同时，成本不高于现场总线的使用成本。

③ EtherNet/IP

EtherNet/IP采用以太网的物理层、数据链路层及TCP/IP协议，允许工业设备交换时间紧要的应用信息。由于其采用标准以太网交换，可支持无限数量的节点。其主要功能有3个，一是实时控制，即基于控制器或智能设备内所存储的组态信息，通过网络通信中的状态变化来实现实时控制；二是网络组态，通过总线即可实现对同层网络的组态，也可以实现对下层网络的组态；三是数据采集，可基于既定节拍或应用需要来方便地实现数据采集。

④ Profinet

Profinet是用于Profibus纵向集成的、开放的、统一的完整系统解决方案，它能将现有的Profibus网络通过代理服务器连接到以太网上，从而将工厂自动化和企业信息服务管理自动化有机地融为一体。Profinet为自动化通信领域提供了一个完整的网络解决方案，包括实时以太网、运动控制、分布式自动化、故障安全以及网络安全等。此外，它可以完全兼容工业以太网和现有的现场总线（如Profibus）技术，保护现有投资。

（2）工业设备通信协议

在工业控制系统中用于设备之间的通信协议有以下几种。

① Modbus 协议

Modbus是一种串行通信协议，广泛应用于工业自动化领域。它简单、可靠，支持主从模式和多种物理层接口。Modbus协议常用于PLC（可编程逻辑控制器）与其他设备之间的通信，如传感器、执行器等。该协议使用简单的读写命令，可以实现数据的采集、控制和监测等功能。

② Profibus 协议

Profibus 是一种用于工业现场设备和自动化系统之间通信的协议。它是一种基于总线的通信协议,支持高速数据传输和大规模设备连接。Profibus 协议常用于工业自动化控制系统中，如工厂自动化、过程控制等领域。

③ Ethernet/IP 协议

Ethernet/IP 是一种基于以太网的工业控制协议，是工业领域中最常用的网络协议之一。它具有高速、可靠、实时性强等特点，支持多种数据传输方式。Ethernet/IP 协议常用于工业网络中不同厂商的设备之间的通信，实现数据采集、控制和监测等功能。

④ CAN 协议

CAN 是一种广泛应用于工业控制系统的串行通信协议。它具有高可靠性、抗干扰能力强等特点，适用于在恶劣环境下的数据传输。CAN 协议常用于汽车电子、工厂自动化等领域，用于控制和监测各种设备。

⑤ OPC 协议

OPC 全称是 OLE（object linking and embedding）for process control，用于过程控制的 OLE（即对象链接和嵌入）。为了便于自动化行业不同厂家的设备和应用程序能相互交换数据，定义了一个统一的接口函数，就是 OPC 协议规范。OPC 是基于 WINDOWS COM/DOM 的技术，可以使用统一的方式去访问不同设备厂商的产品数据。简单来说 OPC 就是为了用于设备和软件之间交换数据，是一种用于工业自动化控制系统的通信标准。它可以实现不同设备之间的数据交换和共享，支持多种数据传输方式。OPC 协议常用于监控系统和控制系统之间的数据通信，如 SCADA（supervisory control and data acquisition）系统。它包括一整套接口、属性和方法的标准集，用于过程控制和制造业自动化系统。

OPC UA（oPC unified architecture）开放平台通信统一体系结构，是 OPC 基金会（oPC foundation）创建的新技术，更加安全、可靠、中性（与供应商无关），为制造现场到生产计划或企业资源计划（ERP）系统传输原始数据和预处理信息。使用 OPC UA 技术，所有需要的信息可随时随地到达每个授权应用和每个授权人员。OPC UA 超越了工业以太网的范围，包括从自动化金字塔最底层开始的设备（处理诸如传感器，执行器和电动机等现实世界数据的现场设备）一直到最高层，包括例如 SCADA（监控和数据采集）、MES（制造执行系统）和 ERP（企业资源计划）系统，以及云计算。Microsoft（OPC 基金会的长期合作伙伴）声称，OPC UA 被“广泛认可为‘工业 4.0’的关键通信和数据建模技术”。“工业 4.0”和 IIoT 要求水平（机器对机器）和垂直（现场设备到工厂级和企业级系统）的工业网络都必须进行集成，进而需要对大量设备进行管理和数据处理。OPC UA 支持水平和垂直集成，以及从网络的各个部分（从现场到企业）的设备与数据的通信和管理。而且，它是在具有安全性（管理访问、身份验证、消息签名、加密和日志记录的方法）的内置于平台和供应商无关的解决方案中实现的。

综上所述，工业控制系统中常用的协议有 Modbus、Profibus、Ethernet/IP、CAN 和 OPC。这些协议在工业自动化领域中发挥着重要的作用，可以实现设备之间的数据通信和控制，提高生产效率和质量。对于工程师和技术人员来说，熟悉和掌握这些协议是非常重要的，可以帮助他们更好地设计和维护工业控制系统。

（3）工业无线通信技术

有线通信（如工业以太网）凭借着强大的抗干扰能力以及巨大的带宽潜力，构成了工业互联网最底层的数据流大动脉。但是，工业互联网建立在日益强大的信息传输网络之上，为了让信息先于实体传输，连通生产、流通和服务各个环节，减少因信息滞后和不对称带来的资源浪费和分配不平衡，这就需要无线通信。

无线通信（wireless communication）是指多个节点间不经导体或缆线传播，而是利用电磁波信号在自由空间中传播的特性，进行信息交换的一种远距离通信方式。根据覆盖范围和通信的距离来看，可划分为广域网无线通信技术和短距离无线通信技术。广域网无线通信技术覆盖范围大，一般通过中继传播，传播距离不受地域限制，以6G网络、LoRa、SigFox、eMTC、NB-IoT为主要代表；短距离无线通信技术传播距离比较受限，一般不超过30m，以WiFi、蓝牙、ZigBee为主要代表。

① 6G网络：6G是目前正在开发的第六代移动系统标准，用于电信中蜂窝数据网络上的无线通信。6G网络（6th generation mobile networks，6-Generation）被定义为在未开发的无线电频率下运行的蜂窝网络，并使用人工智能等认知技术，以数倍的传输速率实现高速、低延迟通信。6G通信技术不再是简单的网络容量和传输速率的突破，它更是为了缩小数字鸿沟，实现万物互联这个“终极目标”。6G的数据传输速率可能达到5G的50倍，时延缩短到5G的十分之一，在峰值速率、时延、流量密度、连接数密度、移动性、频谱效率、定位能力等方面远优于5G。

② LoRa：在同样的功耗条件下比其他无线方式传播的距离更远，实现了低功耗和远距离的统一，它在同样的功耗下比传统的无线射频通信距离扩大3~5倍，速率越低传输距离越长，因此传输速率不足。

③ Sigfox：通过用户设备集成支持Sigfox协议的射频模块或者芯片，采用UNB超窄带技术，通过专用的低功耗广域网络，连接传感器和设备。

④ eMTC：是基于LTE演进的物联网技术，为了更加适合物与物之间的通信，也为了更低的成本，对LTE协议进行了裁剪和优化。eMTC基于蜂窝网络进行部署，其用户设备通过支持1.4MHz的射频和基带带宽，可以直接接入现有的LTE网络。

⑤ NB-IoT：窄带物联网，同样构建于蜂窝网络，只消耗大约180kHz的带宽，与现有网络共存，可直接部署于GSM网络、UMTS网络或LTE网络，以降低部署成本、实现平滑升级。

⑥ WiFi：常见的就是一个无线路由器，如果无线路由器连接了一条ADSL线路或者别的上网线路，则又称为热点。WiFi技术传输的无线通信质量一般，数据安全性能比蓝牙差一些，但WiFi具有更大的覆盖范围和更高的传输速率。

⑦ 蓝牙：可传输距离3~30m，可支持8台左右设备的接入，可通过构建局域网实现物与物互联。蓝牙模块体积很小、便于集成、功耗较低，在工业中的应用很广，如两个工业以太网络之间的无线网桥，工人身上的电子定位智能安全帽等，是典型的短距离无线通信技术。

⑧ ZigBee：指的是IEEE802.15.4协议，它与蓝牙技术一样，也是一种短距离无线通信技术，具有低速率、低成本、长寿命的特点。它介于蓝牙技术和无线标记技术之间，因此，它与蓝牙技术并不等同。ZigBee工作无须申请频段，能够覆盖非常多的设备，通信范围较大。

一个ZigBee网络的理论最大节点数就是2^{16}即65536个节点，远远超过蓝牙的8个和Wifi的32个节点数，网络中的任意节点之间都可进行数据通信，在有模块加入和撤出时，网络具有自动修复功能。

（4）边缘智能设备

边缘智能设备包含工业现场数据采集设备和网络传输设备。

① 工业现场数据采集设备主要通过现场总线、工业以太网、工业光纤网络等工业通信网络实现对工厂内设备的接入和数据采集，可分为以下4类。

专用采集设备：对传感器、变送器、采集器等专用采集设备的数据采集；

通用控制设备：对PLC、RTU、嵌入式系统、IPC等通用控制设备的数据采集；

专用智能设备：对AGV等专用智能设备的数据采集。

射频识别：（RFID）是阅读器与标签之间进行非接触式的数据通信，达到识别目标的目的。RFID的应用非常广泛，典型应用有物料标识读取、生产线自动化、门禁管制、停车场管制、设备管理。

② 网络传输设备包括工业交换机、工业路由器、工业中继器、工业网桥、DTU等。

工业交换机也称作工业以太网交换机，如图4-18所示，应用于工业控制领域的以太网交换机设备，采用透明而统一的TCP/IP协议，其开放性好、应用广泛、价格低廉。针对工业控制的实时性等需求，工业以太网解决了通信实时性、网络安全性、本质安全与安全防爆等技术问题，并且采用一些适合于工业环境的措施，如防水，抗振动等功能。以太网已经成为工业控制领域的主要通信标准。

图4-18　工业交换机示例图

工业路由器是一种利用公用无线网络连接两个或两个以上网络的耐用器件，可为用户提供无线的数据传输功能，如图4-19所示。工业路由器采用高性能的32位工业级ARM9通信处理器，以嵌入式实时操作系统为软件支撑平台，系统集成了全系列从逻辑链路层到应用层通信协议，支持静态及动态路由、PPP server及PPP client、VPN（包括PPTP和IPSEC）、DHCP server及DHCP client、DDNS、防火墙、NAT、DMZ主机等功能。同时提供1个RS232、4个以太网LAN、1个以太网WAN以及1个WiFi接口，可同时连接串口设备、以太网设备和WiFi设备，实现数据透明传输和路由功能。

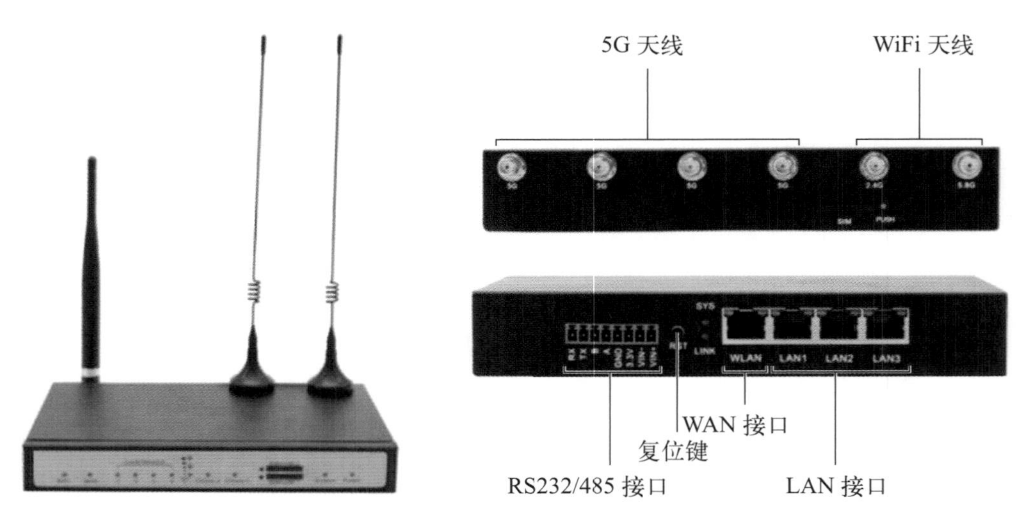

图4-19 工业路由器示例图

工业中继器是工作在物理层的连接设备，是一种再生和恢复信号的网络设备，适用于两个相同网络的互联。主要功能是通过重新发送或转发数据信号来延长网络传输的距离。

工业无线网桥是一种用于以无线方式连接两个或多个有线网络的设备。它是一种能够在工业环境中实现两台或多台机器与设备之间无线通信的设备。工业无线网桥能够在有线通信不实用或不可行的恶劣环境中提供可靠和安全的无线通信。

4.3.2 协议解析

工业协议就是连接设备与设备之间、设备与系统之间的通信协议，如Profibus、Modbus、Profinet、OPC-UA等工业通信协议和MQTT、TCP/IP等通信传输协议。目前，在工业数据采集领域，多种工业协议标准并存，各种工业协议标准不统一、互不兼容，导致协议解析、数据格式转换和数据互联互通困难。

协议解析指的是将不同通信协议的工业设备，转换成统一协议，实现设备数据采集的信息交互以及和信息系统的互联互通，实现访问的统一性和数据采集传输的功能。它包含数据格式转换和数据传输上云两层含义。第一层含义即运用协议解析与转换、中间件等技术兼容Modbus、CAN、Profinet等各类工业通信协议，实现数据格式转换和统一，如A设备采用Modbus协议，B设备采用Profibus协议，通过协议解析将A、B设备连接起来并转换同一种协议，这样就能方便连接到更多的平台和设备，实现统一化的系统架构与集约化的生产。第二层含义指利用HTTP和MQTT等方式将采集到的数据传输到云端数据应用分析系统或数据汇聚平台。

协议转换是通过工业网关来实现的。工业网关主要包括串口转以太网设备、各种工业现场总线间的协议转换设备和各种现场总线协议转换为以太网（TCP/IP）协议的网关等。

4.3.3 边缘数据处理

边缘数据处理是基于高性能计算、实时操作系统、边缘分析算法等技术支撑，在靠近设备或数据源头的网络边缘侧进行数据预处理、存储以及智能分析应用，提升操作响应灵敏度、消除网络堵塞，并与云端数据分析形成协同。

（1）数据预处理技术

工业大数据是指由工业设备高速产生的大量数据，以及从客户需求到销售、订单、计划、研发、设计、工艺、制造、采购、供应、库存、发货和交付、售后服务、运维、报废或回收再制造等整个产品全生命周期各个环节所产生的各类数据及相关技术和应用的总称。根据其主要来源可分为三类：第一类是生产经营相关业务数据；第二类是设备物联数据；第三类是外部数据。

数据处理是对数据的采集、存储、检索、加工、变换和传输。数据处理的基本目的是从大量的、杂乱无章的、难以理解的数据中抽取并推导出对于某些特定的场合来说是有价值、有意义的数据。大数据处理技术是对特定的工业大数据集，通过数据规划、采集、预处理、存储、分析挖掘、可视化和智能控制等系列技术与方法，获得有价值信息的过程。其本质目标就是从复杂的数据集中发现新的模式与知识，挖掘得到有价值的新信息，从而促进制造型企业的产品创新、提升经营水平和生产运作效率，以及拓展新型商业模式。

工业大数据是新一轮工业革命的核心要素。大数据技术在化工行业中的应用主要是通过大数据分析技术对大量的业务数据进行抽取、转换、分析和其他模型化处理，从中提取辅助决策的关键性数据，发现规律和异常，定性问题定量化，预测未来发展。如图4-20所示，数据预处理分为：数据清理、数据集成、数据规约和数据变换。本节将从这四个方面详细地介绍具体的方法。在一个项目中数据处理的好坏对此后建立的模型优劣有很大影响。

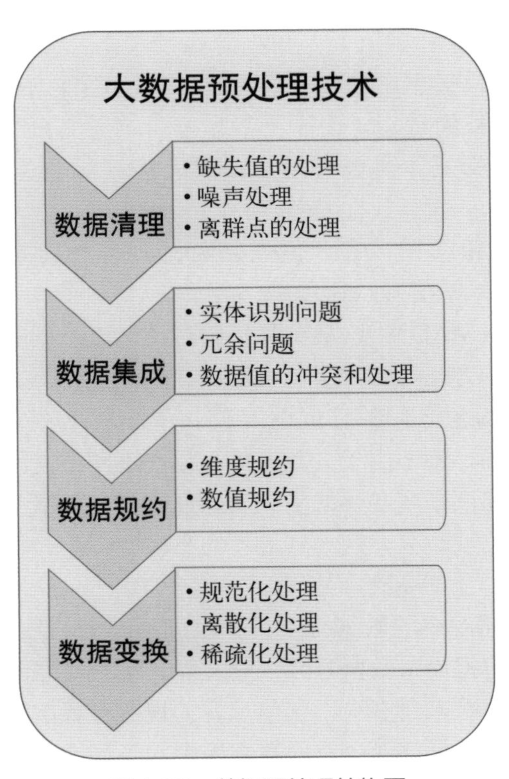

图 4-20　数据预处理结构图

① 数据清理

数据清理（data cleaning）：是通过填补缺失值、光滑噪声数据，平滑或删除离群点，纠正数据的不一致等方式来达到清洗的目的。如果用户认为数据是不可靠的，就不太会相信基于这些数据的挖掘结果。数据清理包括缺失值的处理。噪声处理和离群点的处理。

a.缺失值的处理。实际开发获取信息和数据的过程中，会因为各种原因导致数据丢失和空缺。针对这些缺失值的处理方法，主要是基于变量的分布特性和变量的重要性采用不同的方法。主要分为以下几种。

删除变量：若变量的缺失率较高（大于80%），覆盖率较低且重要性较低，可以直接将变量删除；

统计量填充：若缺失率较低且重要性较低，则根据数据分布的情况用基本统计量（最大值、最小值、均值、中位数、众数）进行填充；

插值法填充：包括随机插值、多重差补法、热平台插补、拉格朗日插值、牛顿插值等；

模型填充：使用回归、贝叶斯、随机森林、决策树等模型对缺失数据进行预测；

哑变量（虚拟变量）填充：若变量是离散型且不同值较少，可转换成哑变量（通常取值0或1）。

b.噪声处理。噪声（noise）是观测点和真实点之间的误差。通常的处理办法如下。

分箱法：对数据进行分箱操作，等频或等宽分箱，然后用每个箱的平均数、中位数或者边界值（不同数据分布，处理方法不同）代替箱中所有的数，起到平滑数据的作用；

回归法：建立该变量和预测变量的回归模型，根据回归系数和预测变量，反解出自变量的近似值。

c.离群点处理。离群点（异常值）是数据分布的常态，处于特定分布区域或范围之外的数据通常被定义为异常或噪声。异常分为两种：“伪异常”是由于特定的业务运营动作产生，其实是正常反映业务的状态，而不是数据本身的异常；“真异常”不是由于特定的业务运营动作产生，而是数据本身分布异常，即离群点。主要有以下几种检测离群点的方法。

简单统计分析：根据箱线图、各分位点判断是否存在异常（例如Python中pandas的describe函数可以快速发现异常值）；

基于绝对离差中位数（MAD）：这是一种稳健对抗离群数据的距离值方法，采用计算各观测值与平均值距离总和的方法，放大了离群值的影响；

基于距离：通过定义对象之间的临近性度量，根据距离判断异常对象是否远离其他对象，缺点是计算复杂度较高，不适用于大数据集和存在不同密度区域的数据集；

基于密度：离群点的局部密度显著低于大部分近邻点，适用于非均匀的数据集；

基于聚类：利用聚类算法，丢弃远离其他簇的小簇。

② 数据集成

数据集成是将多个数据源中的数据合并，并存放到一个一致的数据存储（如数据仓库）中，这些源可能包括多个数据库、数据方或一般文件。多个数据源集成时会遇到如下问题。

实体识别问题：为了匹配来自多个不同信息源的现实世界实体，数据分析者或计算机通过数据库或数据仓库中的元数据将两个不同数据库中的不同字段名指向同一实体，来解决这个问题。

冗余问题：如果一个属性能由另一个或另一组属性“导出”，则此属性可能是冗余的。属性或维度命名的不一致也可能导致数据集中地冗余。常用的冗余相关分析方法有皮尔逊积距系数、卡方检验、数值属性的协方差等。

数据值冲突检测与消除问题：在现实世界实体中，来自不同数据源的属性值或许不同，产生这种问题的原因可能是表示、比例尺度或编码的差异等。

③ 数据规约

数据规约是指在尽可能保持数据原貌的前提下，最大限度地精简数据量。原数据可以用得到数据集的规约表示，它接近于保持原数据的完整性，但数据量比原数据小得多，与非规约数据相比，在规约的数据上进行挖掘，所需的时间和内存资源更少，挖掘将更有效，并产生相同或几乎相同的分析结果。数据规约常用方法如下。

维度规约：也称为特征规约，是指从原有的特征中删除不重要或不相关的特征，或者通过对特征进行重组来减少特征的个数，压缩数据量提高模型效率。维度规约的方法很多，例如，AIC 准则可以通过选择最优模型来选择属性；LASS 通过定约束条件选择变量；分类树、随机森林通过对分类效果的影响大小筛选属性；小波变换、主成分分析通过把原数据变换或投影到较小的空间来降低维数。

数值规约：也称为样本规约，就是从数据集中选出一个有代表性的样本的子集，子集大小的确定要考虑计算成本、存储要求、估计量的精度及其他一些与算法和数据特性有关的因素。例如，参数方法中使用模型估计数据，就可以只存放模型参数代替存放实际数据，如回归模型和对数线性模型都可以用来进行参数化数据规约。对于非参数方法，可以使用直方图、聚类、抽样和数据立方体聚集的方法。数值归约速率更快、范围更广、成本更少，有时甚至能获得更高的精度。

④ 数据变换

数据变换包括对数据进行规范化、离散化、稀疏化处理，达到适用于挖掘的目的。一般有以下几种做法。

规范化处理：数据中不同特征的量纲可能不一致，数值间的差别可能很大，不进行处理可能会影响到数据分析的结果，因此，需要对数据按照一定比例进行缩放，使之落在一个特定的区域，便于进行综合分析。特别是基于距离的挖掘方法，聚类、KNN、SVM，一定要做规范化处理。

离散化处理：数据离散化是指将连续的数据进行分段，使其变为一段离散化的区间。分段的原则有基于等距离、等频率或优化的方法。数据离散化是模型的需要，比如决策树、朴素贝叶斯等算法，都是基于离散型的数据展开的。有效的离散化能减小算法的时间和空间开销，提高系统对样本的分类聚类能力和抗噪声能力。离散化的特征相对于连续型特征更易理解，可以有效地克服数据中隐藏的缺陷，使模型结果更加稳定。

稀疏化处理：针对离散型且标称变量，无法进行有序的 LabelEncoder 时，通常考虑将变量做 0、1 哑变量的稀疏化处理。若是变量的不同值较多，则根据频数，将出现次数较少的值统一归为一类 rare。稀疏化处理既有利于模型快速收敛，又能提升模型的抗噪能力。

（2）数据存储

大数据存储与管理要用存储器把采集到的数据存储起来，建立相应的数据库，并进行管理和调用。典型的大数据存储技术路线有MPP（massively parallel processor，大规模并行处理）架构高效的分布式计算，Hadoop大数据技术，大数据一体机软、硬件结合。

MPP重点面向行业大数据，采用Shared Nothing架构，通过列存储、粗粒度索引等多项大数据处理技术，再结合MPP架构高效的分布式计算模式，完成对分析类应用的支撑，运行环境多为低成本PC Server，具有高性能和高扩展性的特点，在企业分析类应用领域获得极其广泛的应用。MPP产品可以有效支撑PB级别的结构化数据分析，对于企业新一代的数据仓库和结构化数据分析，目前最佳选择是MPP数据库。MPP由多个SMP服务器通过一定的节点互联网络进行连接，协同工作，完成相同的任务，从用户的角度来看是一个服务器系统。MPP数据库体系具有大数据并行处理、网格计算、无共享、数据分区、本地处理、数据压缩、高性能互联的特点。

Hadoop大数据技术，是针对传统关系型数据库较难处理的数据和场景，例如针对非结构化数据的存储和计算等，充分利用Hadoop开源的优势，通过扩展和封装Hadoop来实现对互联网大数据存储、分析的支撑。Hadoop平台擅长处理非结构、半结构化数据，复杂的ETL流程，复杂的数据挖掘和计算模型。MPP与Hadoop的区别，如图4-21所示。

项目	MPP	Hadoop
体系结构	本质是分布式并行关系型数据库系统，单一技术系统	不是单一技术，而是一个生态系统
硬件依赖	相对较高	通用廉价硬件
扩展性	100-200 hosts Ten of T, max P	1000+hosts Tens of P
Query性能	较好	一般
目标用户	分析人员，SQL	开发人员，batch job ,SQL

图4-21 MPP与Hadoop对比图

大数据一体机是一种专为大数据的分析处理而设计的软、硬件结合的产品，由一组集成的服务器、存储设备、操作系统、数据库管理系统，以及为数据查询、处理、分析用途而特别预先安装及优化的软件组成，高性能大数据一体机具有良好的稳定性和纵向扩展性。

（3）云计算与边缘计算

云计算是一种基于互联网的计算方式，能够使共享的软硬件资源和信息按需提供给计算机和其他设备。云计算的核心思想是将大量用网络连接的计算资源统一管理和调度，构成一个计算资源池向用户按需服务。提供资源的网络称为云，云其实是网络、互联网的一种比喻说法。狭义上的云计算指IT基础设施的交付和使用，通过网络以按需、可扩展的方式获得所需资源；广义上的云计算指服务的交付和使用模式，通过网络以按需、可扩展的方式获得所需服务。这种服务可以是IT和软件、互联网相关的服务，也可以是其他的服务。

云计算的体系结构通常分为三层：核心服务层、服务管理层、用户访问接口层。核心服务层即将硬件基础设施、软件运行环境、应用程序抽象成服务，这些服务具有可靠性强、可用性高、规模可伸缩等特点，满足多样化的应用需求。基础设施一般就是底层的基础设施，包括硬件设施，对硬件设施的抽象和管理。核心服务层又分成了三个子层：IaaS（基础设施即服务层）、PaaS（平台即服务层）、SaaS（软件即服务层）。IaaS提供硬件基础设施部署服务，为用户按需提供实体或虚拟的计算、存储和网络等资源。PaaS是云计算应用程序运行环境，提供应用程序部署与管理服务。PaaS层提供软件工具和编程语言。SaaS是基于云计算基础平台所开发的应用程序。服务管理层是管理核心服务层的。为核心服务提供支持，进一步确保了核心服务的可靠性、可用性与安全性。用户访问接口层提供了客户端访问云服务的接口，使得用户不需要关系底层实现，只需要通过接口调用服务即可。

云计算模型就是将数据通过网络传输到云计算中心进行处理。资源的高度集中与整合使得云计算模型具有很高的通用性。然而，面对物联网设备和数据的爆发式增长，该模型的聚合性服务逐渐显露出了以下几个方面的不足：

① 难以保证实时性要求。云计算模型将全部数据上传至云计算中心进行处理，其处理速度受到网络带宽、中心计算能力等多因素的影响，且请求至响应的链路较长，各个环节的时延累计可能造成无法接受的处理时延。

② 网络环境过度依赖。尽管我国5G网络覆盖率在近几年飞速提升，但仍存在海岛、地下室等网络盲区，也存在山谷、隧道等无法保证网络质量的区域。由于云计算依赖网络实现数据的传输，在这些场景中其难以提供可靠的服务。

③ 资源开销较大。随着数据量的攀升，数据传输带来的网络流量开销也在逐渐升高，同时云计算中心的计算、存储功能也带来了极高的能耗，而这些开销并不是完全必要的。以监控图像处理为例，大量的静态监控图像可能重复且未包含有用信息，然而云计算模型仍然会对每一张图片进行传输、处理和存储。

④ 难以保证用户隐私。云计算处理的数据可能包含用户隐私，例如家庭内的监控摄像头、工厂内的生产数据等，尽管存在用户隐私协议等约束，但服务提供商对数据的实际使用情况是不透明的。

为了弥补云计算模型的不足，边缘计算的概念应运而生，它是指在靠近物或数据源头的网络边缘侧，融合网络、计算、存储、应用核心能力的分布式开放平台，就近提供边缘智能服务。由于传输链路的缩短，边缘计算能够在数据产生侧快捷、高效地响应业务需求，数据的本地处理也可以提升用户隐私保护程度。另外，边缘计算减小了服务对网络的依赖，在离线状态下也能够提供基础业务服务。

边缘计算又称作分布式云计算，是云计算的重要补充，其基本思想是将原有的云计算模型的计算和存储能力迁移到边缘设备，如基站、网关、路由器等，从而减缓端到端的时延，挖掘底层感知网络内在能力，提高底层设备智能化。边缘计算在靠近工业现场的网络边缘侧执行计算、分析等操作，其应用程序在边缘侧发起，产生更快的网络服务响应，满足行业数字化在敏捷连接、实时业务、数据优化、应用智能、安全与隐私保护等方面的关键需求。边缘计算操作的对象包括来自云服务的下行数据和来自万物互联服务的上行数据，而边缘计算的边缘是指从数据源到云计算中心路径之间的任意计算和网络资源。边缘计算处于物理实体和工业连接之间，或处于物理实体的顶端。而云计算，仍然可以访问边缘计算的历史数据。边缘计算是集先进网络技术、大数据、人工智能于一身，横跨通信、计算机、自动控制等多领域的综合性技术。

边缘计算技术的赋能作用主要体现在两个方面，一方面是降低工业现场的复杂性。目前在工业现场存在超过40种工业总线技术，工业设备之间的连接需要边缘计算提供“现场级”的计算能力，实现各种制式的网络通信协议相互转换、互联互通，同时又能够应对异构网络部署与配置、网络管理与维护等方面的艰巨挑战。另一方面是提高工业数据计算的实时性和可靠性。在工业控制的部分场景，计算处理的时延要求在10ms以内。如果数据分析和控制逻辑全部在云端实现，则难以满足业务的实时性要求。同时，在工业生产中要求计算能力具备不受网络传输带宽、负载的影响，能够避免断网、时延过大等意外因素对实时性生产造成影响。边缘计算在服务实时性和可靠性方面能够满足工业互联网的发展要求。

4.4 智能生产运营管理层

智能生产运营管理层是将经过边缘层处理的数据用于系统集成和智慧决策。其中，系统集成包含MES生产执行系统、PDM产品数据管理（product data management）、ERP企业资源计划以及OA办公自动化（office automation）等；智慧决策是在企业研发、生产、经营的数字化、信息化、网络化的基础上，应用虚拟仿真、人工智能、大数据分析、云计算等技术，对企业的安全、采购、销售、资产、能源、环保和健康功能制定对应的管理模块，进行信息化提升、系统化集成及精益化协同，并形成可迭代、可优化、具有智能特征的管理系统，进而为企业各管理层的智能决策提供支撑。本节智能生产运营管理层涉及的内容包括计划管理、生产管理、协同生产、质量管控、设备管理、能源管理、安全管理、智能仓储和物流管理、大数据管理、采购管理、销售管理、资产管理等。

4.4.1 计划管理

生产计划是指根据订单和项目要求制定生产计划，并监控计划完成状态以满足订单和项目的管理要求。根据订单和项目要求，形成多级计划并完成多级计划协同，监控多级计划的过程反馈，形成数据闭环，根据生产反馈信息进行动态调整优化。实现生产计划可视化，包括多级计划可视化、监控数据可视化、实时执行数据可视化、计划对比数据可视化，计划完成进度可视化等。计划管理是对企业日常生产活动的计划、组织和控制，是和产品制造密切相关的各项管理工作的总称。随着经济快速发展，如何做好企业产品的生产，保障产品的顺利交付是企业生产计划管理的重要内容。做好人财物计划并做好企业生产计划管理具有十分重要的作用。

基于工业互联网平台制定计划管理APP的过程中需重点考虑以下两个方面：一方面，加强信息沟通，强化部门间协同，提升生产计划的有效性。建立企业内部信息沟通平台，确保内部信息沟通顺利。根据企业发展年度计划，采购部门根据生产计划和企业采购库存适时组织物料采购，协同相关部门运行情况，确保物料按期到位，不影响生产进行；生产计划管理部门要与采购部门协调，了解采购进展情况，对于生产周期较长的产品，要根据工程进度设计生产计划管理方案，以便于能及时组织生产所需的人力与物力，推进生产计划完成；生产计划管理部门要与原料管理部门沟通，掌握原料状况，根据生产计划协调物料库存；生产计划管理部门要与生产部门紧密联系，随时掌握生产进度，了解产品完成情况，与订单交付情况对接，与生产部门共同将生产计划落到实处。另一方面，优化生产计划管理流程，提高企业内部生产效率。将生产计划管理运行数据与各个部门和工序的各种基础数据及信息上传平台，对各部门和各工序之间的协作进行综合分析，全面掌握生产计划管理部门计划调整情况、物料管理部门的物料采购数据、销售部门的订单情况、生产部门执行订单的生产情况等，进而优化生产管理流程，在生产过程中采用灵活的生产工艺，在不影响产品质量的情况下，对内部工艺进行整合，提升内部工作效率，避免资源闲置或者浪费，协调好各部门各工序间的关系，使企业生产管理有序进行。

4.4.2　生产管理

生产管理是制造企业生产系统设置和运行的各项管理工作的总称，即保证生产车间生产的正常进行，使整个工厂处于稳定运行的状态所实施的计划、组织、协调、控制生产活动的综合管理活动。

生产管理的具体内容主要包括生产计划、生产组织以及生产控制。生产计划包括生产计划的制定、生产技术的准备以及生产计划的执行。生产制造企业在进行生产之前，首先要根据项目制定对应的生产计划，集合生产的资源、生产线、生产设备以及生产人员等资源和条件，制定出符合实际情况的生产计划，从而进行相应的设备以及技术的准备。之后，就是生产计划的执行。生产组织是指为了确保生产的顺利进行，对各种人力、设备、材料等生产资源进行配置。即生产计划制定完成之后，在生产执行之前，需要管理人员对生产所需要的资源和人员进行调度与组织，生产之前完成对生产物料的准备、生产人员的配备、生产设备的检查。从而保证在生产时，所有环节的物料、人员、设备等要素都能到岗。生产控制就是对生产的整个生产过程的管控，主要包括生产进度、生产库存、生产质量和生产成本这几个方面。为了做好生产控制，需要管理人员掌握各个方面的信息数据，统筹调度，并且根据生产车间的实际情况进行生产调度。因此，需要管理人员从全局出发，综合考虑各个方面的因素。

4.4.3　协同管理

协同生产管理是指运用协同学自组织原理，围绕协同生产任务和目标要求，通过建立“竞争 - 合作 - 协调”的协同生产自组织运行机制从企业网络中挑选出满足协同生产要求的各个生产实体，并将它们组织成一个具有自组织能力的生产体系，协同一致地工作，共同实现统一生产目标的一种生产管理。

化工作为流程型制造业，特点是管道式物料输送、生产连续性强、流程比较规范、工艺柔性比较小、产品比较单一、原料比较稳定。对于流程制造业而言，由于原材料在整个物质转化过程中进行的是物理化学过程，难以实现数字化，而工序的连续性使得上一个工序对下一个工序的影响具有传导作用。协同管理充分利用内外部资源，实现从产品设计到工艺分配，从客户订单到生产工单，从生产排产到生产执行，从分析反馈到设计改进，形成一个工厂级的闭环优化流程。通过生产节点的数字化、网络化、信息化实现生产多维度多层次的生产任务协同，根据产品设计平台所提供的原材料、配件、外购零部件等物料数据，零部件、半成品、成品等产品数据，以及成品目标、工艺特性等技术数据，结合企业资源计划平台提供的客户订单，经过ERP的MRP运算产生的工厂生产工单，结合优化分析结果，以实现柔性化的生产流程为目的，向各车间自动分配生产任务及执行计划，并监控、管理、调整各个车间的生产进度，同时对各类生产资源进行实时、动态的调配，进而建立协同供应链，与供应商紧密合作，提高产品质量，降低产品成本；采用拉动式生产方式，减少库存，缩短交货期。构建订单智能运营管理平台，实现所有订单从投产到回款全价值链的管控，逐步建立以运营为主体，市场为原动力，技术为驱动的一体化运行管理体系，支撑公司生产运营快速交付，实现基于智能制造的生产协同与智能运作。

4.4.4 质量管理

化工工艺过程复杂，物料危险性大，传统化工缺乏对原材料入厂、成品出厂和现场工艺实时的有效检测和控制，导致质量控制进退失据。由于化工生产质量控制不严导致安全事故或大幅增加企业生产成本，进而导致经济利益受到极大影响。随着云计算、大数据、人工智能等技术的不断成熟，通过融合相关技术实现对生产质量动态监管，有助于规避质量风险、减少质量事故，提升企业乃至于整个行业的动态、全过程监管的能力。对生产全过程质量进行管控的要点包括以下几个方面。

（1）进行全方位的数据采集

对生产全过程中的质量进行管控，采集包括原材料检验、样品检验、产品检验、质量统计等质量数据，包括开工前的设备检修情况、化验室分析仪的使用情况等。

（2）加强质量分析

在工作过程中，重视对采集数据的分析处理，尤其是原料进厂的质量检测、分析确认工作，一旦发现了不良情况，就要在第一时间进行整理，反馈至相应的管理人员，及时协调处理原料出现的质量问题；其次，要分析各个化工设备的运行参数，从而更好地明确化工企业生产工作的主要状态；最后，就是要关注生产过程变量与化工产品产量的统一程度，使得化工企业生产出的产品在首次出厂时，不会存在各种质量问题。

（3）建立数字化档案

建立数字化的质量档案，实现对产品全生命周期的质量记录，保证各环节的可追溯性。使用在线质量检测的方式，实时采集适量数据，构建质量管理信息系统，实现质量信息化和质量管理的信息化，并实现分析数据自动采集、数据信息共享。关注智能设计，服务数据对质量的影响，采集研发中的数据、生产中的数据、运维服务中的数据、建立质量模型，形成数据闭环。

4.4.5 设备管理

化工机械设备作为化工行业生存和发展的重要基础，其对化工行业的生产和管理是至关重要的，只有切实掌握专业的管理与维修技术，才能实现设备性能的优化与完善。因此，化工企业必须提高对化工机械设备管理与维修技术的重视程度，降低设备故障率，提高化工产品生产率，从而实现化工企业经济效益的最大化。在数字化转型和智能化发展的大背景下，可从设备全生命周期管理的可视化、数字化和智能化三个层面制定对策。设备全生命周期是指设备从计划、招标选型、采购、到货、验收、入库、出库、安装使用、保养、故障反馈、维修、报废所经历的全部时间。

（1）设备全生命周期管理的可视化

在智能设备条件下建立目标导向的可视化系统，将有利于构建全生命周期设备管理的智能化运维体系，具体包括可视化设备建模、可视化设备安装管理、可视化设备台账管理、可视化巡检管理等内容。对企业设备进行几何建模，可以直观、真实、精确地展示设备形状、设备分布、设备运行状况，同时可将设备模型与实时、档案等基础数据绑定，实现设备在三维场景中的快速定位与基础信息查询。包括以下五点：

① 可视化设备建模。采用3D建模技术对设备零件、部套、整机进行3D建模，建立零备件和设备的3D模型库，展示整机、部套、零件之间的层次关系，实现人与场景中3D对象的交互。

② 可视化设备安装管理。对设备安装进行三维建模，把三维场景与计划实际进度相结合，用不同颜色表现每一阶段的安装建设过程。

③ 可视化设备台账管理。通过建立设备台账、资产数据库并和三维设备绑定，实现设备台账的可视化、模型和属性数据的互查、双向检索定位，从而实现三维可视化的资产管理，使用户能够快速找到相应的设备，以及查看设备对应的现场位置、所处环境、关联设备、设备参数等真实情况。

④ 可视化巡检管理。巡检任务从制定、分配、下发、接收、执行、考核等全部工作都可以远程控制和无线实时同步，从而实现巡检过程可视化、简捷化、规范化、智能化管理，使用户及时发现设施缺陷和各种安全隐患。

⑤ 设备管理可视化的两个系统。一是维修维护动态监控可视化系统，对设备停机时间进行科学的合理切分，以维修APP为载体，实现从停机检查、维护到开机生产的全过程管理，以此形成作业动态的可视化集中管控系统。有利于实现维修调度、维修作业动态管理，以确保维护维修资源利用效率和质量；二是维修智能决策可视化系统，以维修APP为基础的智能维修系统，将有效统计出生产企业整体、部门和设备的可用度指标，统计出主动性维修和事后维修相应的比例关系，统计出维修费用以及维修分析数据。

（2）设备全生命周期管理的数字化

设备全生命周期数字化管理包括对设备状态定期监测，进行趋势分析，开发出以全套设备信息化为直接服务目标的终端核心内容。数字化设备管理系统深度设计的目标和方向是：

① 数字化设备管理系统的三维图形必须是与实际完全吻合的真实图形。设备三维图形应标注材质、重量（或体积）、速度、温度等参数，并形成设备情况明细附表，每发生设备

安装时必须实时更新设备的三维图形。

② 利用实时更新的三维图形和辅助报表，结合各设备负荷情况、生产特性，确定最佳生产方案和设备运行方式，直接参与指导生产运行。

③ 跟踪分析可探索出适宜于机组安全、经济和最优化的维护策略和停产维修时间，实施设备周期性维修计划对标管理。

④ 对造成设备停机的缺陷，可以通过设备三维图形、附表历史图形和数据精确快速地查看设备的各类信息，如采购日期、供应商、维修记录、保养记录、保养周期等内容，实现设备各类过程信息的全程可追溯。

（3）设备全生命周期管理的智能化

化工企业设备管理的智能化是化工企业设备管理的必由之路。化工厂生产设备管理应当建立设备档案信息，为每台设备建立独立的资料档案，为维修养护、技术人员掌握设备状态及趋势性变化提供工作依据，如安装、维修、养护、更换等信息，能够为后期运维管理提供可靠的数据。要对设备资料信息实施动态化的管理，对档案内容及时进行更新，力求不遗漏、不错记，保证资料内容的实时性和准确性，以保障可以从多种渠道监控设备的运营状态，并做出综合评价。

全面信息智能化监控可以应用到设备的检查、维修和备件采购。通过设备检查维修中的数据留存，不仅能够为维修部门提供相关的维修技术参考，还能为采购部门提供相关的采购意见，以提高维修、采购的效率。依托于实时准确的数据采集技术，检测设备、部件的运行状态，对设备的运行状态、生命周期进行统计，对设备性能劣化、精度衰减、能力损失、结构性偏差、自然老化、指标异常和临近使用寿命的设备进行预警。通过智能分析设备运行的数据，提供精确维修对策方案，减少不可预测因素对生产的影响，彻底改变事后被动维修局面，实现经验性维修到预防性维修的转变。智能化设备维修知识应用及高技能维修人才短缺是企业探索创新设备管理模式的瓶颈，为此，通过智能化手段，提升全员生产维护技能是智能化管理迫切的需求，这包括基于故障记录的维修诊断辅助。

借助于人工智能技术的应用，根据故障描述与历史维修经验的匹配查询，大幅降低故障判断与处理方法的偏差，有效提升设备故障处理效率，实现维修知识共享和精准技能培训。基于预测性维修的智能诊断与远程运维支持，将传感器从诊断仪器中分离，采用“智能传感单元+工业APP”的模式，不仅可大幅降低预测性诊断成本，同时可将云计算和智能应用高度融合，以提高设备维护人员智能诊断的及时性和准确性。

4.4.6 能源管理

能源管理不仅仅是设计阶段采取的各种节能措施，还必须包含生产运行阶段科学精细的管理。以前的能源管理系统，基本上是单能源系统，不考虑能源的生产，仅是利用需求侧管理的某些政策设置储能等措施，是一种程序化的被动式管理。近年来，随着能源转型的需要，能源管理系统必须面对供需平衡等动态不确定问题，以求得最大的经济性。能源管理的功能需求有以下几个变化：①能源管理从过程管理转变为能耗总量和能耗强度双控的目标管理；②供应侧多种可变可再生能源的大规模渗透要求生产线即时的需求侧响应；③用户端可再生能源的接入使化工生产既消费能源，又生产能源，变身为“产消者”；④智能仪表和大量传感器的应用形成能耗和环境检测的物联网，数据的细分度有很大提高；⑤从“见物不见人”的能源管理转向“以人为本”“见人又见物”的模式。原有的能源管理体系已经无法满足这些变化的需求。

在能源转型的大背景下，能源管理系统的管理范围有所扩大，在能源供需上涉及能源的源、网、荷、储、用五个部分，涉及资产、财务、运行、保养、维修、项目六大内容，更涉及客户健康、效率、体验，甚至心理等各个方面，是一个复杂系统。因此，能源管理系统不但要实现检测、感知、计算、优化等功能，还要实现控制、人机融合和检测点之间的通信功能，是一个典型的信息物理系统。需要多专业、多学科之间的协同配合，需要产、学、研之间的通力合作。既需要顶层设计，也需要底层技术逐行代码的积累。

4.4.7　安全管理

安全管理是企业最重要也是最基本的一个环节，好的安全管理有助于全面推进企业各方面工作的进步，促进经济效益的提高。在物联网、大数据等信息技术的驱动下，企业的安全管理从传统的人工安全管理转向智慧安全管理模式，即通过数据驱动的方式实时监督安全生产情况，并以信息化方式呈现组织、部门或员工的安全工作状况。化工智能工厂的安全管理包含工业互联网安全管理、生产安全管理和环境安全管理三个层面。

（1）工业互联网安全管理

工业互联网是我国制造业加快转型升级、实现换道超车的战略重点和现实路径。工业互联网的网络化属性打破了传统的工业信息安全防护模式，不可避免地引入了新的网络安全风险。联网工业设备正成为网络攻击的重点目标，工控系攻击事件呈现上升趋势；操作系统层面可能成为入侵控制主机进行破坏和窃取机密信息的渠道，应用系统层面软件的漏洞使之存在较大的权限泄露风险；工业领域垂直性特征将阻碍安全策略的实施。因此，加强工业互联网安全防护是护航化工等制造业高质量发展的重要保障，可以从以下几个方面采取策略以应对工业互联网的安全隐患。

① 建立攻击响应机制

采用攻击检测机制，对各方攻击进行监测，建立和完善应急响应机制，遭受攻击后必须迅速做出响应，采取科学方式抵御攻击，以此降低恶意攻击所致损害影响。首先，通过多种检测模型建立异常检测机制，以此补充防火墙保护机制。利用异常代码检测、入侵检测和病毒查杀等方式，对各类潜在攻击行为进行监测。通过模型入侵检测法、非参数累积检测法、差分自回归移动平均模型法、场景指纹异常检测法，可以准确预测攻击事件和不法入侵，尽早准备好安全防护措施。其次，建立快速攻击响应机制，对于工业互联网入侵事件，在较短时间内做出响应动作。攻击响应机制必须迅速分类入侵事件，同时按照不同入侵事件启动不同响应动作，采取对应的应急响应策略，在最短时间内恢复系统运行。

② 合理应用先进的互联网安全防护办法

互联网安全防护技术发展迅速，大量先进的安全防护方法不断出现。各类防护方法必须经过转换之后才可以应用到工业互联网防护中，以此减少工业互联网安全隐患。工业互联网安全防护可以应用态势感知技术，建立态势感知与未知威胁发现平台，处理工业网络应用与协议多样性问题，准确评估工业互联网安全状态，并对工业互联网安全变化趋势进行预测，通过可视化方式呈现，为工业互联网提供高效的安全防护措施，积极应对安全挑战。为了确保工业互联网运行安全性，必须深入研究安全防护技术，掌握工业互联网产品组件存在的安全隐患，注重探究控制设备与传感器软件的安全问题，加大实践探索力度。确保测试合格后制定测试标准，并且派遣专业人员评估系统安全。

③ 采用整体防御的策略

由于工业互联网具备开放性特点，因此网络攻击源于各层面和各环节，无法针对某个特殊点进行防护，因此必须建立整体防御机制，以此减少攻击行为与入侵事件。第一，采用持续响应措施。建立相应措施时，首先应当满足应急响应需求。当工业互联网遭到破坏影响时，应当满足持续监测与修复要求，建立联合防御与多点防御，以此满足响应需求。第二，基于数据实行整体防御。建立安全数据仓库，结合云端威胁情报，以此检测和防御已知威胁、高级威胁与各类型攻击，同时可实现过程回溯。第三，组建安全防护团队。成立安全运维中心，优化组织流程，充实人员结构，全面落实工业互联网安全防护职责。

（2）生产安全管理

化工生产安全管理是运用现代化的手段，围绕全面化施工与生产要求，包括制度建设、设备管理、技术创新、机制建立等方面，在服务意识、安全意识、管理意识等方面形成精细化运用模式和创新性管理渠道。化工生产安全管理可从以下四个方面展开。

① 完善化工工艺安全生产体系

首先要对原材料进行科学处理与质检，确保实验材料性能齐全，这样方能为实验的成功率提供基础保障。其次，要处理好材料加工处理中的化学反应，科学控制反应过程，精确调整压力、温度等过程变量。在分析物理反应的过程中应正确应用能量守恒定律，全面了解和分析分离物、混合物与产物状态。当材料完全进入化学反应后，要对新混合物、分离物、液体和气体进行提纯分类，确保所获取的物质已达到实验目的。再次，要重点分析具有危险性质的化工工艺，在实验过程中，对于本身具有敏感性与危险性的化工材料，在进行化学实验过程中应严加控制，将危险系数降到最低。要科学识别和分析化工工艺潜在的风险，对化工材料展开全面分析和研究，准确计算潜在风险指数和分支风险系数，明确不同工艺的风险度，根据具体风险制定相应的预防对策。

② 健全化工机械设备安全管理机制

对于化工企业来讲，化工机械设备是生产运营工作的基础保障。化工生产过程中有不少风险诱因与化工设备密切相关。健全化工机械设备管理机制，建立一套完整的化工机械设备管理工作准则，制定化工机械设备安全维护标准、安全运转标准、泄漏控制标准和保养标准是十分必要的。在工作中以设备的正常运转为核心，设计详细的考核指标，按月制定化工机械设备管理计划并下发到化工企业各部门与车间。与此同时，应围绕化工机械设备后期维护工作制定具体工作指标，一旦发生事故应严格追究责任，依次将设备管理责任落实到位，构建化工企业、车间、班组三级设备管理体系。其次，需要在建立化工机械设备考核机制的基础上将设备日常维护工作落实到位，量化工作流程，定期开展化工机械设备运行状态评估工作，保证设备性能的完备。

③ 优化化工生产技术安全管理方法

优化化工生产技术安全管理方法，首先，必须着重提高化工设备技术安全质量，维护设备安全性与稳定性，不断改进设备，确保化工设备能安全运行。其次，要对各种化工工艺技术进行安全分析与评价，在开展化工实验之前，筛选和运用最安全的化工工艺技术，同时，要认真研究更安全有效的新工艺。再次，要发挥信息自动化安全监控的作用，运用自动化监控系统对化工工艺生产进行全过程监控，如果发现有潜在的风险问题，应及时予以解决。此外，应坚持安全评价原则，即客观性原则、科学性原则、可行性原则和导向性原则。其中，客观性原则要求制定安全技术评价标准，确保评价指标的客观性，在实施评价过程中，须提供客观、真实的信息，剔除不合理的内容。科学性原则要求化工工艺技术安全评价指标应科学独立，遵循科学发展尤其是化工生产技术发展的规律，在评价工作中采用科学的方法，结合化工生产特色、发展需求和具体实验特征制定科学的评价指标。可行性原则体现在两个方面：一方面是指化工工艺技术安全评价指标必须明确、具体、细致，具有可操作的价值；另一方面则是指化工工艺技术安全评价指标必须实用和可量化，能被工作人员所接受，与此同时，要兼顾在评价过程中，评价指标是否具有相应的操作条件。

④ 制定完善的化工安全生产评价体系

全面做好化工生产风险识别工作，必须制定完善的化工安全生产评价体系，细化评价内容。首先，化工设施安全评价是针对化工企业内部所有设备和化学仪器的安全评价，企业应定期组织查看设备运行是否安全以及仪器设备是否完善，发现问题后应立刻分析原因并解决问题；化工材料安全评价是针对化工材料质量的安全评价，在开展化工工艺活动之前，必须对材料进行安全处理与客观评价，根据材料自身风险等级制定安全防御策略；化学反应安全评价是对反应激烈程度的安全评价，如果反应过于激烈，存在高风险，就要考虑材料投放量，并投入适量的反应中断剂，以此维护化工工艺安全。其次，要注重突显化工生产实验安全风险管理工作流程的规范化与标准化、化工工艺风险因素识别工作的科学化、不断强化化工工艺风险管理预警力度、化工工艺风险规避措施需多样化。

(3) 环境安全管理

随着化工生产规模不断扩大，生产环境更加复杂，在生产实践中存在很多风险隐患，同时，化工生产所诱发的环境问题也十分显著，长期下去将会给周边的生态环境造成破坏。因此，需要在具体的生产工艺上进行有效规范，进一步细化安全作业标准，全面提高生产管理的综合效能，营造积极、健康的生产环境，切实提高生产的综合效能，提升整体的管理品质。化工生产过程中环境管理主要包括以下几个方面。

① 优化生产安全环境设计

组织专业的技术人员利用先进仪器针对现场环境进行规范测量和检测。确定具体的环境参数，就化工生产的场地、环境进行全面调研，并在此基础上针对具体的生产方案进行合理优化，保证各项生产作业更加符合安全管理标准，有效杜绝在生产实践的过程中诱发各类安全隐患。同时，在生产设计环节，需要针对废弃物的具体排放方式以及排放指标进行规范设置，在排放的过程中需要借助先进的仪器进行检测，避免废弃物排放超标而给环境造成污染，同时也能够有效规避化工原料出现浪费的不良现象。此外，在进行方案设计的过程中需要形成良好的预防意识，结合以往的生产经验，针对实践过程中可能出现的风险隐患进行有效分析，并在此基础上规范设置预处理方案，实现风险隐患有效规避和控制。

② 建立完善的安全管理体制

首先，需要在物料方面进行规范管理，在采购环节进行严格把关，避免因为质量不达标而在后续生产的过程中诱发安全隐患，同时也能够降低劣质原料给环境造成的污染。定期针对设备进行安全性检测，判断其性能是否符合安全生产标准，在检测的过程中能够及时发现设备所存在的故障隐患，并借助先进的技术手段进行维护处理。同时，也需要在设备引进方面加大资金投入，积极引进新型设备，优化生产环境，同时也能够对废弃物的排放指标进行有效控制，降低环境污染的程度。

③ 构建完善的环保工艺体系

在资金方面加强投入先进的工艺，从而构建优质、环保的生产环境。同时，要积极引进环境保护的专业设施，加强废弃物处理设备体系的构建与完善，从而最大限度地降低环境污染的指数，在保障职工人身健康的同时也能够有效控制化工原料的浪费，真正推动化工企业稳定、高效地发展，让企业的经济效益也能够获得有效提升。在环保理念的支撑下构建循环的生态体系，针对化工原料进行循环利用，对具体的生产环境进行优化建设。

4.4.8 仓储物流管理

从采购原材料、生产产品到最终销售，贯穿产品全生命周期的智能仓储物流系统已成为推动制造业转型发展的重要抓手。在智能制造大环境下，智能物流仓储位于后端，是连接制造端和客户端的核心环节，作为制造业供应链必不可少的组成部分，智能仓储系统在具备全面物资管理功能外，还需实现库存品的信息化管理，订单全流程的可视化管理，对物料订单的发货、在途、上架、入库等环节进行实时跟踪。

实现以上目标的关键在于各个环节和先进数字技术深度融合，即数字仓储系统的运用。数字仓储系统是借助计算机技术、物联网技术、传感通信技术、自动控制技术、大数据技术、人工智能技术和相应设备等，对物品的进出库、存储、调拨、分拣、盘点、包装、配送等仓库作业，进行的高效操作和精确管理的数字化系统，具备可视化、可追溯、可集成、智能化决策等特征。

数字仓储系统按分层理念进行设计，整个系统由感知层建设、平台层支撑、应用层管控组成。感知层先通过视频、温湿度、RFID、条码等各种传感器，采集智能制造所涉及的原料、半成品、成品、包材、线边仓的状态数据，然后通过工业现场总线、蓝牙、红外、WiFi、5G等通信传输技术将所采集的数据传输到平台层。平台层主要包括数据中台和技术中台，数据中台对感知层获取的数据进行统一存储和管理，按标准对各种数据进行全寿命周期管理，包括数据整理、数据分析、数据检索等，并实现与来自ERP、PDM、MES、WCS（warehouse control system，仓库控制系统）系统的数据同步。技术中台利用组网技术、计算技术、安全技术、负载均衡技术以及人工智能技术等，对数据中台传来的数据进行挖掘、学习，提取用户感兴趣的模式和特征，全面感知状态、精准预测需求。中台处理的数据信息最后通过接口调用实现业务逻辑，上升到应用层管控，通过引入服务器和工作站、七色灯条、网络控制器、柱灯、拣货标签、PAD、标签打印机、扫码手环、RFID检测器、电子看板、AGV等智能装备，为用户提供个性化业务服务。通过上述3层系统架构，可以应用先进感知、边缘计算、安全连接、容器隔离、微服务框架、异构混合资源分布式调度等关键技术，从源头掌握用户数据，大幅提升贯通水平，将各类仓储资源与制造资源有效衔接和汇聚起来。

传统的仓储管理模块中仅设有系统管理、入库管理、在库管理和出库管理四大管理模块，数字仓储系统管理模块新增标识管理和决策管理。为了体现智能制造生产设备的网络化，生产过程的透明化和无纸化，在数字仓储系统中新加入了标识管理。通过给物料产品标识唯一编码进行绑定物料和物料载体，实时掌握仓库的全新动态。针对智能制造生产数据可视化，特加入决策管理模块，利用大数据分析进行智能化生产决策管理，因此面向智能制造的数字仓储系统包括系统管理、标识管理、入库管理、在库管理、出库管理、决策管理六大管理模块。入库管理、在库管理模块需与ERP、PDM、MES、WCS相对接，与车间生产线有着紧密联系，打造生产线与上下游环节的协同集成，对物料从原料、半成品、包装材料到成品整个过程进行一体化监管。

为精准支撑智能制造，数字仓储管理系统中各层承担不同的任务，具有不同的功能，使系统达到性能总体最优。仓库管理系统（warehouse management system，WMS）必须与MES、ERP、PDM、WCS管理系统等进行有效的数据交互和共享，构建出与财务、设计、计划、制造相互承接、相互支撑、相互统一的数据流。客户订单驱动ERP对WMS物料库存信息的查询，进而带动PDM、MES形成物料需求信息，以此生成采购订单和生产订单，生产、仓储、采购系统协同配合。及时将生产线上物料的需求反馈到仓储、采购等环节，同时通过WMS子系统间物料调拨信息的交互，对物料从原料、半成品、包装材料到成品整个过程进行一体化监管。最后由WMS向WCS发出指令，实现了对车间产品生产到出入库全过程的库存配送与控制。

信息技术、物联网和智能制造技术促进了智慧物流供应链的发展。智慧物流供应链依托于信息网络和大数据技术，对物流供应链数据进行搜集、整理和分析，监管物流供应链中的不同环节，从而提高物流供应链的整体运营效率，降低运营成本，实现了计算机系统对物流数据的整合管理，保证了物流供应链各环节数据的可控、可查、可追溯。智慧物流供应链建设呈现出全面化、网格化的趋势。通过链接每一台数据终端，物流供应可以实现最及时的端到端服务，在链数据分享方面，除相关节点企业外，消费者可以通过终端查看、修改配送信息，由智慧物流供应链系统进行实时调整。利用GIS技术对服务区域进行分割、编号，以实现智慧物流供应链与服务区域的精准对接，通过实时配送情况进行网格规划的实时调整，实现区域网格动态优化配置。

4.4.9　采购销售管理

化工企业稳定高效地运营同物资采购和产品销售密切相关。随着数字经济的蓬勃发展，互联网、云计算、大数据等技术的不断深化，采购数字化转型将通过数字化采购平台进行大数据分析和创新协作模式，达到资源的有效整合和利用，提升采购管理效率，降低采购成本，助力项目高质量交付，提升企业竞争力。采购管理系统可从以下几个方面改变传统的业务模式。

（1）供应商的全生命周期管理

供应商的产品质量、交付周期及售后服务直接影响到项目的工期、质量、成本、验收以及用户后期的使用体验。因此，需要对供应商进行正确的开发和考核，建立统一的供应商业务协同平台，建立从供应商寻找、准入、分类分级管理、绩效评估及淘汰的全生命周期管理流程体系。通过打通链接供应商标签的相互分离各类数据的“信息孤岛”，建立全面的供应商考核评价体系，同时，及时跟踪供应商的绩效数据，掌握供应商绩效动态并督促其改善绩效水平。

（2）采购源管理

化工智能化工程涵盖的子系统多，采购需求差异大，单个项目的采购需求无法形成规模化，传统线下采购的沟通成本高，打电话、发邮件等方式效率低。首先，通过构建数字化采购源平台，实现线下到线上的变革。可以在自有的供应商资源池或者串联的外部优质电商平台中通过发布比价、竞价等模式进行源采购，发挥全渠道源采购优势，充分竞价，实现质优价廉和全过程透明化，可溯源的合规、阳光的采购流程。其次，建立起项目采购信息数据库，通过汇集多项目的采购需求，实现集中采购或者年度框架协议采购，提高议价能力。此外，通过可视化数据报表对采购设备和材料的价格与历史价格和市场同类产品报价进行对比分析，提供价格预测、波动预警等功能，为下一步采购管理工作提供决策依据。

（3）合同及交货管理

化工工程涉及产品种类繁杂，涉及的合同量大，合同管理作为采购工作中耗时较大的一个环节，传统合同人工审核工作量大，需要反复地沟通及审核，管理任务繁杂，多方沟通耗时长，协同效率低。同时，在采购合同的执行以及产品交付的跟进过程中，也需要耗费大量时间和精力，防止合同无法按期履行而影响项目交付。通过合同管理的数字化，把合同管理从合同起草、签订、执行、变更、归档等全生命周期搬到线上的服务平台，建立结构化的电子合同库，同时支持自定义合同模板，通过在线协同编辑和权限管控，提高审核效率。此外，建立一套安全可靠的合同信息库，通过设置合同的各类标签，便于快速搜索和审计。合同履行过程中，在合同管理模块中可以根据项目订单实时跟踪产品备货发货情况、物流信息等进程，对可能无法满足交货期限要求的合同提出预警提醒，确保产品交期满足项目交付及实际施工要求。同时，将供应商的合同履行情况纳入到供应商的考核评价体系中，指导项目管理人员有效管理供应商。

（4）项目成本全过程管理

在大力推进设计施工一体化，促进设计施工深度融合的背景下，建筑智能化工程项目的设计施工一体化进程也得到了进一步推进。通过打通设计施工一体化项目在规划设计阶段、采购及交付实施阶段的各类设备材料的成本数据资源，建立多维度成本划分的模型（如：项目阶段、产品划分、供应商分类、时间周期、金额大小等）对项目的成本结构进行智能化分析，实现工程项目各阶段成本的结构化和可视化。按照项目管理人员管理职能和身份需求进行分类，设置相应的管理权限，通过历史同类项目的成本的多维度对比分析，寻求成本降低的有效途径并给出降本增效的合理化建议。对于采购成本绩效控制良好的项目，将其方法和经验总结凝练成项目的组织过程资产，在其他类似项目中进行复制和推广。

以数据库管理系统为基础的销售管理系统，可以在较大程度上实现销售系统统一化，可建立从销售系统到线下销售端、覆盖交易和通信交互的安全体系，优化购销流程，提升化工销售系统的稳定性，解决资源优化问题，可以更智能、更可靠、更便捷地完成销售，实现生产、销售全过程的可追溯管理。

4.4.10　大数据管理

工业大数据是新一轮工业革命的核心要素。化工企业可通过数据快速全面地深入分析和综合，进一步提升企业竞争力。一方面，通过大数据驱动创新产品设计、智能制造、智能服务，提升产品质量、提高生产效率、降低成本，缩短产品研发周期；另一方面，以智能互联的工业产品为载体，以联网产品数据支撑产业互联网业务，开创新兴市场和新业务模式，构建互联网+工业的新型用户生态系统。大数据技术在化工行业中的应用主要是通过大数据分析技术对大量的业务数据进行抽取、转换、分析和其他模型化处理，从中提取辅助决策的关键性数据，发现规律和异常，定性问题定量化，预测未来发展。

大数据管理的目的就是挖掘数据内在的联系，找到其具体的规律性表现，了解其各参数之间的因果关系及价值取向，从而用数据内在的信息进行科学决策，来指导生产和运营。大数据管理可分为数据整合技术、数据库技术、数据挖掘技术和数据可视化技术。

（1）数据整合技术

数据整合是共享或者合并来自两个或者更多应用的数据，创建一个具有更多功能的企业应用的过程。通过数据整合技术，可以达到以下目的：

① 数据整合为数据访问提供了统一的接口，使得底层数据结构变得透明。

② 性能和扩展性。数据整合把数据集成和数据访问分成了两个过程，访问时数据已经处于准备好的状态，利于扩展其性能。

③ 数据整合的优势是经过了数据校验和数据清理，使数据更加真实、准确、可靠，提供了真正的单一数据视图。

④ 由于有了实际的物理存储，数据可以为各种应用提供可重用的数据视图，而不用担心底层实际的数据源的可用性。

⑤ 数据整合加强了数据管控的能力，数据规则可以在数据加载、转换中实施，保证了数据管控。

（2）数据库技术

数据库技术可以看成是管理数据的载体。在常规模式下，数据库技术围绕数据进行存储和整理，就能够基本满足数据处理需求，更为细化的是，以数据库的应用理论为出发点，技术能效能够渗透到信息分析及处理的各个环节，完成对数据的分析及处理，数据的增加及删减也可以在不受限制的情况下快速完成。数据库的技术特点包括以下几点：

① 数据共享的特点。计算机数据库可以进行程序应用、系统应用数据信息共享，能够确保数据信息保持统一，有效节省数据库系统的储存空间，更好地读取数据库相关信息。

② 数据独立的特点。数据信息逻辑独立、物理独立，其中前者的特点表现在数据库储存信息，不需因逻辑结构改变、修改，由此表示数据库的数据信息逻辑独立，后者表现在数据库结构不容易受到储存位置改变/更换计算机硬件变化，并且不会使应用程序发生改变。

③ 数据统一的特点。借助计算机数据库的作用能对数据加以统一管控，将各数据间关系通过数据模型的方式进行表示。计算机数据库经系统应用，通过对系统所有数据加以组织，可以面向系统组织，实现数据库统一的效果。

④ 数据结构化的特点。计算机数据库信息能很好地使用符号、数字的方式表示相关数

据信息，数据库系统比较重视数据信息间结构的联系，可以从数据整体应用出发对数据信息结构做出相应的考虑。

（3）数据挖掘技术

数据挖掘是从数据中辨别有效的、新颖的、潜在有用的、最终可理解的模式的过程，即通过特定的算法在可接受的计算效率限制内生成特定模式的一个步骤。由此可见，整个数据挖掘过程是一个以知识使用者为中心、人机交互的探索过程。数据挖掘任务一般可以分为两类：描述和预测。描述性挖掘任务刻画数据库中数据的一般特性，而预测性挖掘任务则在当前数据上进行推断，以进行预测。数据挖掘指的是从数据准备到结果分析的一个完整的过程，该过程从大量数据中挖掘先前未知的、有效的、可使用的信息，并使用这些信息做出决策或丰富知识。其步骤一般分为以下五步。

① 确定业务对象：在开始数据挖掘之前最基础的就是理解数据和实际的业务问题，在这个基础之上提出问题，对目标业务有明确的定义。

② 数据准备：数据准备是保证数据挖掘得以成功的先决条件，数据准备在整个数据挖掘过程中有大量的工作量，大约是整个数据挖掘工作量的70%。数据准备包括数据选择、数据预处理和数据的转换。

③ 数据挖掘：数据挖掘就是对所得到的经过转化的数据进行挖掘，除了选择合适的挖掘算法之外，其余工作应该能自动完成。

④ 结果分析：对挖掘的结果进行解释并评估。其使用的分析方法一般应根据数据挖掘的操作而定，目前通常会用到可视化技术。

⑤ 知识的同化：知识的同化就是将分析所得到的知识集成到业务信息系统的组织结构中去。

数据挖掘的常用技术有：神经网络、决策树、遗传算法、最邻近技术、粗糙集理论和方法等等。

（4）数据可视化技术

数据可视化技术是指对各类型数据源进行显示，在应用过程中，多数不是技术驱动，而是目标驱动。按目标分类的常用数据可视化方法分为四类：

① 对比，比较不同元素之间或不同时刻之间的值；

② 分布，查看数据分布特征，是数据可视化最为常用的场景之一；

③ 组成，查看数据静态或动态组成；

④ 关系，查看变量之间的相关性，这常常用于结合统计学相关性分析方法，通过视觉结合使用者专业知识与场景需求判断多个因素之间的影响关系。

数据可视化技术展示的数据直观易懂，能够让管理层迅速掌握数据辅助决策。大数据可视化技术作为近年来兴起的新型展示技术，通过图表的直观性与交互的便利性，对内可以增强决策能力、提高工作效率，对外可以让观众一目了然地了解企业的主营业务与公司实力。

思考题

4-1　请简述化工智能工厂的体系架构。

4-2　请简述智能设备感知控制层的关键技术，并说出它们能运用在哪些方面。

4-3　请说明化工过程控制系统中有什么控制方式，并画出简单控制系统和串级控制系统的方框图。

4-4　边缘数据处理层都包含哪些功能？它们的作用分别是什么？

4-5　通信协议在化工智能工厂中起到了什么作用？

4-6　进行协议解析的目的是什么？

4-7　数据预处理需要经过几个阶段？

4-8　什么是云计算？什么是边缘计算？

4-9　智能生产运营管理层在化工智能工厂中有什么作用？

4-10　你认为智能生产运营管理层应具备哪些功能？

第5章
化工智能工厂的开发及应用

内容提要

工业互联网平台是面向制造业数字化、网络化、智能化需求，构建基于海量数据采集、汇聚、分析的服务体系，是以网络为基础、平台为中枢、数据为驱动、安全为保障，支撑制造资源泛在连接、弹性供给、高效配置的工业云平台。国内外具有代表性的工业互联网平台有美国通用电气的GE Predix、德国西门子的Siemens Mindsphere、IBM Watson IoT、Bosch IoT Suite、航天云网、阿里云、腾讯云、用友精智、徐工信息、浪潮信息、东方国信、剑桥科技和树根互联等等，这些平台为国内的工业企业提供全方位的数字化转型解决方案。工业互联网已经成为我国制造业走向“智造业”的强力助推。

本章以supOS工业互联网平台的应用为例，介绍了智能工厂生产运营管理APP的开发过程。一方面，针对第1章提出的“工业互联网是智能制造的核心基础与实现载体”，以supOS工业互联网平台的功能介绍为例来阐述智能工厂的实现过程；另一方面，针对4.4节“智能生产运营管理平台”中提到的各种管理APP需具有的功能，在本章将通过supOS操作系统阐述其实现路径。本章主要内容包括supOS的体系架构及功能介绍、工业数据的采集与传输、数据处理及管理APP的开发。

如今，工业互联网平台已成为新工业革命的关键基础设施、工业全要素连接的枢纽和工业资源配置的核心，对智能制造的发展起着至关重要的作用。全球制造业龙头企业、信息通信技术领先企业、互联网主导企业基于各自优势，从不同层面搭建了工业互联网平台。各国都将工业互联网平台建设作为战略发展的重中之重。美国在先进制造国家战略中，将工业互联网平台作为重点发展方向，德国“工业4.0”战略也将推进网络化制造作为核心。GE、西门子、达索、PTC等国际巨头也纷纷布局工业互联网平台。2012年，GE在全球首次提出“工业互联网”概念，核心是将工业设备与IT融合，基于数据分析提升生产效率和使用率。2013年，GE发布了最为知名的工业互联网平台品牌“Predix”，该平台面对全世界几百个行业、数以千万计的应用场景显得“束手无策”，最终因“高额投入，回报率太低”而被出售；2016年，西门子推出了MindSphere工业互联网平台，该平台采用基于云的开放物联网架构，将传感器、控制器以及各种信息系统收集的工业现场设备数据，通过安全通道实时传输到云端，并在云端为企业提供大数据分析挖掘、工业APP开发以及智能应用增值等服务，极大地提升了企业的生产效率和企业管理水平。

中国工业互联网研究院2022年发布的《中国工业互联网平台创新发展报告》指出，截至2022年，我国具有影响力的工业互联网平台已超过240家。《报告》分析了我国工业互联网平台的主要成长路径：一是源于传统制造企业基因，如家电制造业的海尔卡奥斯、工程机械行业的徐工汉云，以及钢铁行业的宝信软件等，此类平台的优势在于工业知识、机理和经验沉淀更丰富，对行业数字化转型需求理解更充分，对工业机理模型的解析封装形成工业应用，提升SaaS层服务行业数字化转型能力；二是源于信息通信企业基因，如浪潮云洲、中电互联等。此类平台的优势体现在具备ICT行业多年的实践和积累，服务制造业场景的信息和通信设备生产运维能力相对较强，通过构建工业互联网基础设施底座，形成IaaS层能力和产品价值优势；三是源于互联网企业基因，即从消费端向生产端拓展业务建设的工业互联网平台，如阿里云supET、百度开物等，此类平台具有大数据、云计算和人工智能等互联网技术优势，服务制造业场景的云化软件集成能力较强，通过打造算力、算法和数据等云化资源要素配置平台，形成PaaS层能力和产品价值优势。

2021年全国石油和化工行业经贸发展大会发布了包括中控技术和蓝卓数字科技在内的118家企业入选“石化化工行业工业互联网供应商名录（2021年）”。赛迪智库信息化中心工业互联网研究室主任袁晓庆表示，工业互联网本质是一个基于云的开放式工业操作系统，其功能类似微软的Windows、谷歌的安卓系统或者苹果的iOS系统。蓝卓数字科技自主研发的supOS工业操作系统是我国首个具备自主知识产权的工业操作系统，蓝卓数字科技已入选“2021年度中国十大工业互联网企业”，位列行业第二，是唯一一个入选的工业操作系统。在石化化工行业，蓝卓已为包括京博石化、镇海炼化、浙江荣凯、安徽华星等在内的国内石化化工巨头企业以“平台+APPs”模式提供一站式数字化解决方案以及丰富的工业应用场景。

supOS工业操作系统是以自动化技术为起点，从下至上形成为企业转型升级提供技术、平台及生态系统深度服务的工业互联网平台、大数据平台、人工智能平台的通用数据底座和统一技术生态环境。supOS通过连接工厂内部各种各样的设备和系统，融合工艺技术（PT）、设备技术（ET）、操作技术（OT）、自动化技术（AT）与信息技术（IT），实现智能工厂的智能感知、信息集成、机理建模、控制优化、数据挖掘、决策分析等应用的互联互通和集成融合。

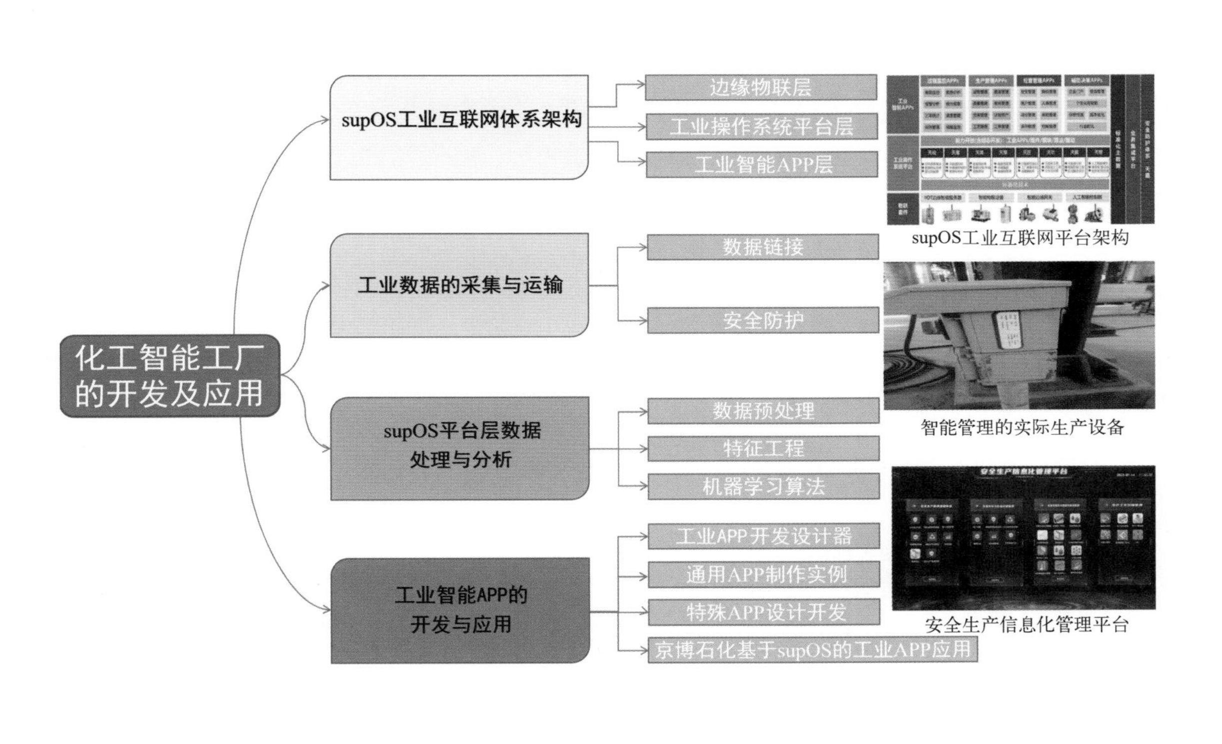

supOS工业互联网平台架构

智能管理的实际生产设备

安全生产信息化管理平台

5.1 supOS工业互联网体系架构

supOS是一个基础级的工业互联网平台，通过构建统一的数字底座，打通所有信息孤岛，以工厂全信息集成为突破口，实现生产控制、生产管理、企业经营等多维、多元数据的融合应用，能提供对象模型建模、大数据分析DIY、智能APP开发、智慧决策和分析服务，以集成化、数字化、智能化手段解决生产控制、生产管理和企业经营的综合问题。supOS通过三层架构打造“平台+工业APPs”模式赋能数字化建设，如图5-1所示，底层边缘物联套件主要负责边缘端数据采集和控制，包括传感器、执行器、控制器、智能物联设备、边缘网关和边缘服务器；中间层工业操作系统平台，主要负责物联套件设备接入、对象化模型组织、数据存储处理、可视化数据分析、工业APP开发、大数据分析和人工智能算法应用等；顶层工业智能APP生态，与合作伙伴一起构建面向特定场景的智能工业APP，形成行业解决方案。

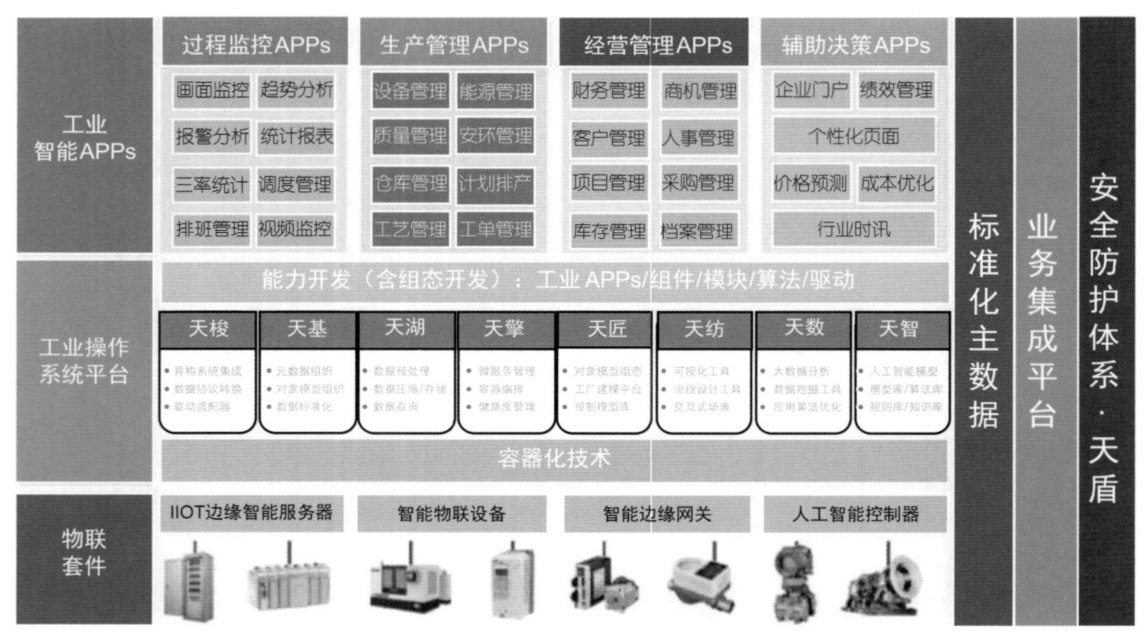

图5-1 supOS体系架构图

5.1.1 边缘物联层

边缘物联层主要负责企业大数据平台的数据接入和边缘计算，满足各异构系统特定应用场景的数据驱动扩展。边缘物联层组织架构如图5-2所示，主要是工厂的多元设备、异构数据、生产要素等。底层设备包括工业现场设备和智能设备，工业现场设备主要是传感器、采集器、变送器、PLC、IPC、RTU和嵌入式系统等；智能设备是指工业操作过程中的智能工业以太网设备。

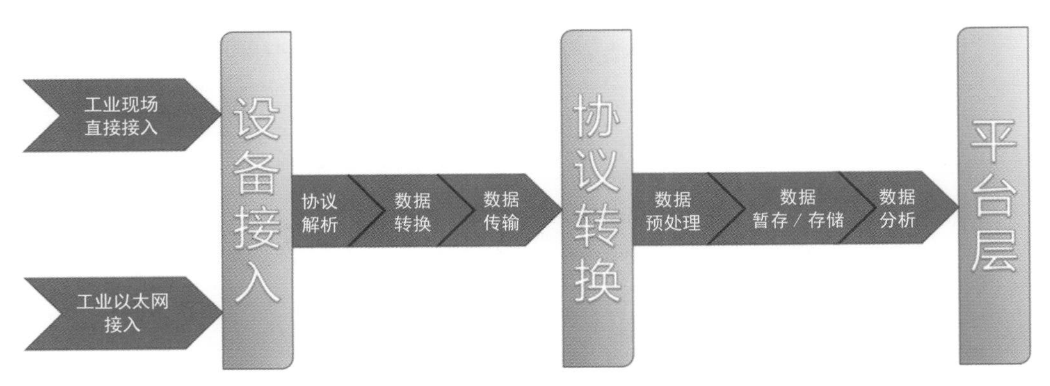

图5-2　边缘物联层组织架构图

边缘物联层涵盖了从系统端点（包括设备、传感器、控制器和执行器）到物联网网关和服务器的所有内容。其功能主要分为多元设备接入、协议转换和边缘数据处理三方面，其具体概念已在4.3节讲述。多元设备接入是指将全厂的设备信息、人员信息、生产信息等统一接入，实现全厂的数据互联，满足国内外主流厂家的PLC、DCS、SCADA等系统软件的实时数据接入；协议转换主要包括协议解析、数据转换、数据传输三个步骤，工业通信网络接口种类多、协议繁杂、互不兼容，通过工业网关进行协议转换实现多元系统的数据互通；边缘数据处理主要包括数据预处理、数据缓存\存储和数据分析，通过边缘层对数据的预处理、存储和分析，能够有效地解决工业控制的高实时性要求，同时能够有效提高边缘设备的效率。

5.1.2　工业操作系统平台层

工业操作系统平台层主要负责物联套件设备接入、对象化模型组织、数据存储处理、可视化数据分析、大数据分析和人工智能算法应用等。工厂的不同角色（生产者、管理者、经营者和业务专家们）在平台上可以进行数据的创新应用开发。

系统平台层组织架构如图5-3所示，主要由资源部署和管理模块、工业大数据系统模块、工业大数据建模和分析模块、组件库模块和应用开发模块五部分组成。平台层是整个工业互联网平台的核心，它由云计算技术构建，不仅能接收存储数据，还能提供强大的计算环境，对工业数据进行云处理或云控制。平台层的根本是在边缘层上构建了一个扩展性强的支持系统，也为工业应用或软件的开发提供了良好的基础平台。平台层能以平台优势，利用数据库、算法分析等技术，实现数据进一步处理与计算、数据存储、应用或微服务开发等功能，以叠加、扩展的方式提供工业应用开发、部署的基础环境，形成完整度高、定制性好、移植复用程度高的工业操作系统。平台层还能根据业务进行资源调度，也能保障数据接入、平台运营、接口访问的安全机制，保障业务正常开展。

5.1.3　工业智能APP应用层

工业智能APP主要负责工业APP的接入与应用，帮助企业实现智能化运维管理。同时，利用工业APP组态开发环境，可快速地、简易地拖拉拽式应用开发，与合作伙伴一起构建面向特

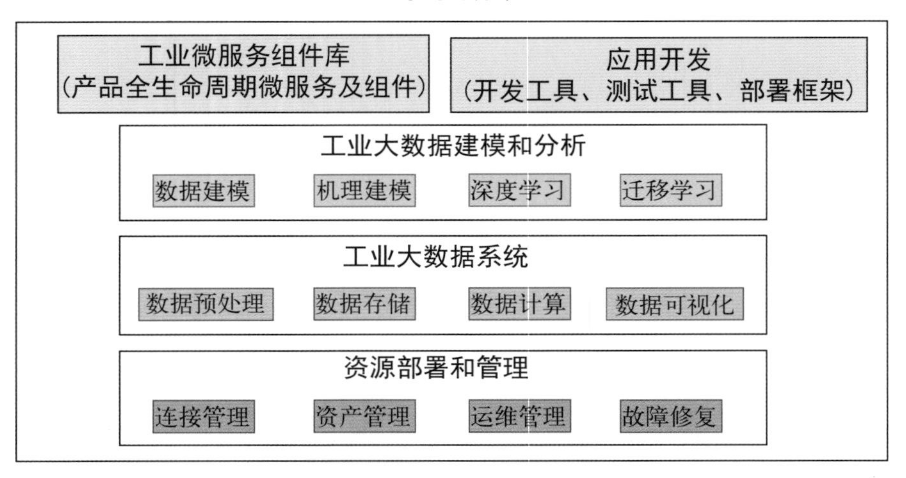

图5-3 工业操作系统平台层组织架构图

定场景的智能工业APP，形成行业解决方案。工业智能APP应用层组织架构图如图5-4所示。

图5-4 工业智能APP应用层组织架构图

工业智能APP应用层主要面向企业行业工厂运营过程中的各个岗位人员使用的应用功能入口，这些工业APP从辅助操作、生产管理、调度优化、安全管理、能源方案分析、设备资产管理等方面帮助工厂的生产人员和管理人员，减轻工作负担，提升工作效率，从而实现智能化的工厂运维管理。同时，利用平台提供的工业APP组态环境，工业智能APP可以针对特定场景、特定需求进行个性化快速开发。

5.2 工业数据的采集与传输

supOS工业互联网平台通过采集器将工业现场的各种数据上传到云平台，在配置采集器软件前，需要提前准备现场所有设备数据源、第三方系统、位号的信息列表，并确认第三方系统的驱动协议类型，操作流程如图5-5所示。

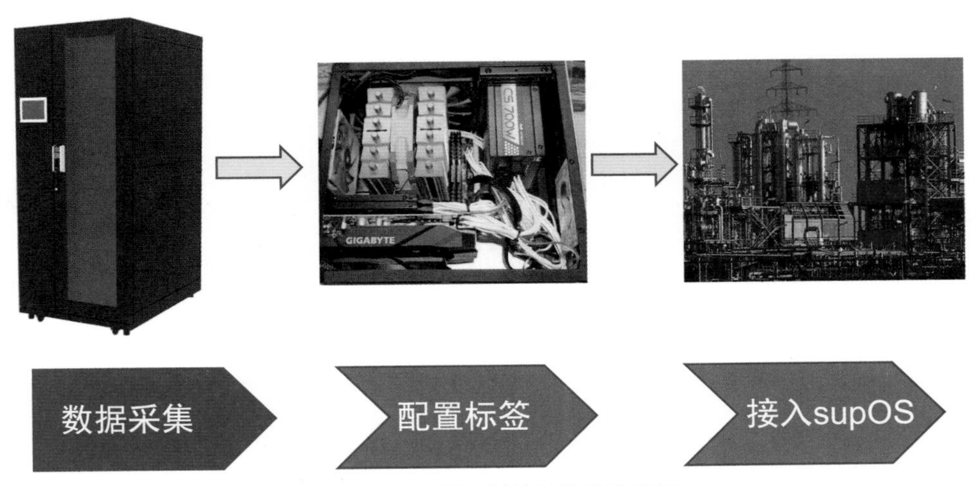

图5-5　工业数据链接的操作流程图

数据采集是采集器软件的技术核心，包含了驱动管理、源点管理以及标签管理。驱动管理用于显示和管理本软件支持的所有驱动，用户可在驱动管理界面查看采集器软件支持的类型、驱动名称、描述、作者、版本以及上传时间，驱动管理为采集器软件系统已集成的驱动集合。supOS已开放支持的驱动类型如图5-6所示。

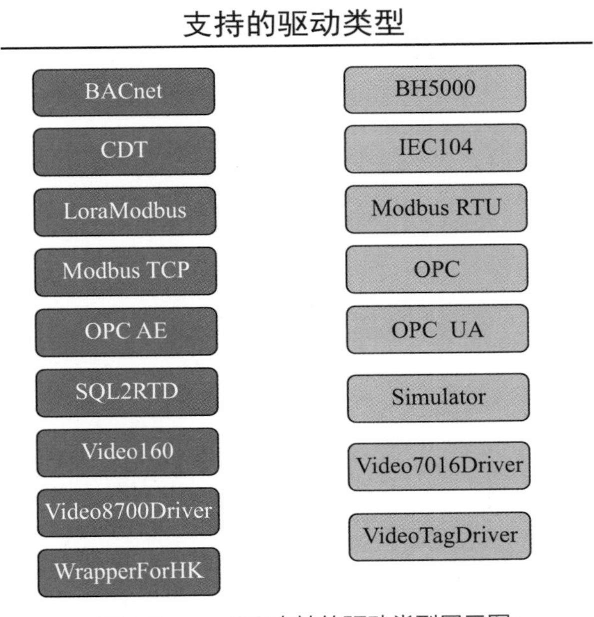

图5-6　supOS支持的驱动类型展示图

采集器软件通过源点来连接工厂的智能设备，源点用来显示接入supOS平台的设备，例如，一套装置的控制系统、一套企业的生产管理系统、一个智能仪表或一个智能采集网关等。标签是用于描述信息模型的最小单位，标签与源点的某个特定属性相对应，泛指采集源点中的一个数据测点、一张业务数据表、一个视频通道或一个人员定位信息等。在标签管理界面，用户可以对标签进行管理，包括新增标签、删除标签，对标签信息进行编辑修改，查看标签信息等。supOS工业互联网平台的对象属性通过与采集器软件的标签绑定来传输数据，采集器收集到的数据通过supOS平台提供的UUID接入平台。采集器软件接入supOS平台流程图如图5-7所示。

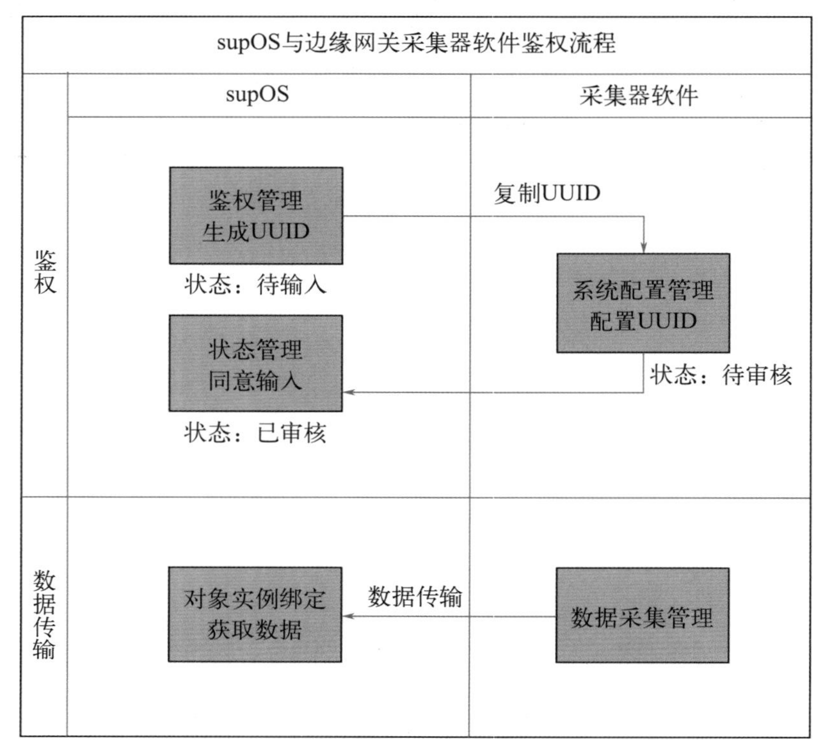

图5-7　采集器软件接入supOS平台流程图

采集器软件接入supOS平台的操作步骤为：

① 在supOS端进入管理层设置页面，采集节点管理/鉴权管理页面下新增鉴权，输入名称、负责人、公司地址、公司名称等内容，生成UUID。

② 在采集器软件端，系统信息管理/系统配置管理页面，输入名称、服务器地址、输入supOS端生成的UUID、通信端口为8010、数据上送方式为TCP或UDP、位号读写等信息。supOS鉴权接入的通信端口默认为8010。

③ 若要创建该设备到对象实例，在supOS对象实例中自动创建一个采集节点同名称的对象实例，对象实例下的所有的标签即为对象实例的属性，supOS的对象实例可通过绑定采集节点的对象实例属性获取采集器数据。

④ 在进行采集器或UUID替换时，采集器名称需要使用原名称，之前已绑定的属性才能进行关联，更换采集器名称会导致已绑定的属性找不到数据源而报错。如要进行UUID的更换，要在supOS上用新的名称申请新的UUID，在采集器上用新的名称和新的UUID申请接入supOS，在supOS上同意新名称和UUID的替换接入。若要进行采集器更换，要在新电脑的采集器端用原来的名称和UUID申请接入supOS，在supOS上同意原名称和UUID的新设备替换接入，才能使采集器接入supOS平台。

在当前智能制造新形势下，由于安全问题不断增加与恶化，对工业控制系统的功能、信息、设备等安全提出了更高要求，在考虑信息安全的同时，也要考虑功能安全与信息安全的融合问题。目前工厂控制系统一般使用通用开放的Windows操作系统，使用OPC采集数据，网络采用冗余工业以太网模式，尤其是服务器结构的DCS，一旦服务器出现异常，受侵害的不仅仅是一个操作站，而是整个系统，并会导致系统瘫痪。为解决控制系统的网络安全问题，需建立综合工控系统深度安全防护体系，如图5-8所示。

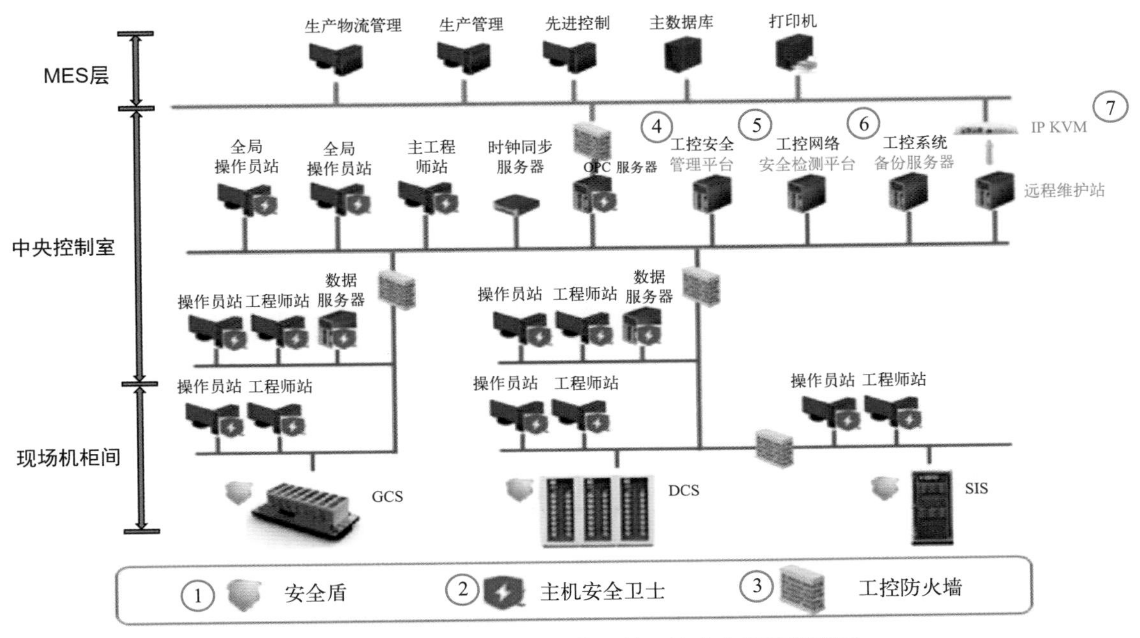

图5-8　基于纵深安全防御体系的工控安全系统架构图

从图5-8中可以看出，工业控制站内置安全盾系列防护产品，实现通信与控制隔离，确保在遭受网络攻击的情况下，不影响控制回路的正常运行。并对不同的工艺操作需要和数据交换最小原则进行网络分区，确保分区之间禁止互相操作和控制变量传输，如需传输少量过程变量，应采用硬接线或者串行通信卡件方式实现。SIS（安全仪表系统）数据应通过通信传输到DCS再与数据服务层相连。中央控制室应配置具有安全审计、异常检测和入侵检测功能等网络安全监控设备或者系统，及时发现外来的异常访问和可疑数据，记录并报警。

5.3　supOS平台层数据处理与分析

化工等流程企业的数据主要存在于各种自动化系统（如DCS、PLC、SIS、SCADA等）、智能设备和信息化管理软件（如MES、ERP、LIMS、EAM、SCM、CRM、CAD等）之中。supOS工业互联网平台具有丰富的数据接口，是工厂通用连接器，可实现工业数据的全集成与标准化管理，如数据标准化和对象信息模型的运行期管理，多元数据预处理、存储、压缩处理，实时和历史数据查询服务，计算资源管理和服务治理，业务流搭建，可提供一个信息融合、多元数据混合的快速构建平台。

supOS工业互联网平台基于多元、海量数据等综合应用，提供大数据挖掘和分析的常用算法库、大数据云存储和分析服务。目前，supOS工业互联网平台已经集成的算法包括聚类分析、线性判别、神经网络、模糊聚类、主元分析、SVM、CART、AdaBoost等主流分析算法，用户针对同一分析对象或是同一批数据，可自由选择某一种算法，探索性地去挖掘、发现新知识和生产管理、操作、决策的客观规律，大大提高了数据分析的灵活性，降低了大数据分析的门槛和难度。

supOS大数据平台的操作流程如图5-9所示。首先平台通过数据采集器接收数据，然后进行数据预处理，之后实施特征工程将预处理过的原始数据转变为模型，最大限度地从原始数据中提取特征以供算法和模型使用；通过平台提供的机器学习算法进行数据建模，训练模型得出结果，然后对该模型进行评估，如果结果符合客观规律或者符合预期，则该模型可以应用。

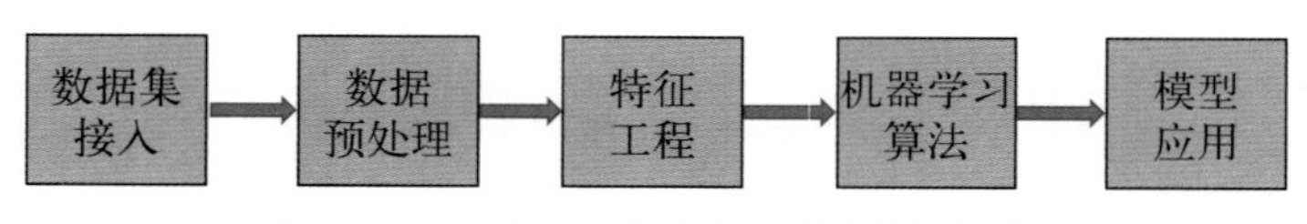

图5-9　supOS大数据平台的操作流程图

5.3.1　数据预处理

为了避免样本集中的数据出现不完整、不一致的数据，导致实验无法直接进行数据挖掘，或者挖掘结果不是很好，平台提供了一些数据预处理的方法。首先设置角色，选择需要分析的属性，并对属性进行变量的角色定义，包含的角色有自变量、因变量。之后进行数据拆分，用于对原始数据集进行拆分，将数据集拆分成训练集和验证集，拆分后各个子集的比例总和小于等于100%。数据拆分作为回归或者分类算法组件的前置组件。

数据拆分后进行归一化处理，即将有量纲的表达式，经过变换化为无量纲的表达式，称为标量。最常见的方法是把数变为0到1之间的小数。如果数据存在缺失，需要进行缺失值处理，缺失值处理能将存在缺失值的变量进行替换。数值型可替换为平均值、最大值、最小值、中位数、众数或一个自定义的值，非数值型可替换为最多次数项、最少次数项或一个自定义的值，数值型或非数值型也都可以选择直接删除存在缺失值的整行数据。为了保证后面的数据能够顺利地查找特征或建立模型，缺失值处理是整个实验中不可缺失的一环。

5.3.2　特征工程

特征工程或特征提取是利用领域知识从原始数据中提取特征或属性，把原始数据转变为模型的训练数据的过程。其动机是利用这些额外的特征来提高机器学习过程的质量，获取更好的训练数据特征，使得机器学习模型逼近这个上限。特征工程包括特征选择、降维等环节。

（1）特征选择

现实任务中经常遇到维数灾难问题，如果能选择出重要特征，再进行后续学习过程，可以减轻维数灾难；另外，去除不相关的特征往往会降低学习任务的难度，还可以尽量减少过拟合的风险，尤其是在使用人工神经网络或者回归分析等方法时，额外地输入变量会增加模型本身的额外自由度。常见的特征选择方法有过滤式、包裹式和嵌入式。

① 过滤式（filter）是按照发散性或者相关性对各个特征进行评分，设定阈值或者待选择阈值的个数，选择特征。通过卡方检验、皮尔逊相关系数、互信息等指标判断哪些维度重要，剔除不重要的维度。

② 包裹式（wrapper）使用一个基模型进行多轮训练，每次选择若干特征，或者排除若干特征。根据目标函数（通常是预测效果评分）来决定各特征是否重要。通常结合遗传算法或模拟退火算法等搜索方法来选取特征。

③ 嵌入式（embedding）是基于机器学习的算法和模型进行训练，学习器通过训练自动对特征进行选择。如使用L1范数作为惩罚项的线性模型（例如lasso回归）会得到稀疏解，大多数特征对应的系数为0，从而实现了特征选择。

（2）降维

当特征选择完成后，可以直接训练模型了，但是可能由于特征矩阵过大，导致计算量大、训练时间长，因此降低特征矩阵维度也是必不可少的。主成分分析（PCA）与线性判别分析（LDA）是常用的降维方法。

① PCA主要是从特征的协方差角度，去找到比较好的投影方式，即选择样本点投影具有最大方差的方向；PCA属于无监督式学习，大多场景下只作为数据处理过程的一部分，需要与其他算法结合使用，例如将PCA与聚类、判别分析、回归分析等组合使用。PCA降维后最多有N维度可用，即最大可以选择全部可用维度。

② LDA更多的是考虑分类标签信息，寻求投影后不同类别之间数据点距离更大化以及同一类别数据点距离最小化，即选择分类性能最好的方向；LDA是一种监督式学习方法，本身除了可以降维外，还可以进行预测应用，因此既可以组合其他模型一起使用，也可以独立使用。LDA降维后最多可生成$C-1$维子空间（分类标签数−1），因此LDA与原始维度N数量无关，只与数据标签分类数量有关。

如图5-10所示，PCA所做的只是将整组数据整体映射到最方便表示这组数据的坐标轴上，映射时没有利用任何数据内部的分类信息。因此，虽然PCA后的数据在表示上更加方便（降低了维数并能最大限度地保持原有信息），但在分类上也许会变得更加困难；而LDA充分利用了数据的分类信息，将两组数据映射到了另外一个坐标轴上，使得数据更易区分了（在低维上就可以区分，减少了运算量）。

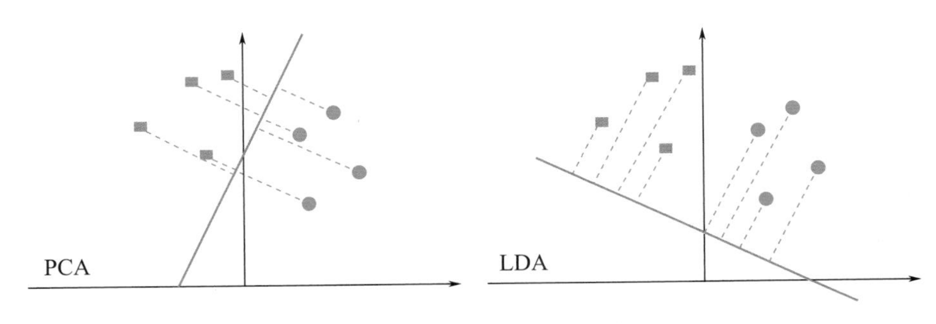

图5-10　PCA和LDA的区别图

总之，特征选择和降维都是为了减少特征的数量。但是特征选择是从原有特征中进行选择或排除，不涉及原有特征的转变；而降维是创造特征的新组合。

5.3.3 机器学习算法

supOS平台提供了各种机器学习算法，包括回归算法、分类算法、聚类算法、寻优算法、自定义python脚本、模型评估等。

(1) 回归算法

回归反映了集中数据属性值的特性，通过函数表达数据映射的关系来发现属性值之间的依赖关系。回归算法用于数值型的数据分析，主要应用于对数据序列的预测及相关关系的研究。平台提供BP神经网络回归、线性回归、LSTM回归、决策树回归、多项式回归、DNN回归、非线性SVM回归。

其中，多项式回归用于对非线性关系的变量进行回归分析。研究一个因变量与多个自变量间多项式的回归分析方法，称为多项式回归。在一元回归分析中，如果因变量y与自变量x的关系为非线性的，但是又找不到适当的函数曲线来拟合，则可以采用一元多项式回归，如图5-11所示。多项式回归的最大优点就是可以通过增加x的高次项对实测点进行逼近，直至达到最优为止。

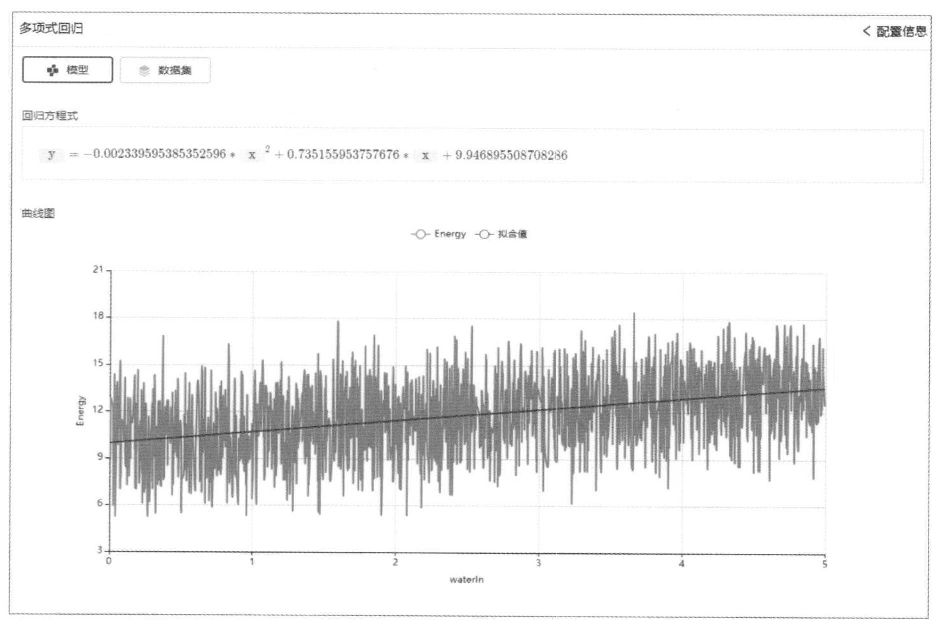

图5-11 多项式回归洞察结果图

(2) 分类算法

分类是找出数据集中的一组数据对象的共同特点并按照分类模式将其划分为不同的类，其目的是通过分类模型，将数据库中的数据项映射到某个给定的类别中。平台提供SVM分类、BP神经网络分类、CART决策树分类、ID3决策树分类、KNN分类、逻辑回归、随机森林分类等。在supOS平台上使用SVM分类时，需要配置正则化参数L1或者L2、残差收敛条件、惩罚系数C以及最大迭代次数，如图5-12所示。

SVM分类

正则化参数

L2

残差收敛条件

0.0001

惩罚系数C

1

最大迭代次数

1000

图5-12　SVM配置图

在该配置条件下，通过使用平台提供的线性模型表达式，得到的输出结果如图5-13所示。

序号	支持向量	系数
1	0.512955,2.883876,3.600456,3.6924300000000003,3.4506099999999997,3.708217,0.284987,1.16031,2.1203540000000003	-0.1
2	2.028619,3.847055,0.028037,4.6144870000000004,1.7454939999999999,0.833636,0.44125299999999995,3.891401,2.190482	-0.1
3	4.832144,1.7264540000000002,2.517016,2.817285,1.386136,4.246329,0.735847,4.066799,2.806651	0.1
4	1.291175,2.582775,3.8560849999999998,4.548797,4.858655000000001,2.955306,4.79721,1.365901,1.799665	0.1
5	0.177886,0.938757,1.9399520000000001,4.104255,4.9606,0.447158,4.872147,2.953394,3.068765	0.1
6	2.12052,0.9358420000000001,1.4322620000000001,4.625842,1.140339,2.08486,3.233646,4.2770779999999995,4.950003	0.1
7	1.137712,0.114738,2.83774,2.18435,4.653485,0.914381,0.7038840000000001,1.3813389999999999,1.1654010000000001	-0.1
8	1.4156,1.921116,1.641925,3.58324,1.4080780000000002,1.035151,4.419917,2.176587,4.768768	0.1
截距	11.743316445175411	

图5-13　SVM洞察结果图

（3）聚类算法

聚类类似于分类，但与分类的目的不同，是针对数据的相似性和差异性将一组数据分为几个类别。属于同一类别的数据间的相似性很大，但不同类别间的数据差异大，跨类的数据关联性很低。在supOS平台中，常用的是KMeans聚类算法。KMeans是一种迭代求解的聚类分析算法，其步骤是随机选取K个对象作为初始的聚类中心，然后计算每个对象与各个种子聚类中心之间的距离，把每个对象分配给距离它最近的聚类中心。聚类中心以及分配给它们的对象就代表一个聚类。每分配一个样本，聚类的聚类中心会根据聚类中现有的对象被重新计算。

在supOS平台的配置区，KMeans聚类算法的数据处理方式有三种，分别是归一化（默认值）、Z标准化和无处理，然后可以对聚类个数、最大迭代次数和距离度量方式等参数进行设置，以达到最好的效果，如图5-14所示。

图5-14　KMeans聚类算法设置图

根据supOS平台提供的模型和数据集，可得到如图5-15的洞察结果。

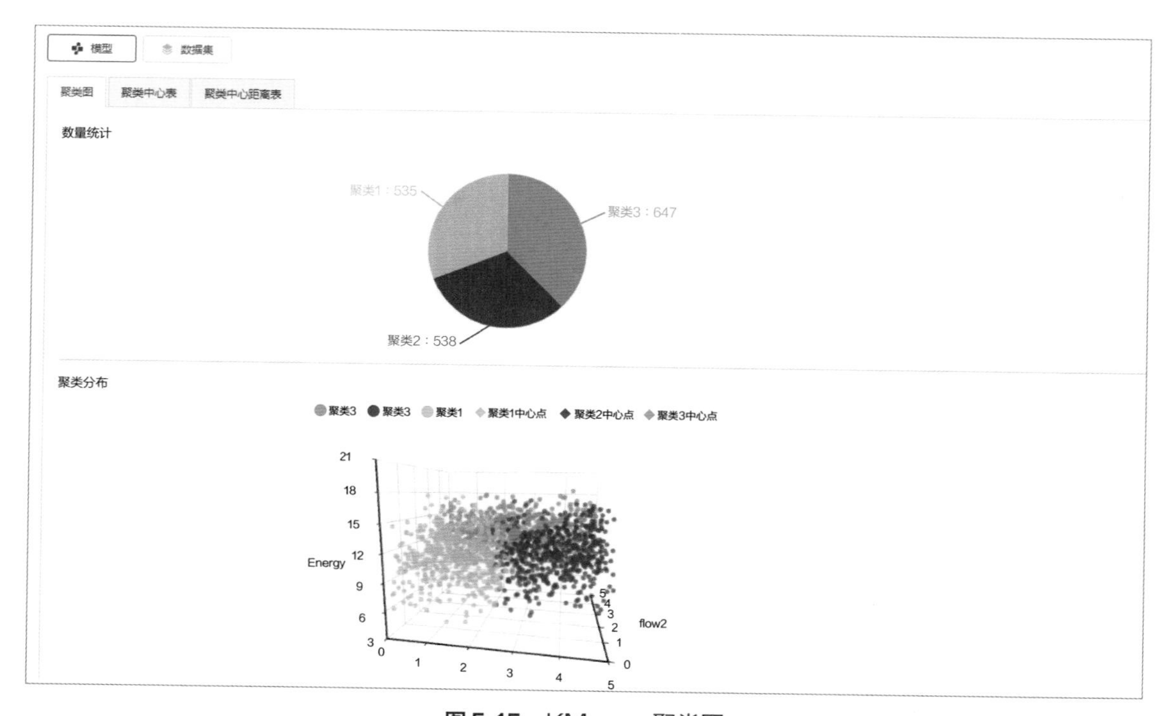

图5-15　KMeans聚类图

（4）寻优算法

寻优算法用于在给定的限制条件下最大化或最小化一个指定的目标函数。在supOS平台中，目前使用较多的是基因算法。基因算法的核心思想是通过模拟生物进化过程，不断地以自然选择、基因交叉和变异为基础，逐步地搜索最优解。在基因算法中，问题的解被表示为基因型或染色体，将其转化为表现型，并通过适应度函数来评估其适应度，选取最符合条件的个体进入下一代。基因算法能够处理高维复杂的优化问题，但其搜索的效率会受到算法参数和编码方案的影响。因此，在应用基因算法时需要注意选择合适的参数和编码方案，以便获得最优解。同时，基因算法也可以和其他算法相结合，如模拟退火算法、粒子群算法等，以提高搜索效率。

在supOS平台的配置区，可对基因算法的种群数量、最大迭代次数、重复实验次数、寻优方向、交叉概率、交叉因子和变异概率等参数进行设置，如图5-16所示，通过不断地调整参数以达到理想的效果。

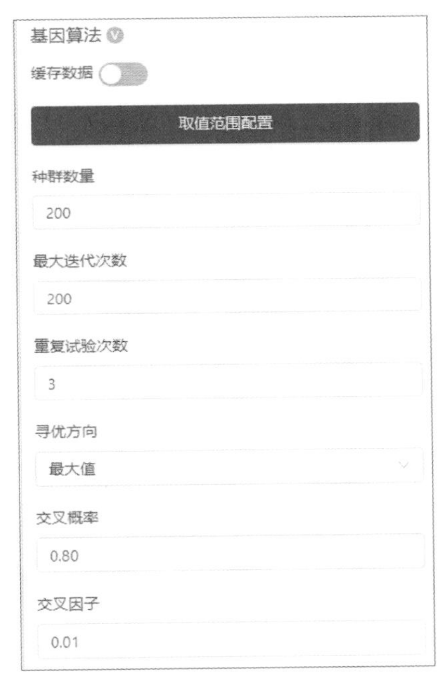

图5-16 寻优算法调参设置图

根据supOS平台提供的模型和数据集，寻优结果如图5-17所示，迭代过程如图5-18所示。

（5）自定义

用户可使用python语言编程实现数据处理、数据分析、图表展示等功能，使得建模过程更加灵活。根据开发说明在python编辑器中编写python脚本，可查看数据的输入结构、输出结构，可选择是否输出模型，并点击校验查看校验结果。

（6）模型评估

模型评估是对模型的泛化能力进行评估，一方面可以从实验的角度进行比较，如交叉验证等；另一方面可以利用具体的性能评价指标。

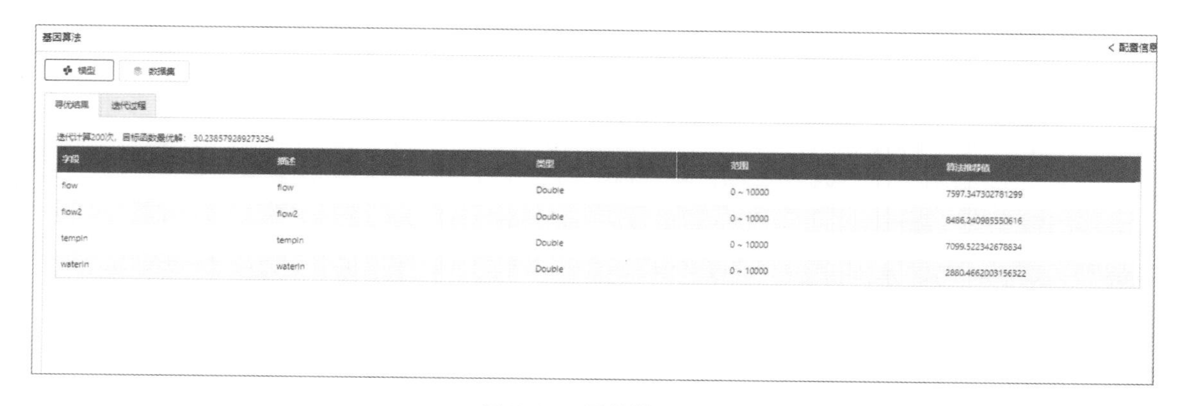

图 5-17　寻优结果图

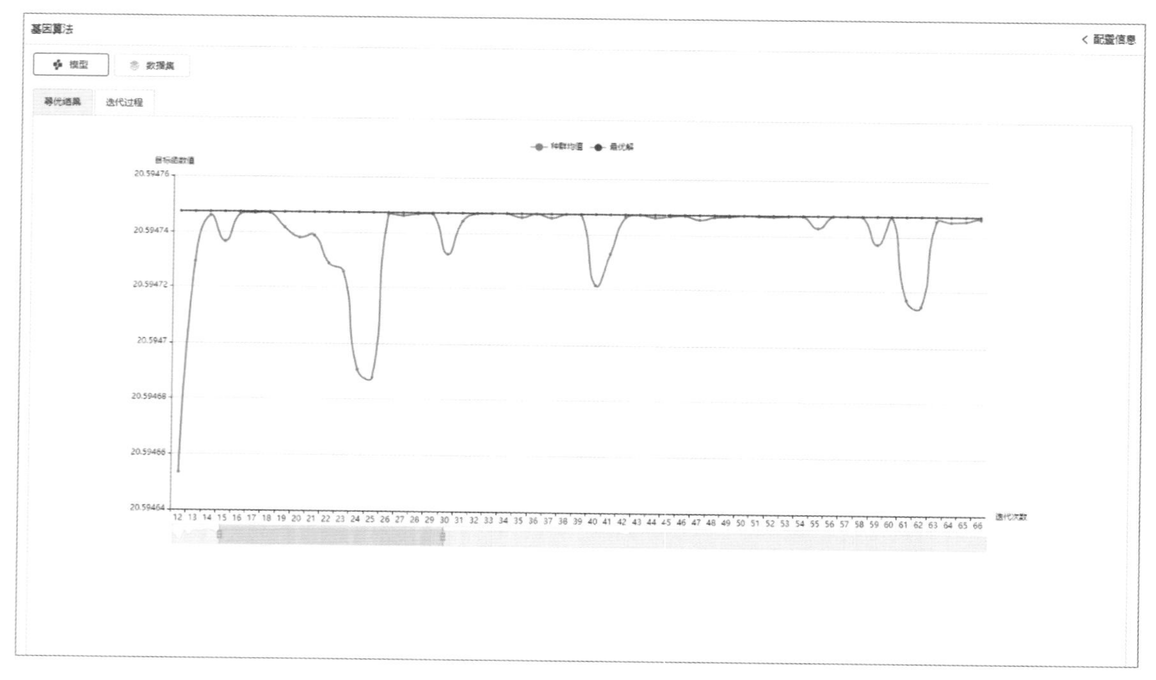

图 5-18　迭代过程示意图

① 分类模型评估

在 supOS 平台，除了显示数据集之外，分类模型评估界面还提供了一个本次实验运行的分类信息，分析了整个模型的分类准确率、分类召回率、分类 $f1$ 值，这个评估也针对实验中每个模型独立显示，分析绘制该模型的混淆矩阵和 $f1$ 值等。平台提供的案例如图 5-19 和图 5-20 所示。

图 5-19　全部模型汇总图

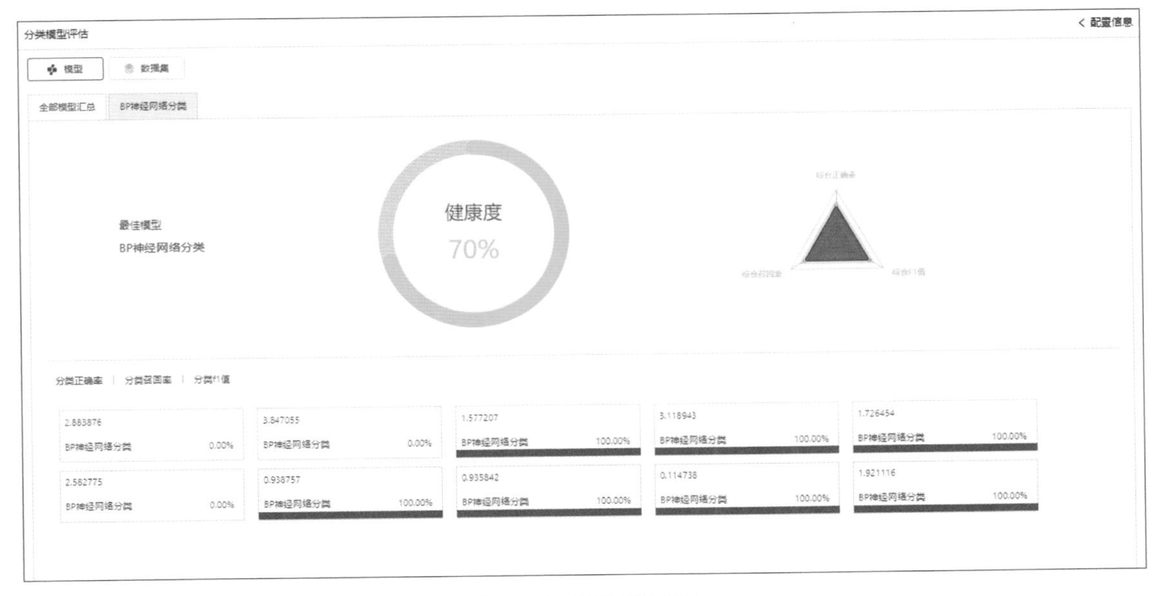

图 5-20　洞察结果图

② 回归模型评估

对自变量相同和因变量相同的数据集，比较一种回归算法的一组参数、不同参数组合或者多种回归算法之间的分析性能，检验回归模型的可靠性，最终根据一些评价指标（如相对误差、相关性系数等）或者图表展示，获得质量最佳的回归模型。用户可以在配置区自主选择评分标准，进行模型评估分析。配置区可配置模型评分标准类型，如图5-21所示。

图5-21　评分标准设置图

在supOS平台，除了显示数据集之外，回归模型评估界面还为用户提供了一个本次实验运行的误差评估，分析了整个模型的误差、相对误差和绝对误差，同时在误差图中也显示了实验中各个回归模型与真实值的误差曲线图。这个评估也会针对实验中的每个模型独立显示，分析绘制该模型的误差评估、误差图、残差散点图等。误差评估如图5-22所示。

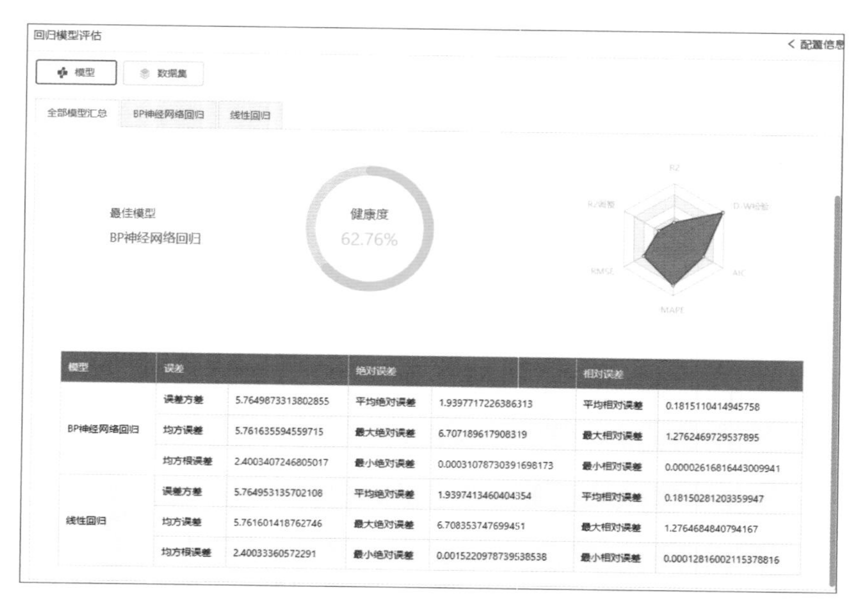

模型	误差		绝对误差		相对误差	
BP神经网络回归	误差方差	5.7649873313802855	平均绝对误差	1.9397717226386313	平均相对误差	0.1815110414945758
	均方误差	5.761635594559715	最大绝对误差	6.707189617908319	最大相对误差	1.2762469729537895
	均方根误差	2.4003407246805017	最小绝对误差	0.00031078730391698173	最小相对误差	0.00002616816443009941
线性回归	误差方差	5.764953135702108	平均绝对误差	1.9397413460404354	平均相对误差	0.18150281203359947
	均方误差	5.761601418762746	最大绝对误差	6.708353747699451	最大相对误差	1.2764684840794167
	均方根误差	2.40033360572291	最小绝对误差	0.0015220978739538538	最小相对误差	0.00012816002115378816

图5-22　全部模型汇总及误差评估图

③ 聚类模型评估

对自变量相同的数据集，比较一种聚类算法的一种参数、不同参数组合或者多种聚类算法之间的分析性能，检验聚类模型的可靠性，最终根据一些评价的指标（如轮廓系数）或者图表展示，获得质量最佳的聚类模型。

聚类评估算法提供Silhouette、BD、Bunn、类间平方和、类内平方和、总离差平方和6个指标用于评估算法，根据这6项指标可以计算出算法的健康度，健康度用于选择模型中的最佳模型。洞察在全部模型汇总页面显示所有模型的指标信息，并给出最佳的模型、健康度和雷达图，如图5-23所示，同时也可以查看单个模型的指标信息、健康度和雷达图，如图5-24所示。

模型		类内平方和	类间平方和	总离差平方和
KMeans	取值	2803.963208764311	4233.136030443151	7037.099239207462
	占比	39.85%	60.15%	100.00%
KMeans1	取值	2804.220011558281	4232.879227649181	7037.099239207462
	占比	39.85%	60.15%	100.00%

图5-23　最佳模型洞察结果图

	类内平方和	类间平方和	总离差平方和
取值	2803.963208764311	4233.136030443151	7037.099239207462
占比	39.85%	60.15%	100.00%

图5-24　当前模型洞察结果图

5.4 工业智能APP的开发与应用

supOS工业互联网平台将底层中各种各样的动设备、静设备等全面连接，打通上层的软件应用，向下连接海量设备，支撑智能APP的快速开发和部署，通过工业互联网平台实现工具化和去技能化。基于supOS工业互联网平台强大的基础设施，打造全产业链工业企业APP库，实现工业数据生态圈。supOS已在石化、化工、建材、冶金、光伏、制药、电力、园区、水务、离散等数十个行业应用，并与中石化镇海炼化、山东京博、浙江红狮、中国电信、浙江大学等团队合作实施多个工业互联网创新项目。例如在石化行业，运行在supOS工业互联网平台上的工业APPs可达上千种，如PID控制回路自动调节、装置先进控制、全厂实时优化、外操智能巡检、生产计划排程、生产调度排产、物料平衡、智能报警管理、能源实时优化、设备智能监控、油品智能移动、油品调合、工厂仿真培训、罐区管理、终端智能自动化等。

5.4.1 工业APP开发设计器

基于supOS工业互联网平台的工业APP开发设计器是一个开放的、自由的、多功能的组态软件，能够根据企业的实际需求灵活地调整APP的功能及设置，工业APP由一个或多个组态页面组成，可展示不同类型的监控画面，可以在此实现工业企业管理需要的所有页面。工业APP的操作流程如图5-25所示。

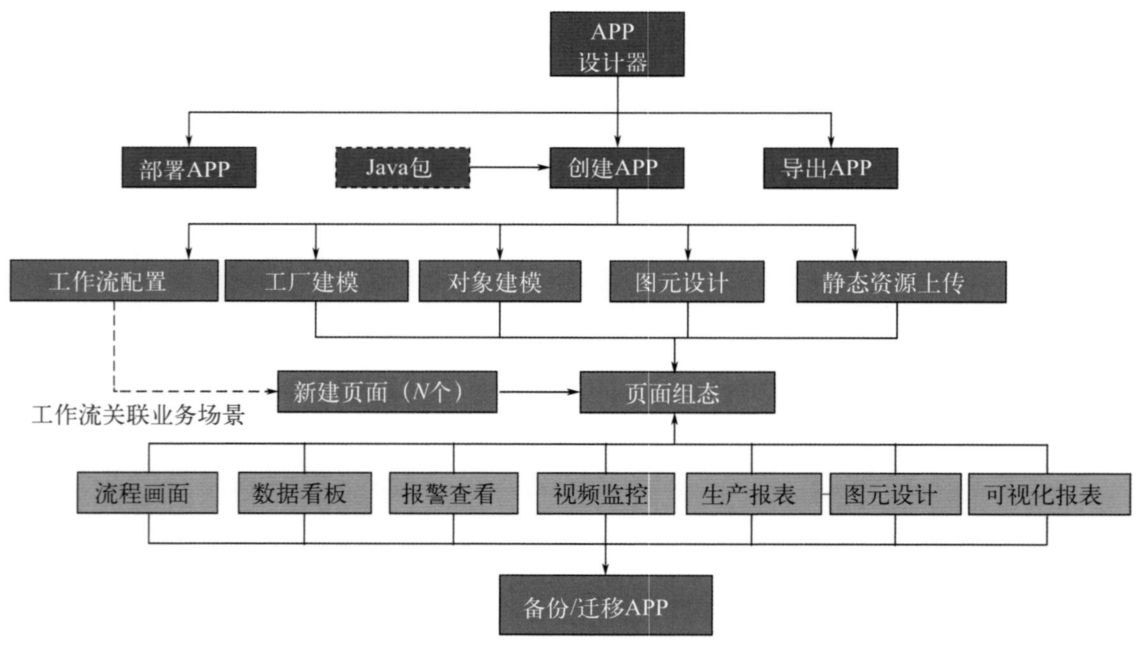

图5-25 工业APP操作流程图

在APP设计器内，有对象模型管理、工厂模型管理、界面管理、工作流管理、静态资源管理五部分。在supOS起始界面内同样有对象模型管理和工厂模型管理，两处的作用范围略有区别，下文中将详细讲述。

① 对象模型管理是将工厂的车间、人员、设备、产品和物料等进行对象化管理。通过创建对象实例，可以将整个工厂模型，包括机组、设备、人员、产品等以数字化形式进行建模，例如，泵设备可以作为对象模板，具体到哪一个泵设备可以作为对象实例，泵的特性，例如流量、压力等可以作为对象属性，同时对象属性可通过绑定数据来源与采集器软件的标签进行绑定从而获取数据。用户可以通过supOS直观查看工厂组成、设备情况以及上下关系等信息。在APP开发过程中，开发人员可将创建的对象实例直接应用在图标、报表等图形化控件中，帮助用户快速完成对数据源的绑定，从而达到数字化建模与可视化界面快速结合的目的。对于同类型的对象创建一个模型的集合需要描述该对象的属性、服务、事件或订阅信息时，需要创建一个对象模板。当创建对象实例时，通过继承对象模板的方式可以快速创建同类型的对象实例，将继承对象模板的属性、服务、事件、订阅，可以快速创建多个对象实例的模型，同时又方便后期的维护与管理。

② 工厂模型管理将真实工厂的单元主体，以对象化的全信息模型来表示，结合工厂的单元模型与生产组织关系来建立工厂数字化模型。工厂建模管理将企业生产数据针对具体的对象以树状结构进行绑定或分组，通过企业数据总线和对象数字模型，构建业务模型的关系网，为各个工业APP应用提供完整统一的数据模型。例如通过创建工厂模型绑定工厂架构、设备架构、运营架构等来监控全场关键数据，包括库存、生产、运营、能源、设备等数据，辅助企业更好更有效地实现物料平衡、能量平衡，实现企业的生产最优化、利益最大化、排放最小化。

工业APP内的对象模型管理功能和工厂模型管理功能与supOS全局对象模型管理功能和工厂模型完全一致，区别为工业APP内的对象模型和工厂模型只应用于工业APP内部，在工业APP导出时自动将内部对象模型或工厂模型导出，工业APP内部调用的全局对象模型无法同步导出。在工业APP内创建对象模型和工厂模型时勾选其他APP可见，将工业APP内部对象模型和工厂模型共享至全局，其他工业APP可使用该对象模型或者工厂模型进行组态。

③ 界面管理中包括界面设计和图元设计。界面设计是整个工业APP的核心设计模块，工业APP内的所有页面均需要通过界面设计模块进行组态；在界面设计中包括了基础设计的图元，图元设计是通过这些基础图元组合成复杂图元作为模板在工业APP组态时进行调用。

④ 工作流管理是将企业内部业务流程形成抽象的工作流，使工作任务、审批、任务执行等自动流转，有助于各部门提高工作效率，同时有效保存企业内部工作信息文件，利用系统对有效信息进行筛选、提取、分类与备份，提高企业流程的标准化体系建设能力，例如请假流程、报警后查看流程等等都可以通过配置工作流实现业务流转。

⑤ 静态资源管理是存储工业APP组态所需调用的静态资源，例如图片、视频等，通过静态资源的url地址进行调用。

5.4.2　通用APP制作实例

supOS平台能够提供页面组态和自由画布，可以根据需要设计流程画面、数据看板、报警查看、视频监控、生产报表、可视化图表、工作流业务模块等常用功能，用户和开发者也可根据需要自行设计平台没有的图元，并进行数据来源绑定；同时也可对图元进行属性设置、动态效果设置、数据联动设置、交互设置等，可以通过JavaScript编写脚本实现复杂功能的交互。

（1）时间显示APP制作

① 想要实现显示时间的功能，可以有多种方法，其中可以用编写脚本的方式实现该功能。在APP设计器中打开界面设计，在表单库中添加一个标签（在下文中会介绍到）到画布中，可以修改名称为当前时间，如图5-26所示。

图5-26　APP设计器图元设计界面

② 点中“当前时间”的标签框（注，此处的标签框与前文提到的标签管理不同），右侧可以设置该标签框的属性，例如名称、数据来源、字体等等，也可以添加交互，本处介绍添加交互实现时间显示。点击交互后，在脚本编辑框内编写如图5-27所示脚本，利用JavaScript编写。

③ 点击完成后，点击保存，然后点击预览，能够看到实现了时间显示，如图5-28所示。当然，实现显示时间的脚本有多种编写方式，例如图片中注释掉的部分同样可以实现时间显示。

（2）数据图表APP制作

supOS平台可以将采集到的数据通过图表的形式展示出来，让工厂操作人员可以更客观、更直接地看到数据的变化趋势。平台提供现有的各类图表，如折线图、曲线图、柱状图、仪表盘等等。本案例以柱状图为代表介绍supOS平台的数据可视化功能。

① 打开APP设计器，创建一个新的APP。打开APP的页面设计，点击空白画布，从图表库中拖出柱状图模块。点击右侧标题，选择显示标题，将标题修改为“顺酐产量”。继续在右侧属性栏选择柱状图形式为堆叠式。设计器页面如图5-29所示。

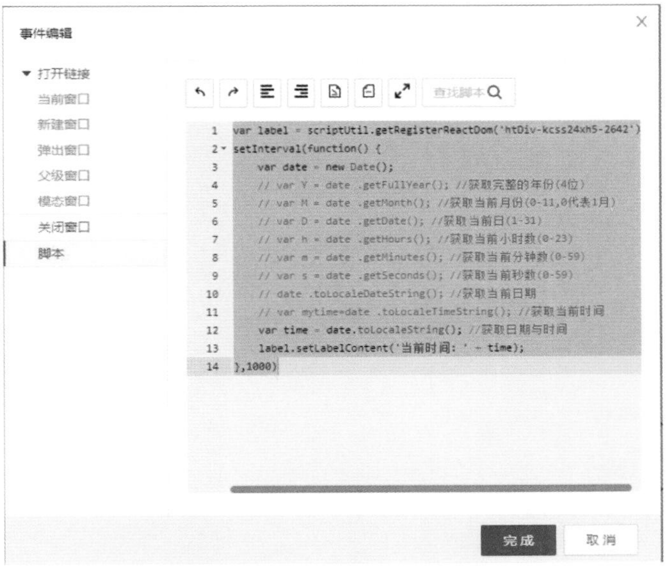

事件编辑

▼ 打开链接
当前窗口
新建窗口
弹出窗口
父级窗口
模态窗口
关闭窗口
脚本

查找脚本

```
1  var label = scriptUtil.getRegisterReactDom('htDiv-kcss24xh5-2642')
2  setInterval(function() {
3      var date = new Date();
4      // var Y = date .getFullYear(); //获取完整的年份(4位)
5      // var M = date .getMonth(); //获取当前月份(0-11,0代表1月)
6      // var D = date .getDate(); //获取当前日(1-31)
7      // var h = date .getHours(); //获取当前小时数(0-23)
8      // var m = date .getMinutes(); //获取当前分钟数(0-59)
9      // var s = date .getSeconds(); //获取当前秒数(0-59)
10     // date .toLocaleDateString(); //获取当前日期
11     // var mytime=date .toLocaleTimeString(); //获取当前时间
12     var time = date.toLocaleString(); //获取日期与时间
13     label.setLabelContent('当前时间：' + time);
14 },1000)
```

完成　取消

图 5-27　脚本编写界面

当前时间：2020/10/12 上午
10:39:04

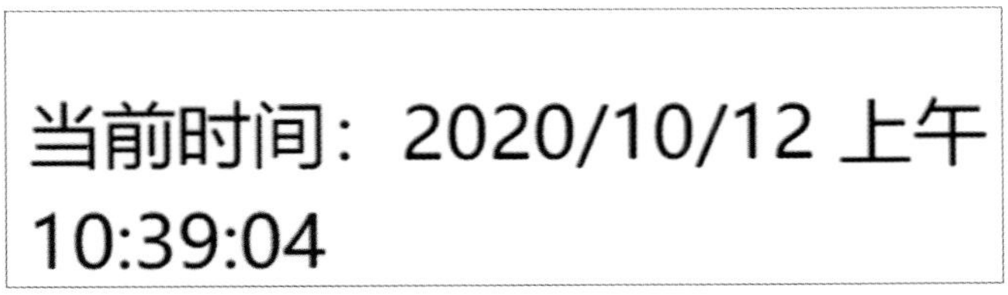

图 5-28　运行脚本后显示时间界面

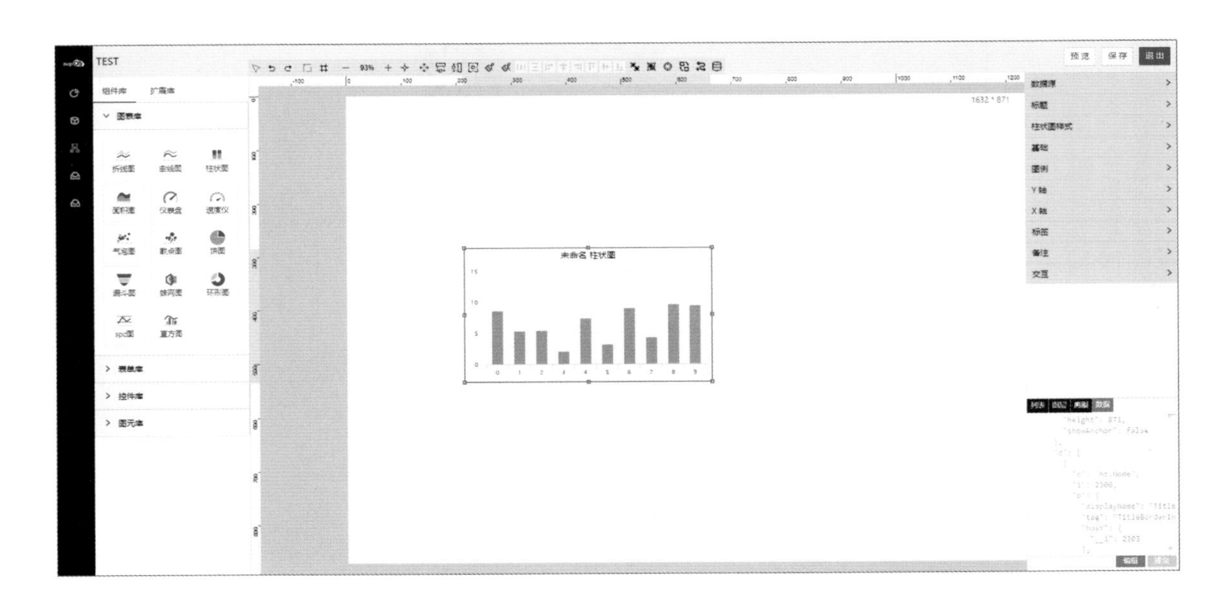

图 5-29　APP 设计器图表模块界面

② 寻找柱状图数据源，选择符合条件的数据，将数据统一整合到表单模板中。表单模板中的数据可以在对象模型管理模块中直接看到（图5-30）。

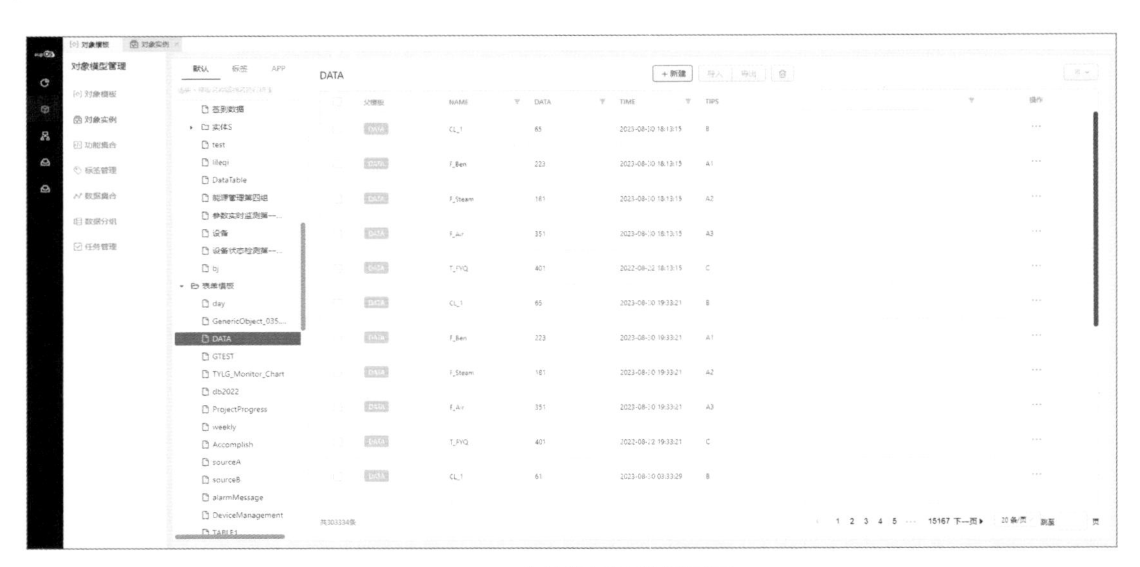

图5-30　表单模板的数据界面

③ 表单模板的数据不能直接作为图表的数据源使用，需要将表单模板的数据进行筛选，转化为可以被图表识别的形式。可以在表单模板服务中添加新的服务（图5-31），在新的服务中使用JavaScript语言对表单模板内置服务调用，生成可以被表单模板识别的数据源。（数据源有多种设置方式，也可以直接在绑定对象实例中实体模板中的数据。）

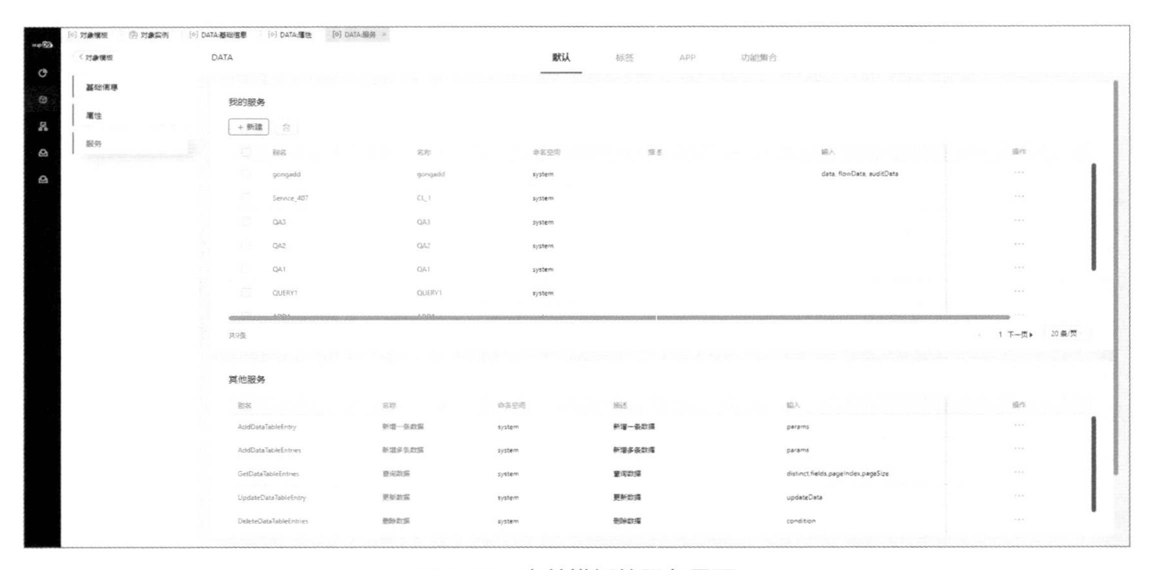

图5-31　表单模板的服务界面

④ 可以在服务中通过JavaScript语言设置SQL语言和调用表单模板内置的querySQLExec服务实现对数据源数据的筛选（图5-32）。

⑤ 在设计页面将数据源设置为创建好的表单模板的服务。*X*、*Y*轴内容设置为表单模板

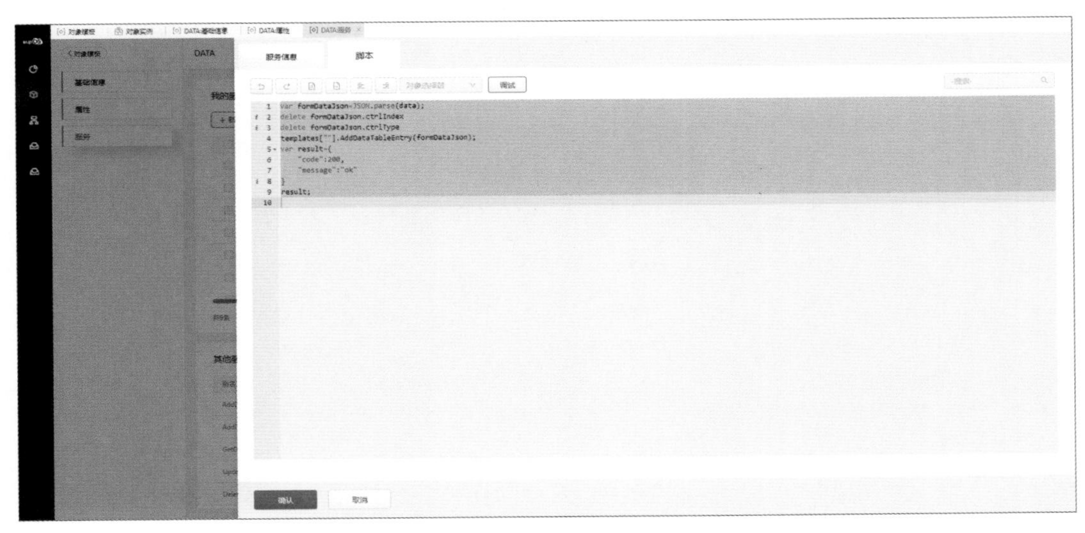

图 5-32　表单模板的服务代码界面

的属性。打开 Y 轴选项，选择显示 Y 轴，显示网格线，显示准星线，设置 Y 轴的初始值和间隔，设置 Y 轴标题为吨。X 轴同样操作。完成设置后保存页面，点击预览按钮，查看制作的柱状图。柱状图展示如图 5-33。

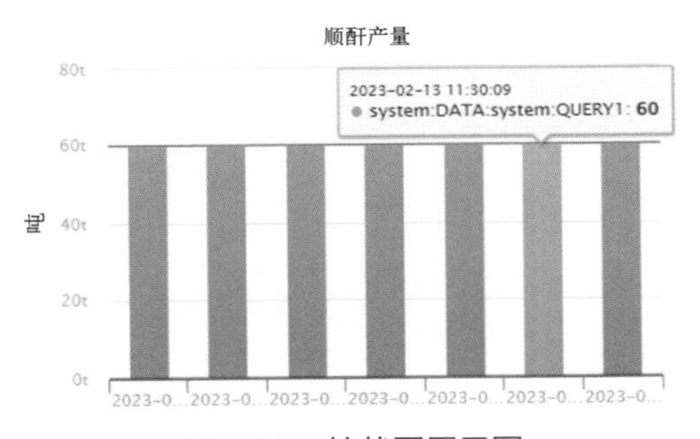

图 5-33　柱状图展示图

此外，除了柱状图，平台还提供折线图、曲线图、仪表盘等；提供各类表单，例如标签、输入框、下拉框、日期、按钮等；提供实时报警、报表、可编程组件等控件库；能够自行设置各个图元的动态效果，例如水平移动、闪烁、填充、转到等；能够提供工作流功能，例如人事管理、请假管理、流程管理等工作流。

(3) 产量统计 APP 制作

用 supOS 平台独立开发一个产量统计的 APP。需求概述：统计装置的某一天白班、中班、夜班统计量，并进行保存，可查询。开发一个页面，页面名称为：产量确认。产量确认页面如图 5-34 所示。

根据原型图完成页面组态，单元格长度根据数据内容适当调整。

需求项：

① 页面打开，点击<开始时间>标签，修改组件名为 startTime，点击交互内容加载，编写脚本，把时间默认为昨天（图 5-35）。

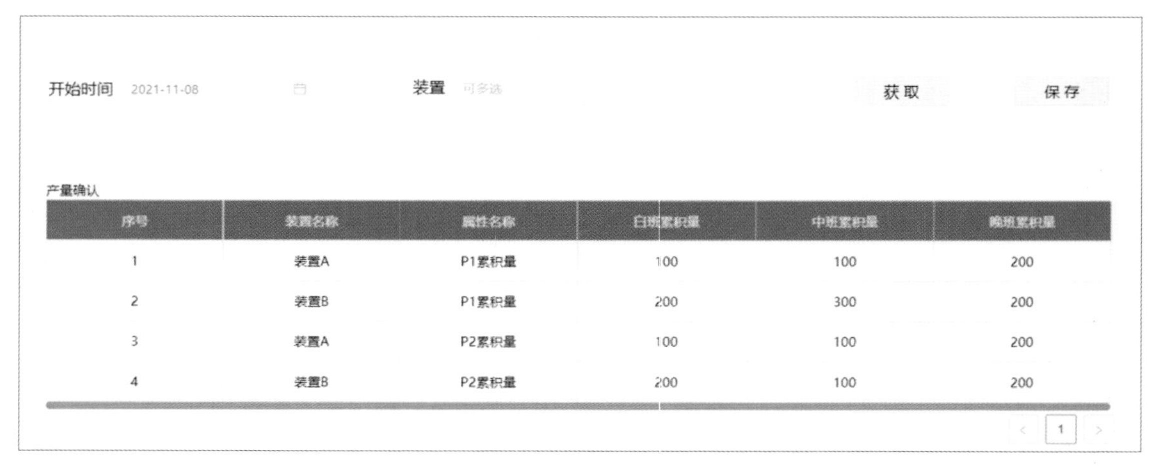

图5-34　产量确认页面

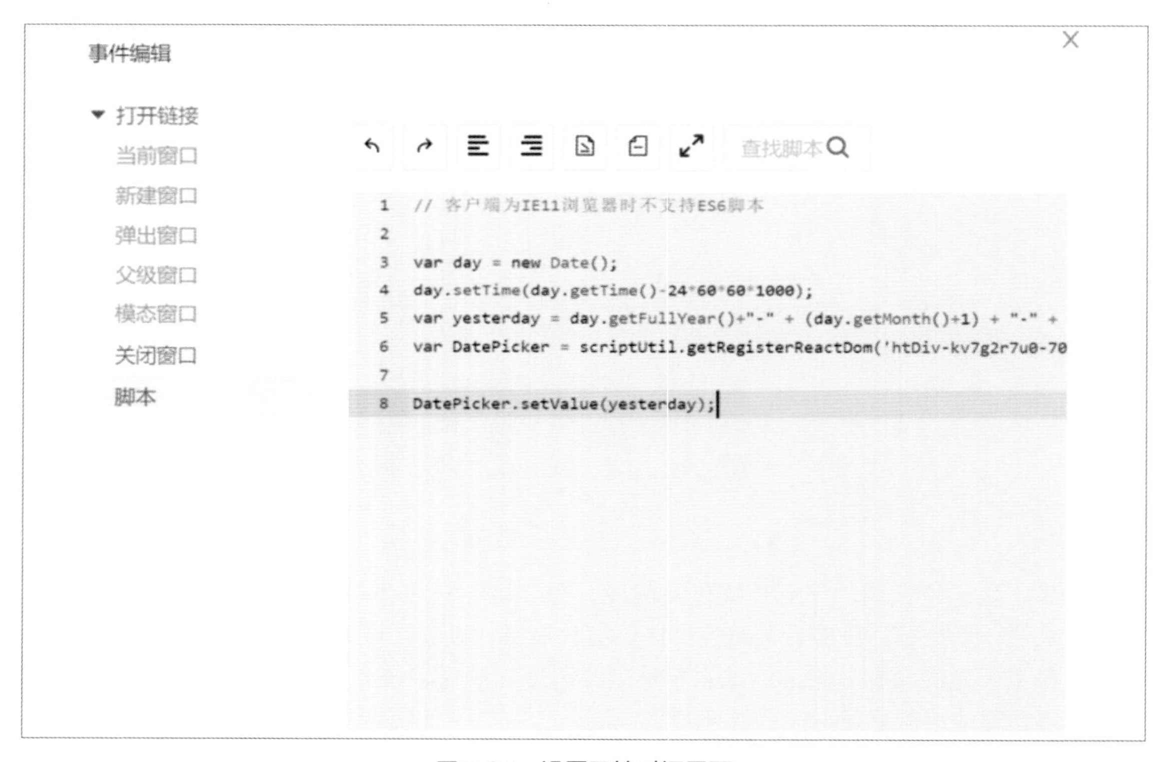

图5-35　设置开始时间界面

② 装置下拉框，此下拉框可多选，装置A或装置B。若下拉框为空点击“获取”，传到后台服务的参数默认是所有装置（图5-36）；

③ 点击获取后，可通过日期、下拉框的信息，去数据集合中查看本日数据是否已经保存，数据集合若没有数据则从服务中计算出投入量和产量绑到表单控件上，反之获取数据集合的数据绑到表单控件上。

④ 点击保存，会将现输入的内容进行保存（图5-37）。

事件编辑

查找脚本

```
1  // 客户端为IE11浏览器时不支
2  var formData = scriptUtil.getFormData(['startTime','select']);
3
4  scriptUtil.executeScriptService({
5    objName: "DailyComsume", // 模板 或者 实例
6    serviceName:"DailyComsume.QueryDailyData",  // 服务名
7    // 入参
8    params:{
9      appName:'cltj',
10     arg_beginDate: formData.startTime,
11     arg_zz: formData.select?formData.select.join():formData.select
12   },
13   version: 'V2',
14   // 回调函数
15   cb:function(res){
16         var data = JSON.parse(res.data);
17         var items = {
18             list: data
19         };
20         console.log(items);
21         var table = scriptUtil.getRegisterReactDom("htDiv-kv7g2r7u0-3184");
22         table.setObjectSource(items);
23   }
24 });
```

图5-36　配置＜获取＞按钮脚本界面

查找脚本

```
1  // 客户端为IE11浏览器时不支持ES6脚本
2  var table = scriptUtil.getRegisterReactDom("htDiv-kv7g2r7u0-3184");
3  var formData = table.getObjectSource();
4  // var formData = scriptUtil.getFormData();
5  console.log(formData);
6
7  scriptUtil.executeScriptService({
8    objName: "Dailycomsume", // 模板 或者 实例
9    serviceName:"cltj.saveData",  // 服务名
10   // 入参
11   params:{
12     appName:'cltj',
13     arg_json: JSON.stringify(formData.list),
14   },
15   version: 'V2',
16   // 回调函数
17   cb:function(res){
18         // console.log(res.data);
19         var success = JSON.parse(res.data);
20         if (success) {
21             scriptUtil.showMessage('保存成功', 'success');
22             // table.reloadTableData();
23             // scriptUtil.openPage('/#/runtime-fullscreen/runtime-fullscreen/Page_061fce61148c429e91579fa69014082b', '_self')
24             // scriptUtil.closeCurrentPage();
25         }
```

图5-37　配置＜保存＞按钮脚本界面

⑤ 完成前端界面配置后，就要开始配置后端。首先设置表的属性，在对象模型管理、数据集合中，对字段定义进行声明，之后将数据集合命名为cltj，定义完成后，在模板实例中添加对象实例，实例名称为cltj，父模板为DataTable，为了数据集合更容易和该实例绑定数据集合与对象实例名称一样（图5-38）。

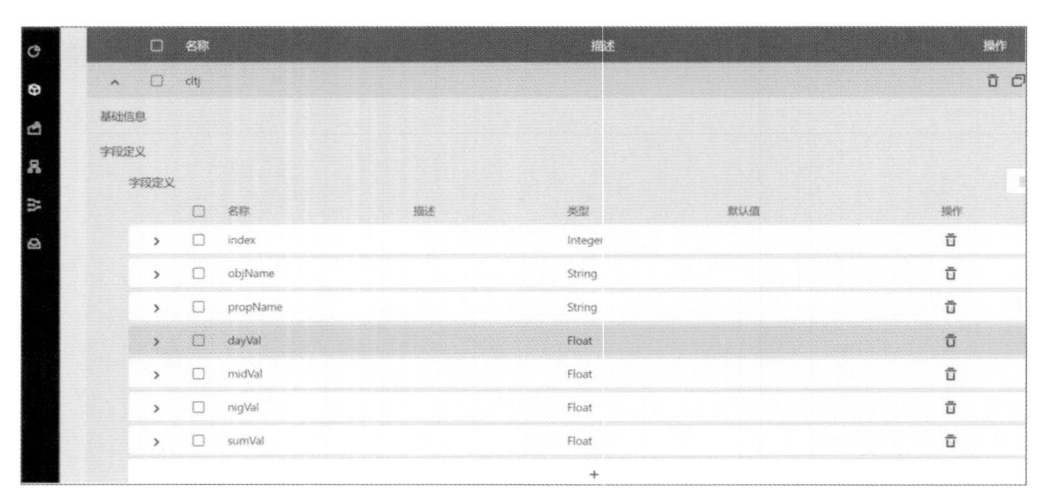

图5-38　配置数据集合界面

⑥ 将数据集合与对象实例绑定，且把id设置为主键（图5-39）。点击cltj的服务管理，点击setPropertyDefaultValue服务进行调试，设置propName为dataStruct，propValue为cltj，返回true。再将propName设置为primaryKeyName，propValue为id，将id设置为主键。

图5-39　绑定数据集合与对象实例界面

⑦ 自己定义服务，满足报表开发需求，分别设置三个服务，一个为addvalue用来添加数据，一个为querydata用来查询数据，一个为saveData用来保存数据。

⑧ 完成三项服务后，报表就可以投入使用了。

5.4.3 能耗管理APP设计开发

太原理工大学于2018年在校内建成了顺酐半实物仿真实训中心，2019年建成了基于supOS工业操作系统的顺酐智能工厂实训平台。基于该平台提供的功能，设计完成了顺酐智能工厂安全管理APP、能耗管理APP、设备管理APP、生产管控APP、物料管理APP等。下面以能耗管理APP设计为例说明设计过程。

能耗管理APP设计要求：能耗管理主要分为中压能耗管理和动力设备能耗管理。对于中压能耗管理，通过采集空气预热器、苯气化器、二甲苯预热器等中压设备的流量数据，通过数值计算，统计蒸汽能耗量；对于动力设备能耗管理，通过采集鼓风机、苯进料泵、顺酐出料泵等动力设备的功率数据，计算动力设备的能耗。对中压设备和动力设备的能耗进行统计和数据可视化展示，能够清晰了解全厂耗能情况，辅助分析节能方向。

能耗管理APP应具有的主要功能：①数据采集；②数据/能耗分析；③数据可视化。依据以上设计要求，能耗管理APP设计制作流程如图5-40所示。

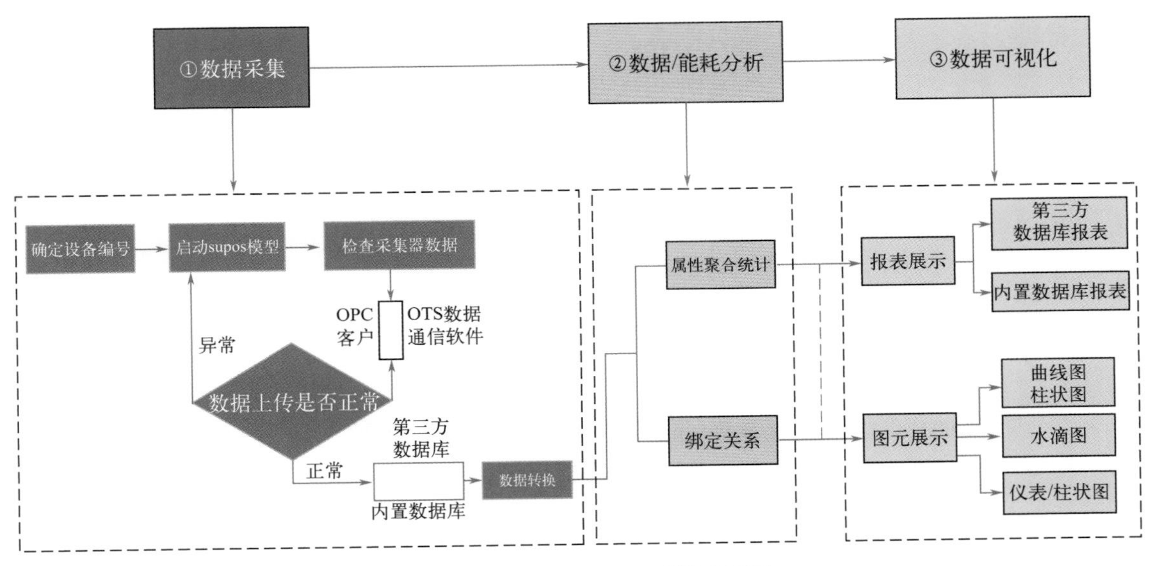

图5-40 能耗管理APP制作流程图

（1）数据采集功能的实现

① 通过学习顺酐工艺以及半实物仿真实训装置操作说明书，确定需要获取的数据的仪表位号（图5-41）。获取采集原料、催化剂及产物的设备位号分别为FICQ101（苯进料流量），FIC102（空气进料流量），FICQ110（吸收塔无离子水流量），FIC201（二甲苯加热器中压蒸汽流），FICQ223（精制塔釜精酐出料量）等。

② 打开教师站，启动稳态模型。supOS数据源来自教师站仿真模拟数据，通过OPC DA协议传输到网页端。其中数据查看可以通过OPC Client查看数据传输是否正常，也可以通过OTS数据通信软件进行查看，如图5-42、图5-43所示。

序号	变量名称	正常值	单位	说明
1	FICQ-101	2900	kg/h	原料苯进料流量
2	FIC-102	56.00	km³/h	原料空气流量
3	FIC-108	1125.0	kg/h	淡酸补充浓酸流量
4	FIC-109	60.00	km³/h	吸收塔浓酸循环量
5	FICQ-110	2.00	km³/h	无离子水补充量
6	FIC-201	22.5	t/h	二甲苯加热器进口蒸汽流量
7	FIC-202	22.5	t/h	萃取用二甲苯流量
8	FIC-203	100.0	kg/h	恒沸精馏塔再沸器蒸汽流量
9	FIC-204	23.6	t/h	恒沸精馏塔塔釜采出流量
10	FIC-205	1125.0	kg/h	浓酸进恒沸塔流量
11	FIC-206	3730.0	kg/h	恒沸精馏塔凝液回流量
12	FIC-222	413.5	kg/h	精制塔再沸器蒸汽流量
13	FICQ-223	1500.0	kg/h	精制塔釜液采出量
14	FIC-224	1.5	t/h	精制塔凝液回流量
15	TIC-103	165.0	℃	空气预热器出口空气温度
16	TIC-109	355.1	℃	氧化器熔盐回流温度
17	TIC-127	57.0	℃	部分冷凝器出口工艺介质温度
18	TIC-204	132.0	℃	浓酸进恒沸塔塔板温度
19	TIC-213	90.0	℃	二甲苯进恒沸精馏塔温度
20	TIC-214	155.0	℃	恒沸精馏塔再沸器出口介质温度

图5-41　顺酐流程主要仪表一览表

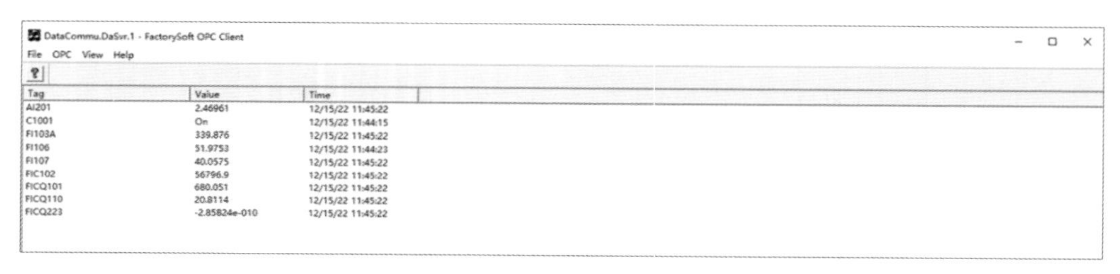

图5-42　通过OPC Client查看数据传输界面

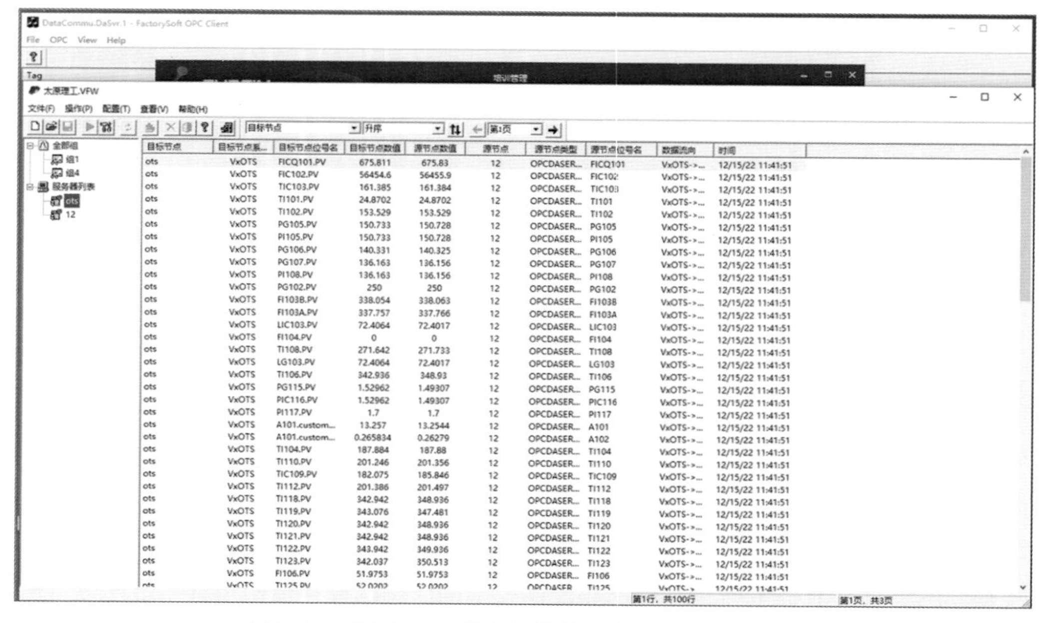

图5-43　通过OTS数据通信软件查看数据传输界面

③ 在supOS采集器管理页面找到已经上传的数据标签。检查数据链接是否正常，能否获取实时数据，如图5-44所示。

图5-44　supOS采集器管理页面

④ 将上传的数据进行实时转储。可以选择储存在第三方数据库，也可储存在supOS内置数据库（图5-45）。

第三方数据库可以选择mysql，使用navicat对数据库查看和修改，如图5-46所示。supOS内置数据库不支持对外开放，不可通过其他软件进行查看和修改，只能通过编写服务脚本实现数据库的增删改查。图5-47是编写服务所需要设置的信息，图5-48是编写服务的

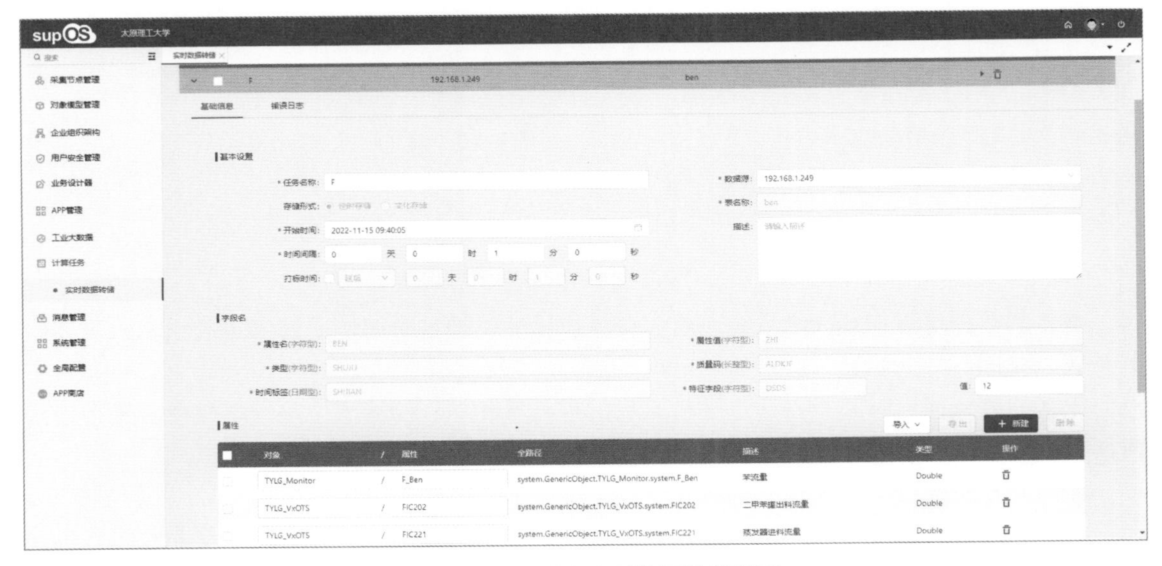

图5-45　supOS实时数据转储界面

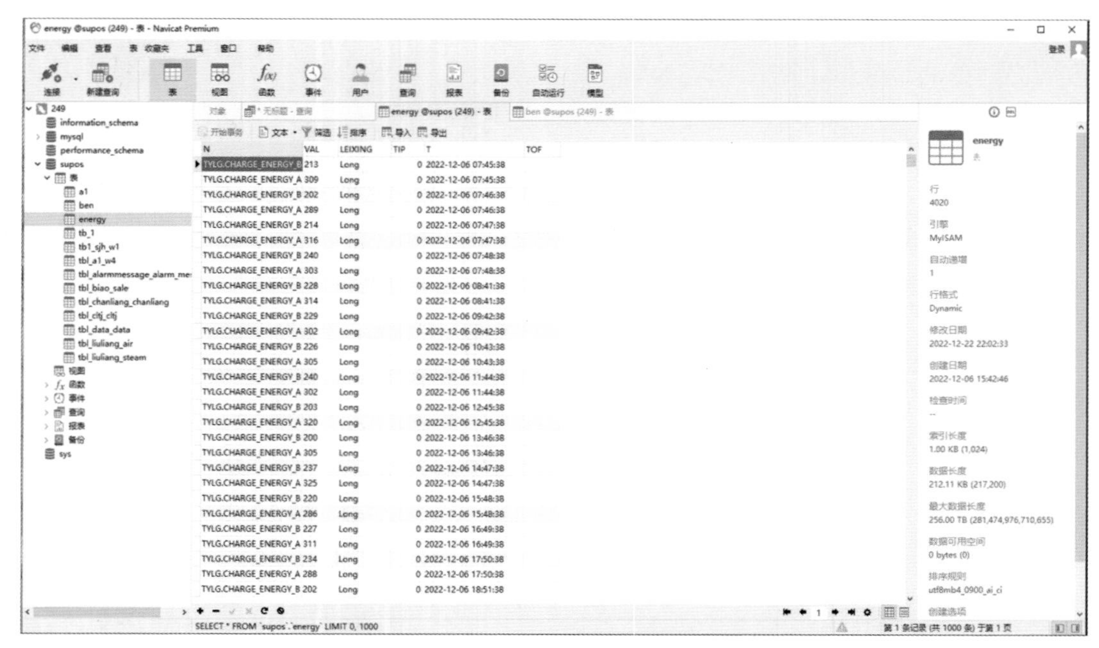

图5-46　navicat第三方数据库查看界面

图5-47　编写服务所需要设置的信息图

图5-48　编写服务的脚本内容界面

脚本内容。

（2）数据/能耗分析

上传的数据可以在supOS系统通用模块添加属性，通过对属性来源绑定关系输入需要的关系式，如图5-49所示。

原料的剩余使用时间——通过分析原料的进料量和原料储罐液位来预估原料的剩余使用时间。

能耗——通过对动力装置的进料和进出口温差来分析动力装置的能耗。

收率和平均收率——通过计算苯进料和精顺酐的出料流量来计算实时的产品收率，再使用supOS自带的属性聚合统计计算每天的平均收率，如图5-50所示。

图 5-49　supOS 绑定属性进行数据分析界面

图 5-50　supOS 属性聚合统计进行数据分析设置界面

（3）数据可视化

制作三个页面，通过两个报表的页面进行原料和能耗原始数据的展示；一个监控页面使用图像和曲线来展示进料流量、产量收率的变化趋势。通过使用 supOS 的图元库更好更直观地展现数据的变化趋势。

① 报表展示页面

a. 外置数据库报表展示。对报表绑定数据源，在表单模板中添加服务，调用 querySQLExec 通过 SQL 语言来实现对表单数据根据时间和名称进行筛选展示，如图 5-51 ～图 5-53 所示。

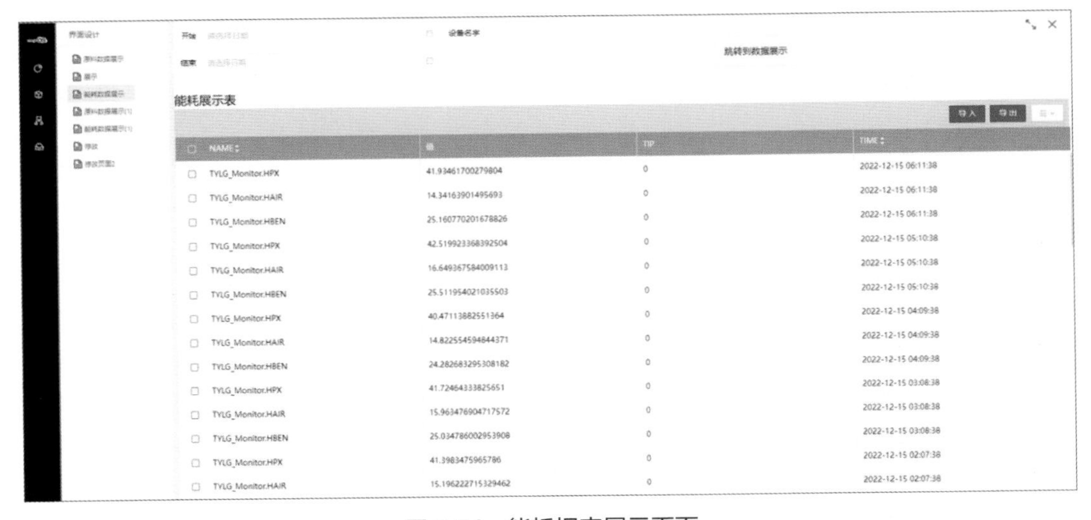

图 5-51　能耗报表展示页面

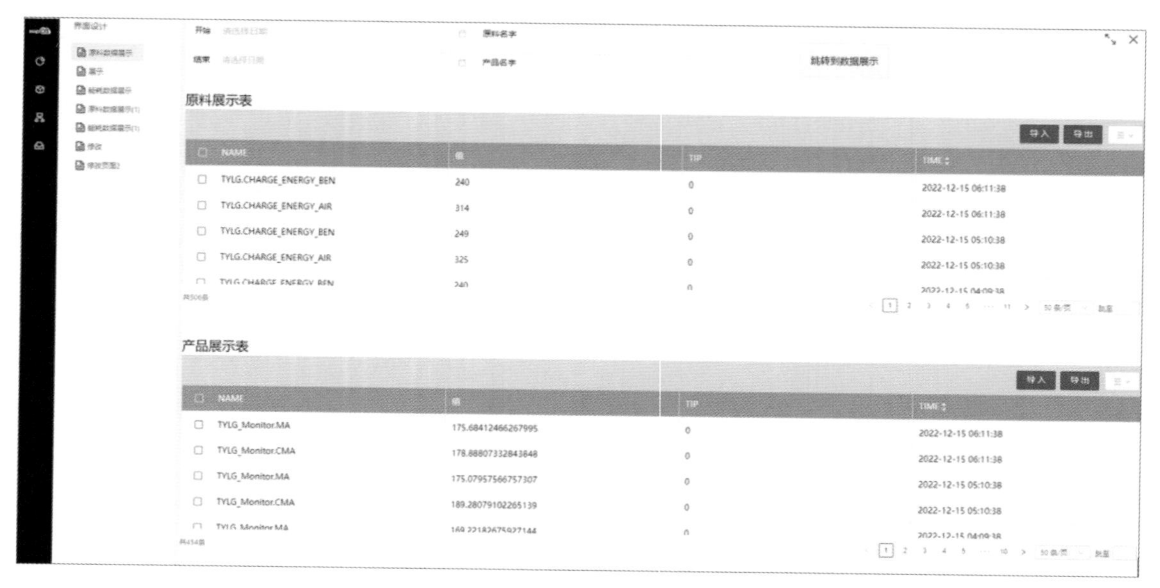

图5-52 原料、产品报表展示页面

服务信息　脚本

对象选择器　调试

```
1  var JsonObject = Java.type("io.vertx.core.json.JsonObject")
2  var ArrayList = Java.type("java.util.ArrayList");
3  var httpService = services["HttpClientService"];
4  if(!pageSize || pageSize <0) {
5      pageSize = 2000;
6  }
7  if(!NAME){
8  var cosql = "select * from energy where (N = 'TYLG.CHARGE_ENERGY_BEN' OR  N = 'TYLG.CHARGE_ENERGY_AIR')  ";
9  if(dateTimeStart){
10     cosql+=" and T >='"+dateTimeStart+" 00:00:00'";
11 }
12 if(dateTimeEnd){
13     cosql+= " and T <='"+dateTimeEnd+" 23:59:59'";
14 }
15 }
16 if(NAME){
17     var cosql = "select * from energy where N ='"+ NAME + "'";
18 if(dateTimeStart){
19     cosql+=" and T>='"+dateTimeStart+" 00:00:00'";
20 }
21 if(dateTimeEnd){
22     cosql+= " and T<='"+dateTimeEnd+" 23:59:59'";
23 }
24 }
25 cosql+="  order by T desc";
26 var sourceid = "d4e5cd8b816d05e80d1d9f3acfc2d2fa"
27 var pageSize = 1000;
28 var param = {
29     id:sourceid,
30     sql:cosql,
31     enableTotal: true,
```

图5-53 原料报表展示页面脚本图

b.supOS数据库报表展示。supOS不支持对外置数据库的增删改，只能实现对外置数据库数据的调用查看。在报表设置页面不能通过对报表内置脚本增加operation栏对某一行数据的删除和修改。使用supOS内置数据库可以通过添加脚本调用 ScriptUtil 函数和表单内置的DeleteDataTableEntries和UpdateDataTableEntry函数创造operation按钮让用户可以直接在报表上对数据进行删改，如图5-54、图5-55所示。

修改功能通过新增一个模糊页面，用户在模糊页面上重新输入数据，点击确认，由后台

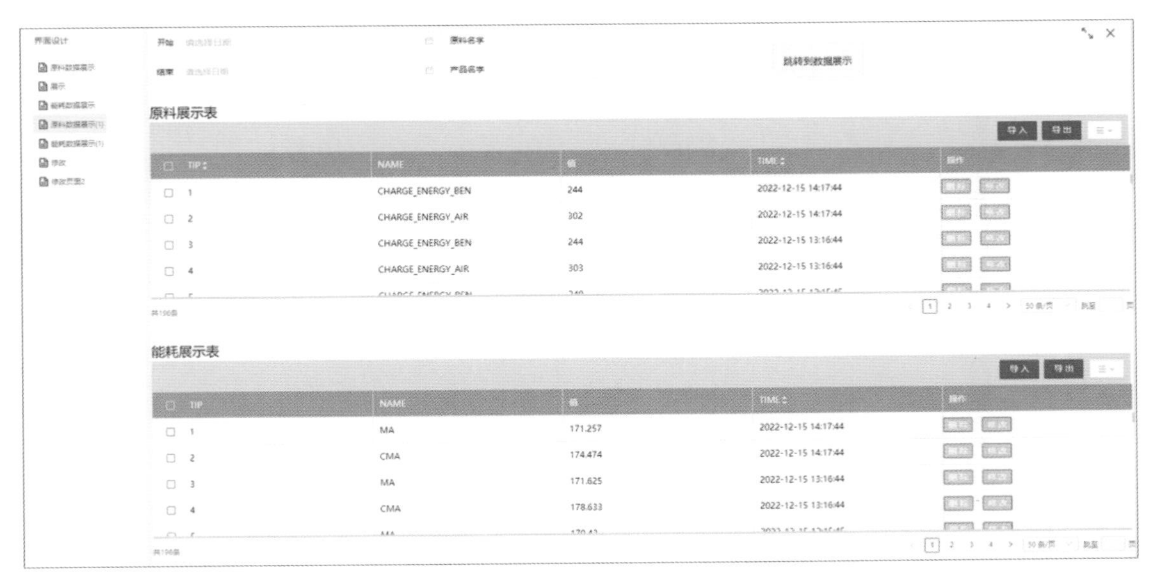

图5-54　supOS数据库原料报表展示页面

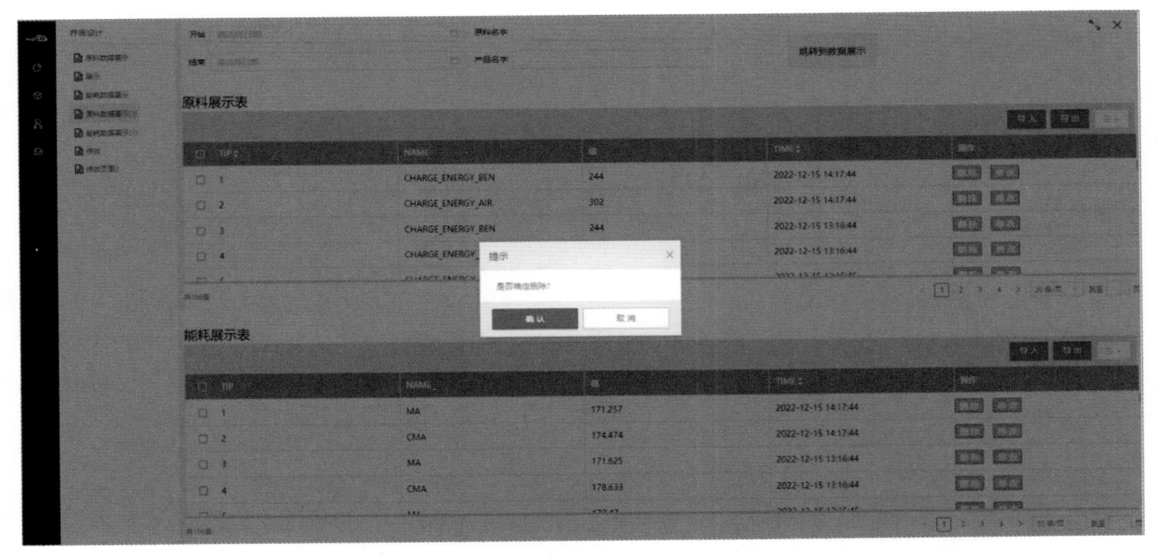

图5-55　operation栏删除按钮展示图

将修改数据上传到supOS数据库，通过UpdateDataTableEntry函数直接修改supOS数据库数据，如图5-56、图5-57所示。

② 监控页面。调用supOS图元库的元件，对元件进行动态数据绑定可以更客观地看到数据的变化趋势。将能耗、收率、产量使用曲线图和柱状图，通过表单模板的服务将数据绑定到图像上，如图5-58、图5-59所示。储罐液位使用柱状图展示。将三项主要能耗机器的动态数据展示在屏幕上。平均收率、完成率、能源转化率通过水滴图实时展示到屏幕上，如图5-60所示。

图 5-56　修改页面

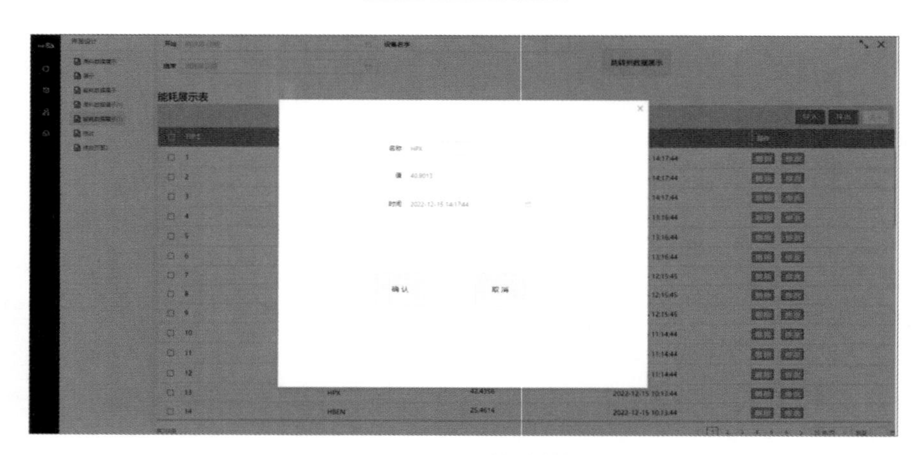

图 5-57　operation 修改按钮展示图

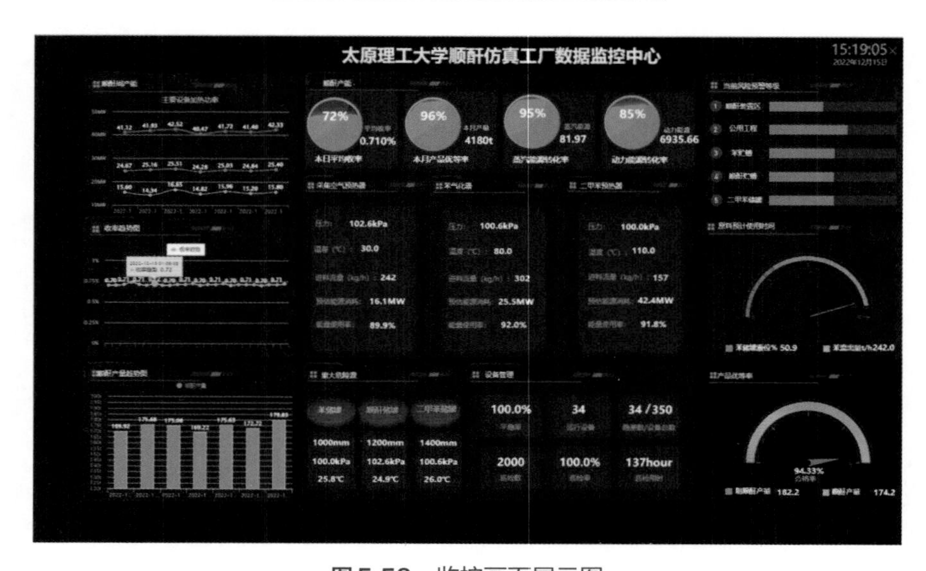

图 5-58　监控画面展示图

服务信息　　脚本

对象选择器　　调试

```
var JsonObject = Java.type("io.vertx.core.json.JsonObject")
var ArrayList = Java.type("java.util.ArrayList");
var httpService = services["HttpClientService"];
if(!pageSize || pageSize <0) {
    pageSize = 2000;
}
var cosql = "select * from energy where N = 'TYLG_Monitor.MA' ";
cosql+="  order by T desc limit 7";
var sourceid = "d4e5cd8b816d05e80d1d9f3acfc2d2fa"
var pageSize = 1000;
var param = {
    id:sourceid,
    sql:cosql,
    enableTotal: true,
    pageSize:pageSize
}
var header = {
    "X-Tenant-Id":"dt"
}
var res= httpService.post("http://compose-manage:8080/api/compose/manage/datatable/exec",JSON.stringify(param),header,10000)
var res = eval("("+res+")");
var result = {
   list:new ArrayList(res.body.data.dataSource)
    }
result;
```

图 5-59　曲线图数据绑定代码页面

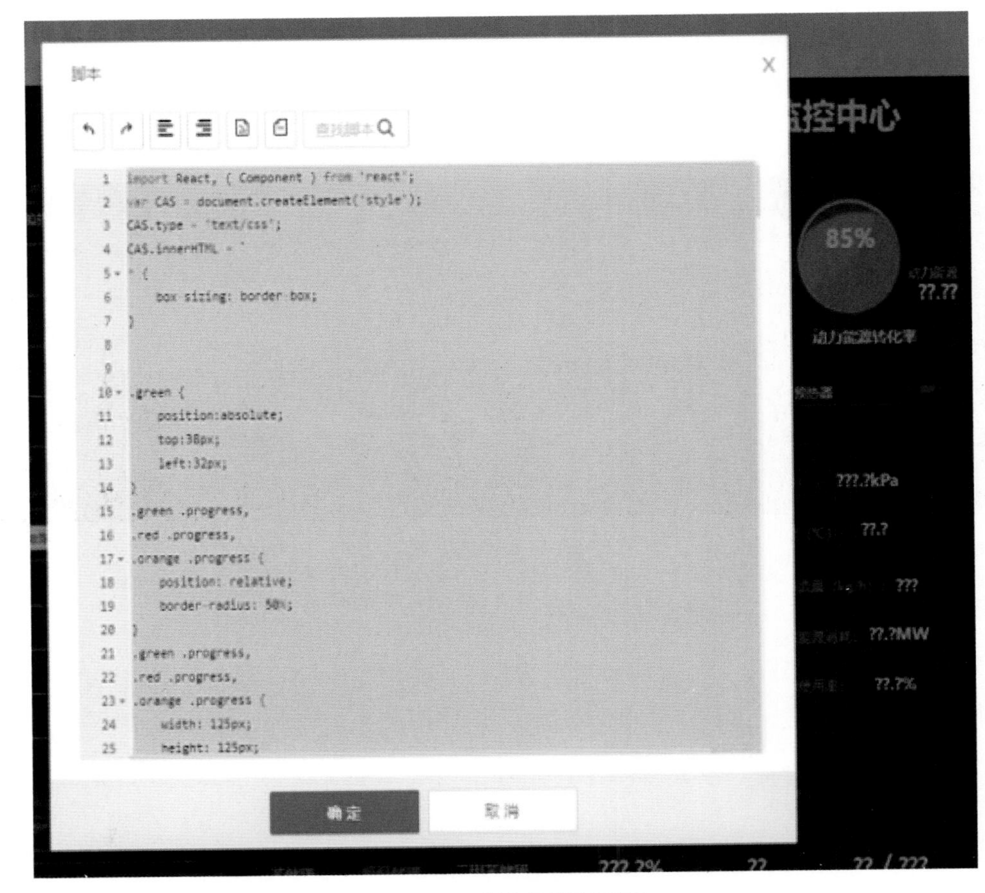

图 5-60　水滴图代码页面

5.4.4 京博石化基于supOS的工业APP应用

山东京博石油化工有限公司（以下简称“京博石化”）是京博控股集团的子公司，该公司2018年引入蓝卓数字科技有限公司的supOS工业互联网平台，以supOS工业操作系统为统一的数字化底座，按照“一个工艺操作系统+*N*个工业智能APP”的新型架构对京博石化全流程的生产、管理、经营环节进行全面数字化创新，平台兼容了工厂原有的100多个工业软件，开发了绩效管理、动设备监控、SPC、项目进度监控、装置平稳率、连锁投运率、乙苯操作工况等工业APP，以及生产数据管理、生产安全管理、设备管理等可视化数据大屏。实现了工业设备互联、异构系统集成、全程生产调度优化、多种产品柔性生产、供应链物流协同制造、大数据分析等综合应用，最终打造了结构扁平、集中管控、资源共享、统筹协调的特色化智能产业园区，从而实现京博石化面向全流程的数字化转型。京博石化是蓝卓supOS平台的标杆客户，荣获了“2021年度中国十大工业数字化转型企业”及“IDC工业互联网平台应用领军者”，获得国际权威认可。

蓝卓数字科技围绕供应链经营、生产管控、设备管理、安全环保、应急救援指挥五大主题，打造了面向生产调度、设备管理、质量检测、经营计划等业务部门的200多款工业APP，全面满足了京博石化在企业运营、安全生产、质量管控、设备运行维护等专业领域的管理所需，实现了全业务域数字化转型目标。具体功能如下：

（1）大屏直观展示，提供决策依据

对设备健康管理的故障率、故障分布、运行统计等全厂统计数据进行集中展示，如图5-61所示，可以实现明细图表分析，便于直观地发现设备健康问题，提供决策依据。

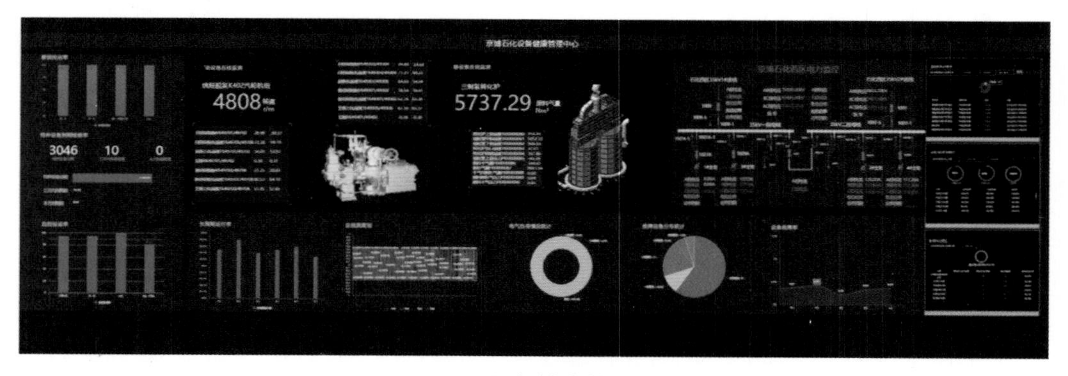

图5-61　设备健康管理看板

（2）统一门户，千人千面

针对企业的不同部门、不同层级、不同角色，打造个性化工作桌面，通过可自选桌面组件，为不同岗位角色量身打造不同视角的工业APP来满足个性化需求，每个岗位的员工可以从工业操作系统的个人桌面中得到最适合自身业务需求的服务。设备经理岗位APP界面如5-62所示。

（3）数字孪生，安全可靠

京博提供各分厂的实时生产位号数据监控，单个工厂集成位号点数超过15万，全面覆

图5-62　设备经理岗位工作台界面

盖OPC、Modbus等行业常用协议和接口驱动。通过对生产过程的完整数据采集，支持企业对连续生产和物料处理的全程跟踪，帮助企业快速诊断问题，处理问题，确保了产品和生产过程的安全可靠。某装置空压机实时数据监控界面如图5-63所示。

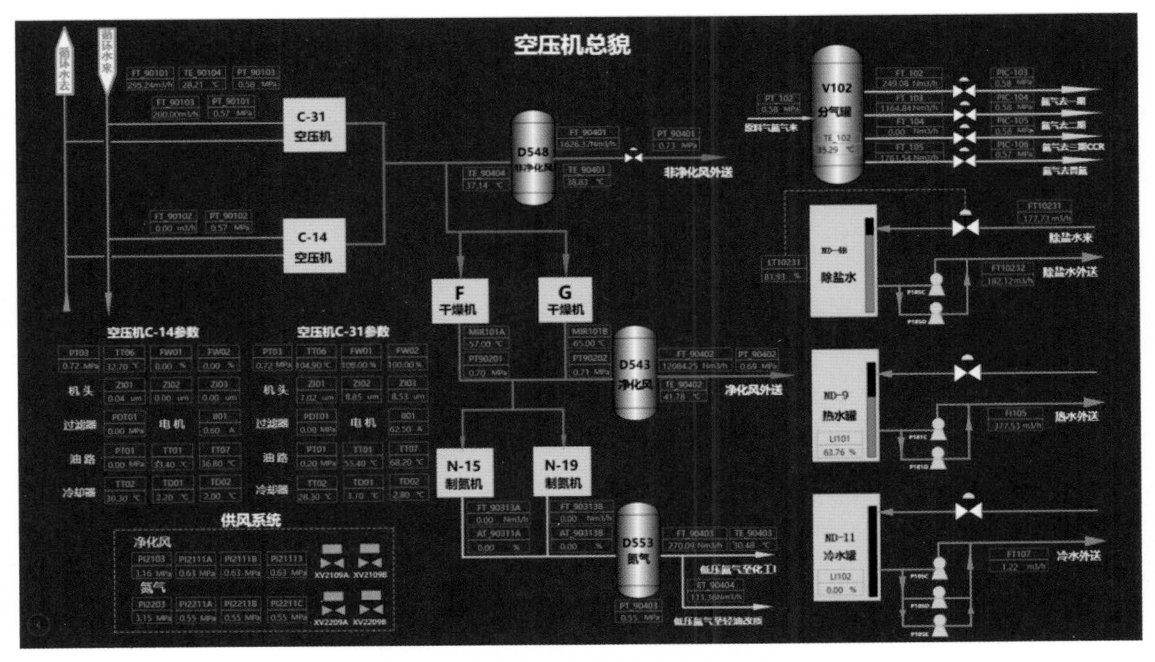

图5-63　某装置空压机实时数据监控界面

（4）两端联动，提高效率

企业需定期对已有设备进行盘点，原有模式是需要在指定时间安排多部门人员到现场寻找设备进行盘点，耗时耗力。目前，可通过手持终端扫描现场RFID标签（图5-64）实现实物与PC端台账（图5-65）互联，快速获取设备全生命周期档案信息，提高盘点效率至50%，提升盘点准确率至100%。

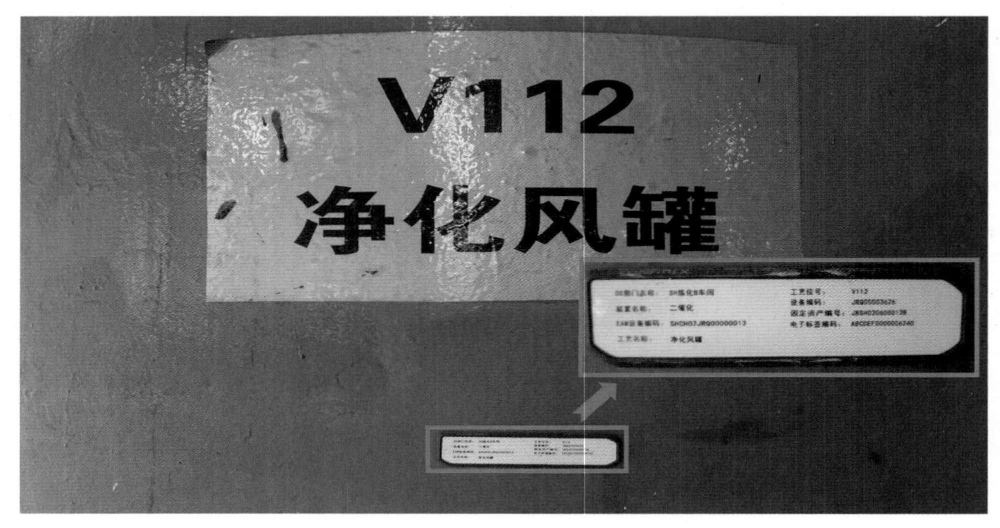

图5-64　贴有RFID标签的设备图

界面设计

输入关键字查找

设备列表 / 盘点参数预设 / 盘点列表 / 任务更改 / 盘点单列表 / 任务派发 / 盘点单 / 实际对比 / 资产详情 / 修改详情 / oldPage

新增盘点

请输入关键词　全部任务　全部类型　是否准时　批量设置　查询

盘点编号	盘点名称	任务人员	任务状态	盘点类型	生成时间	盘点截至时间	派发时间	任务结束时间	操作
PD20240605133134001	JFCL生产C车间生产C车间静设备	马[illegible]	已派发	半年盘点	2024-06-05 13:31:34	2024-06-30 13:31:28	2024-06-05 13:35:03		任务更改 盘点列表
PD20231222093723001	SH炼化C车间一焦化动设备	杨[illegible]	已派发	年盘点	2023-12-22 09:37:23	2023-12-30 09:37:21	2023-12-22 09:38:03		任务更改 盘点列表
PD2094001	SH化工D车间烷烃脱氢装置静设备		未派发		2023-12-18 11:19:11				任务更改 盘点列表
PD20231204152349001	SH化工I车间二重整装置静设备	孙[illegible]	已派发	半年盘点	2023-12-04 15:23:49	2023-12-30 15:23:35	2023-12-04 15:25:24		任务更改 盘点列表
PD20210613085541001	三污水汽提动设备	陈[illegible]	已派发	年盘点	2023-11-24 13:00:55	2023-12-25 13:00:51	2023-11-24 13:03:46		任务更改 盘点列表
PD20210613085541002	三污水汽提静设备	陈[illegible]	已派发	年盘点	2023-11-24 13:00:55	2023-12-25 13:00:51	2023-11-24 13:03:46		任务更改 盘点列表
PD20210613085541003	芳烃预处理动设备	陈[illegible]	已派发	年盘点	2023-11-24 13:00:55	2023-12-25 13:00:51	2023-11-24 13:03:46		任务更改 盘点列表
PD20210613085541004	芳烃预处理静设备	陈[illegible]	已派发	年盘点	2023-11-24 13:00:55	2023-12-25 13:00:51	2023-11-24 13:03:46		任务更改 盘点列表
PD20231124124819001	SH化工I车间二重整装置静设备	孙[illegible]	已派发	年盘点	2023-11-24 12:48:19	2023-12-25 12:48:13	2023-11-24 12:49:13		任务更改 盘点列表
PD2164001	煅后焦装置动设备	相[illegible]	已派发	年盘点	2023-11-24 10:16:51	2023-12-25 10:16:44	2023-11-24 10:17:06		任务更改 盘点列表
PD2164002	煅后焦装置静设备	相[illegible]	已派发	年盘点	2023-11-24 10:16:51	2023-12-25 10:16:44	2023-11-24 10:17:06		任务更改 盘点列表
PD20210205083512001	三催化静设备	刘[illegible]	已派发	年盘点	2023-11-24 09:48:02	2023-12-25 09:47:54	2023-11-24 09:49:02		任务更改 盘点列表

< 1 2 3 4 5 … 17 >

图5-65　资产移动盘点界面

（5）安全生产，综合管理

京博石化作为国家应急管理部指定的第一批“工业互联网+危化安全生产”试点建设单位，从生产过程管控、设备完整性管理、安全综合管理等方面系统开展建设，搭建了安全生产信息化管理平台（图5-66），实现了系统性标准化的安全管控，提高了安全管理效率，事故发生率降低40%，安全隐患整改率达到100%。

京博石化supOS工业互联网平台将分散的数据进行对象化存储，建立起物理世界在数字世界的映射，通过统一建模、语义融合、多态存储等技术进行数据存储，实现工业数据“采存算管用”一体，持续积累工业数据资产，助力企业数据治理。通过supOS工业操作系统，

图5-66　安全生产信息化管理平台界面

京博石化智能工厂的重点生产装置产品产量提高了20%，产品质量合格率提升了10%，预测预警了20%的事故苗头和异常事件，设备备件的管理成本降低了20%、设备检维修次数减少了35%和设备故障率降低了50%，设备的使用寿命至少提高1～2年的时间。原本需要5人投入3天来完成的各车间每月的绩效考核数据报表，智能制造平台仅需5min就能完成所有的数据计算，减少了用户90%的人力成本和线下进行数据统计的时间。企业在生产管控、供应链管理、能源管理等方面均有经济效益提升。

思考题

5-1　工业互联网平台的功能是什么？

5-2　什么是边缘物联层？边缘物联层有哪些部分？具体有什么作用？

5-3　supOS工业互联网平台是如何采集数据的？

5-4　采集器接入步骤有哪些？

5-5　supOS工业互联网平台运用哪些算法？作用是什么？

5-6　模型评估具体评估哪些指标？

5-7　工业APP制作的大致流程是什么？

5-8　supOS平台可以将采集到的数据通过图表的形式展示出来，如何制作一个数据APP图表？

5-9　能耗管理APP设计要求有哪些？

5-10　经过5.4.4小节“京博石化基于supOS的工业APP的应用”的学习后，请根据5.4.4小节内容简述supOS工业互联网平台的特点与优势。

参考文献

[1] 周济，李培根. 智能制造导论[M]. 北京：高等教育出版社，2021: 12.
[2] Sampson. 化繁为简，一文看懂化工产业链[EB/OL]. 知乎公众号：荟萃能源[2024-01-20]. https://zhuanlan.zhihu.com/p/351296650.
[3] 中控技术股份有限公司. 流程工业智能制造准备度指数白皮书[EB/OL]. https://www.supcon.com/news/info/88.html, 2020.
[4] Zhou J, Zhou Y, Wang B, et al. Human - Cyber - Physical Systems (HCPSs) in the Context of New-Generation Intelligent Manufacturing[J]. Engineering, 2019, 5(4): 624-636.
[5] 工业互联网体系架构（版本 2.0）. 互联网产业联盟[EB/OL]. htlp://www.aii-alliance.org, 2020.
[6] 魏毅. 图解七大流程工业仪表控制系统构成. 中国化学品安全协会公众号：仪表圈[EB/OL]. https://mp.weixin.qq.com/s?__biz=MzA5NDA4Njg4NQ==&mid=2652514702&idx=4&sn=7f4b05a627fb3ff396b6671d871f7c9f&chksm=8bbd7a04bccaf3129f2b54b81f4bf24e2f43d7fcc5f6f7169f645404a0aa57906818e42893ab&scene=27, 2020-12-11.
[7] 石油化工工程数字化交付标准GB/T 51296—2018 [S]. 北京：中国计划出版社，2018.
[8] 化工工程数字化交付标准CNCEC J0701001-2019 [S]. 北京：中国化学工程集团有限公司，2019.
[9] ANSYS InC. Ansysy Mechanical有限元分析软件[EB/OL]. [2024-01-20].https://www.ansys.com/zh-cn/products/structures/ansys-mechanical#tab1-1.
[10] ANSYS InC. Ansys Fluent.https://www.ansys.com/zh-cn/products/fluids/ansys-fluent.
[11] 海克斯康. 智慧解决方案[EB/OL].http://www.intergraphppm.com.cn/zh/productslist.aspx?bigcolid=4&colid=82.
[12] 王健红，冯树波，杜增智. 化工系统工程——理论与实践[M]. 北京：化学工业出版社，2009.
[13] 王寅. 化工过程混合建模问题研究[D]. 浙江：浙江大学，2000.
[14] 杨友麒. 实用化工系统工程[M]. 北京：化学工业出版社，1989.
[15] 王弘轼. 化工过程系统工程[M]. 北京：清华大学出版社，2006.
[16] 厉玉鸣. 化工仪表及自动化[M]. 第6版. 北京：化学工业出版社，2019.
[17] 刘国荣，梁景凯. 计算机控制技术与应用[M]. 北京：机械工业出版社，2008.
[18] 宋航，付超，杜开峰. 化工技术经济[M]. 北京：化学工业出版社，2012.
[19] 堵祖荫. 化工装置能耗的计算[J]. 化工与医药工程,2018,39(03):59-68.
[20] 宋立敏. 基于环境和经济目标的过程优化设计[D]. 青岛：青岛科技大学，2004.
[21] 张卫东，孙巍，刘君腾. 化工过程分析与合成[M]. 北京：化学工业出版社，2011.
[22] 李培根，高亮. 智能制造概论[M]. 北京：清华大学出版社，2021:48.
[23] 吴群. 不确定环境下的生产过程实时优化方法研究[D]. 上海：上海交通大学，2019.

附：“化工数字工厂课程设计”任务书

智能化工集成系统

《化工数字工厂课程设计》

题　　目：________________

学　　号：________________

姓　　名：________________

学　　院：________________

专　　业：________________

班　　级：________________

指导教师：________________

完成日期：20××年××月

智能化工集成系统

化工数字工厂课程设计任务书

一、化工数字工厂课程设计题目

年产××万吨××数字工厂三维设计

二、化工数字工厂课程设计要求及原始数据（资料）

以工艺设计要求为基础的：

1. 物料、能量衡算
2. 设备尺寸及选型
3. 原材料消耗量
4. 带控制点的工艺流程图

三、化工数字工厂课程设计主要内容

1. 数字工厂的背景与意义
2. 工艺流程详细说明
3. 三维工厂结构初步构建
4. PDMS设备模块建模
5. PDMS管道模块建模
6. PDMS公用工程模块建模
7. 三维工厂布置设计
8. 参考文献
9. 致谢
10. 附图（关键设备模型图、三维工厂数字模型图）

四、学生应交出的设计文件

1. 课程设计说明书1本
2. 关键设备详细模型3套（建议使用AVEVA E3D绘制，比例为1 ∶ 1。分别为换热器、塔、反应器）
3. 三维工厂数字模型1套（建议使用AVEVA E3D绘制，比例为1 ∶ 1。）

附：“化工虚拟工厂课程设计”任务书

智能化工集成系统

《化工虚拟工厂课程设计》

题　　目：________________

学　　号：________________

姓　　名：________________

学　　院：________________

专　　业：________________

班　　级：________________

指导教师：________________

完成日期：20××年××月

智能化工集成系统

化工虚拟工厂课程设计任务书

一、化工虚拟工厂课程设计题目

年产××万吨××虚拟工厂设计

二、化工虚拟工厂课程设计要求及原始数据（资料）

1. 原料为××，均符合一级品的要求
2. 年产量为××万吨
3. 设备年生产时间为330天
4. 产品××的纯度不低于××

三、化工虚拟工厂课程设计主要内容

1. 虚拟工厂的背景与意义
2. 生产流程及工艺方法的确定（包括工艺流程说明与具体工艺参数设置）
3. 工艺流程模拟计算
4. 主要设备的工艺计算和设备选型
5. 原材料、动力消耗定额及消耗量
6. 三废处理
7. 经济分析
8. 环境评价
9. 参考文献
10. 致谢
11. 附图（带控制点的工艺流程图）

四、学生应交出的设计文件

1. 课程设计说明书1本
2. 流程模拟源文件
3. 带控制点的工艺流程图1套（需要包括首页图）

附：“化工智能工厂课程设计”任务书

智能化工集成系统

《化工智能工厂课程设计》

题　　目：________________________

学　　号：________________________

姓　　名：________________________

学　　院：________________________

专　　业：________________________

班　　级：________________________

指导教师：________________________

完成日期：20××年××月

智能化工集成系统

化工智能工厂课程设计任务书一

一、化工智能工厂课程设计题目

顺酐智能工厂安全管理APP

二、化工智能工厂课程设计要求及原始数据（资料）

要求制作一个APP，包括安全数据展示页面，视频集成页面和设备安全管理页面。

1. 安全数据展示页面

① 数据采集：对可能造成安全隐患的来自不同系统的数据进行实时采集。

② 历史数据查询：存储近期的历史数据，以便发生警报时可溯源。

③ 信息整合：将来自不同系统的数据以报表的形式整合到一起，便于管理。

④ 数据可视化：将所有与安全相关的信息和数据整合到一个界面，以图表和报表的形式将数据可视化展现，并设置报警，便于直观展现工厂的实际安全状况。

2. 视频集成页面

视频集成：将不同区域的摄像头所采集到的视频信息集成到一个主页面，对厂区的生产状况进行实时监控与存储。

3. 设备安全管理页面

① 信息采集与集中：将重要设备的出厂信息、维修记录和实时运行状态信息采集，并集中到supOS平台。

② 数据可视化：将信息以报表形式展示，支持对报表数据的增删改查。

③ 风险预警：当设备使用时间过长、超过定期维护时间时，弹窗预警，操作人员通过数据对比，评估设备是否需要维护或更换。

三、化工智能工厂课程设计主要内容

功能指标：

1. 生产安全管理

通过总结和提取顺酐生产过程中的温度、压力、流量、液位等实时数据，对生产过程中造成风险的各种因素进行实时监控。同时对历史数据进行定期的存储，可提供历史数据查询，并对来自不同系统的数据和信息进行整合。

2. 厂区综合监控管理

通过摄像头，多方位采集厂区的视频数据，通过协议配置，将视频流传输至supOS平台，通过可视化开发，将不同摄像头采集的实时视频数据集成到一个画面，进行实时监控。同时，对进入主厂区作业的人员进行安全帽检测，若检测到人员未佩戴安全帽，可立即报警，报警信号同步推送至平台页面。

3. 设备安全管理

对顺酐生产全流程的设备进行信息收集，将出厂信息、维修记录、实时状态信息等数据集中到平台。当设备使用时间过长、超出定期维护时间时，进行预警。当设备在运行中出现温度过高、效率过低等情况时，反馈至平台，并发出警报。

四、学生应交出的设计文件

1. 课程设计说明书1本

2. 软件程序

化工智能工厂课程设计任务书二

一、化工智能工厂设计课程设计题目

顺酐智能工厂生产管理APP

二、化工智能工厂课程设计要求及原始数据（资料）

要求：制作一个APP，包括成本指标管理页面，视频集成页面和项目进度管理工作流。

1. 成本指标管理页面

① 数据采集：采集实时生产数据、视频数据，对生产全过程进行实时监控。在平台上展示生产现场的实时生产情况。

② 数据分析：将采集的到数据进行二次计算及分析，计算达产率，产能利用率等与生产紧密相关的生产数据。

③ 数据可视化及数据对比：将生产全流程的实时数据、历史数据及分析后得到的数据进行可视化、直观地反应工厂的真实生产情况。并通过可视化图表、趋势图等形成数据对比。

2. 视频集成页面

将不同区域的摄像头所采集到的视频信息集成到一个主页面，对厂区的生产状况进行实时监控。

3. 项目进度管理工作流

① 项目统计：以报表的形式，统计历史项目、正在进行的项目以及未开始的项目，将所有的项目的详细信息进行统计并展示。

② 项目跟进：对于正在实施的项目，进行项目跟踪，对其项目信息、完成情况、时间节点等进行实时的反映。

③ 项目预警：当项目进度过慢、项目接近预期完成时间及项目逾期时，通过弹窗进行预警，管理人员可及时响应，做出调整。

三、化工智能工厂课程设计主要内容

功能指标：

1. 成本指标管理

通过采集数据将顺酐生产过程中的加工量、收率、成本、达产率、产能利用率等指标定时统计，同时对历史数据进行存储查询，对不同时期的数据做出对比，将计算结果以直观可视化的形式展示，便于领导层做出生产决策。

2. 项目进度管理

通过建立项目进度管理APP，采集目前正在进行的项目信息、完成度、截止时间等；同时调用项目基础信息、项目阶段内容总结与完成项目时间等数据和信息。将项目信息进行汇总、整理，以直观可视化的形式展示。

四、学生应交出的设计文件

1. 课程设计说明书1本

2. 软件源文件

智能化工集成系统

化工智能工厂课程设计任务书三

一、化工智能工厂设计课程设计题目

顺酐智能工厂设备管理APP

二、化工智能工厂课程设计要求及原始数据（资料）

要求：制作一个APP，包括设备指标管理页面，视频集成页面和设备智能巡检工作流。具有以下功能：

1. 设备指标管理页面

① 数据整合：记录各个设备指标当年、当月的数据，包括设备故障率、维修率、平均维修间隔时间等信息；

② 数据分析：根据记录设备情况，自动计算当年设备故障率，并根据月份/年份进行对比，及时掌握车间设备异常信息，分析设备容易出故障的原因；

③ 数据提取：根据指标编码查询异常管理设备维修工单记录。

2. 视频集成页面

视频集成：将不同区域的摄像头所采集到的视频信息集成到一个主页面，对厂区的生产状况进行实时监控。

3. 设备智能巡检工作流

① 任务生成：管理人员在平台上新增设备巡检点，自动生成二维码，放在相应的设备上。

② 任务下发：管理人员添加巡检任务，并下发到移动端。

③ 任务完成：工作人员用suplink移动端扫设备巡检点二维码，完成巡检。在规定时间内，巡检人员完成记录报告，对巡检任务责任到人。

三、化工智能工厂课程设计主要内容

功能指标：

1. 设备指标管理

通过记录顺酐生产全流程的设备信息，设备异常（装置停工、设备事故、数值异常）、设备维修时间，设备工作运行时间等设备指标，来计算设备故障率，平均维修间隔时间等，并以直观可视化的形式展示。减少指标统计重复性工作，提高工作效率。同时可对指标数据溯源，排查数据质量，减少数据误差。

2. 设备智能巡检

对固定床苯氧化法制顺酐全流程中有换热器，离心泵，精馏塔等设备，需要一定时间进行巡检，在巡检过程中容易出现巡检不到位等问题。智能巡检通过管理员添加时间、巡检人员、巡检点等情况后，随后生成巡检任务，并下发到移动端，为巡检人员安排巡检任务，包括巡检周期、巡检时间、巡检点等。

四、学生应交出的设计文件

1. 课程设计说明书1本

2. 软件源文件

化工智能工厂课程设计任务书四

一、化工智能工厂设计课程设计题目

顺酐智能工厂能源管理APP

二、化工智能工厂课程设计要求及原始数据（资料）

要求：制作一个APP，包括物料管理页面和能耗管理页面，实时监控全厂区的物料情况以及能耗情况，实现快速响应和管理。

1. 物料管理页面

主要具有以下功能。

① 数据采集：实时采集原料、催化剂及产物的数据。

② 数据分析：通过采集上来的数据信息，对于原料和催化剂数据，可分析其剩余使用时间，便于原材料的采购；对于产物数据，可计算产物的收率。

③ 数据可视化：将原料、催化剂及产物的实时数据进行实时展示，对经过分析和处理过的数据同步进行展示，并将这些信息集成到一起，便于管理。

2. 能耗管理页面

主要具有以下功能。

① 数据采集：对中压设备的流量数据和动力设备的功率数据进行采集。

② 能耗计算：对采集上来的流量数据和功率数据进行数值计算，得到中压设备的蒸汽能耗和动力设备的电能损耗。

③ 能耗统计分析：对每个设备的能耗进行统计，并分析设备的能耗状况。

④ 数据可视化：对采集的数据及统计和分析后的数据进行可视化展示，便于清晰了解全厂的能耗情况。

三、化工智能工厂课程设计主要内容

功能指标：

1. 物料管理

对固定床苯氧化法制顺酐全流程的原料及产物进行实时监控，对于催化剂和反应物的原料苯、酸、二甲苯等的存量进行实时反馈。同时，实时采集产物信息，对生成的顺酐、粗酐的产量进行统计。根据收集的物料数据进行可视化展示，并对数据进行挖掘和分析。通过分析原料数据预估原料的剩余使用时间，便于原料补充；通过产物数据，对产量进行统计，并计算产品收率。

2. 能耗管理

能耗管理主要分为中压能耗管理和动力设备能耗管理。对于中压能耗管理，通过采集空气预热器、苯气化器、二甲苯预热器等中压设备的流量数据，通过数值计算，统计蒸汽能耗。对于动力设备能耗管理，通过采集鼓风机、苯进料泵、顺酐出料泵等动力设备的功率数据，计算动力设备的能耗。对中压设备和动力设备的能耗进行统计以及数据可视化展示，能够清晰了解全厂耗能情况，辅助分析节能方向。

四、学生应交出的设计文件

1. 课程设计说明书1本

2. 软件源文件

附：《化工数字/虚拟/智能工厂课程设计》成绩评定表

《化工数字/虚拟/智能工厂课程设计》成绩评定表

学院　　　　系　　　　专业班级：　　　　姓名：

<table>
<tr><td>课程设计题目</td><td colspan="5">年产××万吨××数字/虚拟/智能工厂设计</td></tr>
<tr><td>设计说明书评分
（满分30）</td><td colspan="2"></td><td colspan="2">设计源文件及图纸评分
（满分20）</td><td></td></tr>
<tr><td colspan="6">答辩中提出的主要问题及回答的简要情况：

签名：　　　　年　月　日</td></tr>
<tr><td colspan="3" rowspan="2">答辩评价（包括成绩及讨论结果）：</td><td colspan="2">答辩小组评分
（满分50分）</td><td></td></tr>
<tr><td colspan="3"></td></tr>
<tr><td colspan="2">答辩专家签名</td><td colspan="2">答辩专家签名</td><td colspan="2">答辩专家签名</td></tr>
<tr><td colspan="2"></td><td colspan="2"></td><td colspan="2"></td></tr>
</table>

答辩评分标准

序号	指标	≥90分	80~89分	70~79分	60~69分	≤59分
1	完整性（30%）	完成全部设计任务内容及要求	完成80%以上设计任务内容及要求	完成70%以上设计任务内容及要求	完成60%以上设计任务内容及要求	完成设计任务内容不足60%
2	合理性（20%）	流程方案设计合理，工艺计算过程合理，设备选型合理，控制系统设计小于误差要求	流程方案设计较合理，工艺计算过程较合理，设备选型较合理，控制系统设计满足误差要求	流程方案设计基本合理，工艺计算过程基本合理，设备选型基本合理，控制系统基本满足误差要求	流程方案设计存在一定缺陷，工艺计算过程考虑不周，设备选型欠合理，控制系统设计大于误差要求	流程方案设计存在明显错误，计算结果与图纸不对应，设备选型不合理，控制系统不稳定
3	规范性（20%）	流程设计规范，说明书撰写格式及图表规范	流程设计规范，说明书撰写格式及图表较规范	流程设计规范，说明书撰写格式及图表基本规范	流程设计较规范，说明书撰写格式及图表规范性一般	流程设计不规范，说明书撰写格式及图表明显不规范
4	表述清晰性（30%）	答辩思路清晰，回答问题正确。能够清晰地描述自己所做的设计任务及内容	答辩思路较清晰，回答问题较正确。能够较清晰地描述自己所做的设计任务及内容	答辩思路基本清晰，回答问题基本正确。能够较清晰地描述自己所做的设计任务及内容	能够较完整地描述自己所做的设计任务及内容	不能清晰地描述自己所做的设计任务及内容

备注：

1. 设计说明书按照：封皮-任务书-摘要-目录-说明书正文 整理。

2. 学生互评成绩占总成绩的30%，每位同学以百分制给出对其他同学的成绩，会后将成绩单发送至指导教师邮箱。

3. 答辩专家记录“答辩中提出的主要问题及回答的简要情况”。

4. 每位学生答辩时间控制在5 min, 答辩组形成答辩评价。

5. 答辩结束，学生针对问题修改完善后，将打印好的课程设计材料装入档案袋，并在档案袋封皮上写清楚姓名、学号、班级、内装材料名称及份数，班长统一将档案袋交至指导教师处。